河南省高等学校重点科研项目（项目编号：18A210027）和
周口市红梨种质资源创新与应用重点实验室的研究成果

红梨优良品种特征特性及优质丰产配套栽培技术

主编　王尚堃　邓　珂　徐其领

·北京·

图书在版编目（CIP）数据

红梨优良品种特征特性及优质丰产配套栽培技术 / 王尚堃，邓珂，徐其领主编.
—北京：科学技术文献出版社，2023. 4
ISBN 978-7-5235-0139-9

Ⅰ. ①红… Ⅱ. ①王… ②邓… ③徐… Ⅲ. ①梨—果树园艺 Ⅳ. ① S661. 2

中国国家版本馆 CIP 数据核字（2023）第 056579 号

红梨优良品种特征特性及优质丰产配套栽培技术

策划编辑：周国臻　刘文文　　责任编辑：张　红　　责任校对：张　微　　责任出版：张志平

出 版 者　科学技术文献出版社
地　　址　北京市复兴路15号　邮编 100038
编 务 部　（010）58882938，58882087（传真）
发 行 部　（010）58882868，58882870（传真）
邮 购 部　（010）58882873
官方网址　www.stdp.com.cn
发 行 者　科学技术文献出版社发行　全国各地新华书店经销
印 刷 者　北京厚诚则铭印刷科技有限公司
版　　次　2023 年 4 月第 1 版　2023 年 4 月第 1 次印刷
开　　本　710×1000　1/16
字　　数　327千
印　　张　20.25
书　　号　ISBN 978-7-5235-0139-9
定　　价　59.00元

《红梨优良品种特征特性及优质丰产配套栽培技术》编写人员

主　编　王尚堃　邓　珂　徐其领

副主编　（按姓氏笔画排序）

于　醒　申玉林　刘　稳　刘建立　李旭辉　秦新建　靳　然

编　者　（排名不分先后）

王尚堃（周口职业技术学院）

邓　珂　靳　然　申玉林（南阳农业职业学院）

刘　稳（项城市付集镇人民政府）

刘建立（周口市川汇区蔬菜科学研究所）

李旭辉（商水和畅农业发展有限公司）

秦新建（周口市川汇区乡村振兴技术服务站）

于　醒（周口市川汇区园艺中心）

徐其领（郸城县农业农村局）

时东峰　贾玲玲　孟鼎贵（太康县林业技术推广站）

前　言

本书是河南省高等学校重点科研项目《红梨新品种规模化优质丰产栽培技术研究与应用》（项目编号：18A210027）进一步研究及周口市红梨种质资源创新与应用重点实验室研究的成果。红梨品种具有国内梨的酥、脆、耐贮运等优点，与其他梨树品种相比，红梨结果早，丰产性好，自花结实力高。幼树可实现2年结果、3年丰产的要求，且其适应性强，高抗黑星病，具有较高的栽培推广价值。选育优质红梨品种是当前优质梨果发展的趋势之一。

本书对红梨栽培进行了系统概述，介绍了当前我国水果栽培发展的有关产业政策，红梨育种基本情况，红梨开发利用、栽培存在的问题及对策，红梨栽培发展趋势，红梨研究重点、栽培市场前景及展望。在红梨新品种介绍方面，按照一般红梨品种和西洋梨红梨品种分别进行介绍。针对每一个具体品种，按照植物学特征、果实经济性状、生物学特性、物候期、抗性与适应性进行阐述，有利于读者掌握红梨新品种的特征特性，进而对其进行系统研究。

红梨优质丰产配套栽培技术包括育苗、建园、土肥水管理、花果管理、整形修剪、病虫害防治、四季栽培管理和无公害标准化栽培。在本书的撰写过程中，贯彻了理论指导实践、实践依托理论支撑的观点，对每一项配套技术都详细介绍了相关的理论，再将经过实践检验得到理论升华的技术进行阐述，便于读者理解、掌握、操作。为了使红梨栽培实现优质丰产，实现其管理的省力化、标准化和高效化，本书选取了10多项专利技术，分别对其背景技术、研发目的、设计内容、实施操作和优点进行了详细介绍。

本书系统性强，条理清晰，配合图表介绍相关知识，增强了感性认识，有利于读者牢固掌握相关知识。语言简练，通俗易懂，总结出的红梨优质丰产配套栽培技术便于实施操作，具有重要的应用推广价值。

本书在编写过程中重点参考了《红梨规模化优质丰产栽培技术》（王尚堃、黄浅、李政力主编，2020年）、《果树无公害优质丰产栽培新技术》（王尚堃、耿满、王坤宇主编，2017年）、《果树生产技术（北方本）》（尚晓峰主编，2014年）、《果树栽培学各论》（张国海、张传来主编，2008年）、《果树生产技术（北方本）》（马骏、蒋锦标主编，2006年）、《果树生产技术（北方本）》（冯社章、赵善陶主编，2007年）、《果树栽培学各论（北方本　第三版）》（张玉星主编，2003年）、《梨树高产栽培》（贾敬贤主编，1992年）等教材、技术书籍。在书中也重点介绍了编者发表在《中国果树》《中国南方果树》《河南农业科学》《北方园艺》《中国农学通报》《山西果树》《果树资源学报》等有关专业杂志上的最新研究成果，结合生产实际，非常适合在栽培中推广应用。除此之外，编者也广泛查阅了《果树学报》《果农之友》《北方果树》《落叶果树》《烟台果树》《河北果树》等专业杂志，对其中介绍的红梨新品种及优质丰产配套栽培技术进行了合理取舍，科学介绍。限于篇幅，无法一一注明，在此一并向各位作者深表谢忱。

由于时间仓促，加之编者水平有限，书中错漏之处在所难免，恳请广大读者提出批评意见，以便再版时进一步修改、完善。

编 者

2022 年 8 月

作者简介

王尚堃，男，1998年7月毕业于河南科技学院（原河南职业技术师范学院）园艺园林学院（原园艺系）园艺专业，2010年7月研究生毕业于河南科技大学农学院作物专业。1998年9月至2001年4月在河南省周口农业学校园林文秘专业任教，从事《果树栽培（北方本）》《设施园艺》的教学和科研工作；2001年5月至2017年5月在周口职业技术学院生物工程系园艺专业任教；2017年6月至今在周口职业技术学院农牧工程学院任教，从事《果树栽培（北方本）》《果树生产技术（北方本）》《农业科技写作》的教学和科研工作。

内容提要

本书由周口职业技术学院等有关单位从事果树研究的教授、专家编写。内容包括红梨栽培概述，当前生产上红梨优良品种介绍，包括植物学特征、果实经济性状、生物学特性、物候期、抗性与适应性等方面。红梨优质丰产配套栽培技术包括育苗、建园、土肥水管理、花果管理、整形修剪、病虫害防治，以及红梨四季栽培管理技术、红梨无公害标准化栽培技术和红梨省力化机械化栽培管理工具机械研发等方面。本书内容系统性强，条理清晰，介绍了编者最新的科研成果，图文并茂，通俗易懂，可操作性强，具有较高的应用推广价值，适合广大红梨种植户、果树专业技术人员及从事相关研究的农业科研人员参考阅读。

目　录

第一章　概　述……………………………………………………………… 1

一、国家有关产业政策………………………………………………… 1
二、红梨育种基本情况………………………………………………… 2
三、红梨开发利用、栽培上存在的问题及对策……………………… 4
四、红梨栽培发展趋势………………………………………………… 5
五、红梨研究重点、栽培市场前景及展望…………………………… 6

第二章　红梨优良品种介绍………………………………………………… 8

一、一般红梨品种……………………………………………………… 8
二、西洋梨红梨品种 ………………………………………………… 49

第三章　红梨育苗技术 …………………………………………………… 64

一、嫁接苗培育 ……………………………………………………… 64
二、硬枝扦插苗培育 ………………………………………………… 85
三、无病毒红梨苗培育 ……………………………………………… 86

第四章　红梨建园技术 …………………………………………………… 88

一、园地选择与规划 ………………………………………………… 88
二、栽植 ……………………………………………………………… 90
三、栽后管理 ………………………………………………………… 92

第五章　红梨土肥水管理技术 …………………………………………… 95

一、土壤管理 ………………………………………………………… 95
二、施肥管理 ………………………………………………………… 98
三、水分管理…………………………………………………………… 114

第六章　红梨花果管理技术……………………………………………………… 119

一、花前复剪（以库尔勒香梨为例）………………………………………… 119
二、预防晚霜危害……………………………………………………………… 119
三、促花措施…………………………………………………………………… 120
四、促进授粉…………………………………………………………………… 121
五、疏花疏果…………………………………………………………………… 124
六、植物生长调节剂及叶面肥的应用………………………………………… 126
七、果实套袋…………………………………………………………………… 129
八、促进红梨果实着色技术…………………………………………………… 133

第七章　红梨整形修剪技术……………………………………………………… 135

一、整形修剪原则、依据和总体要求………………………………………… 135
二、修剪作用…………………………………………………………………… 136
三、生长结果特性及修剪特点………………………………………………… 137
四、修剪基本方法及运用……………………………………………………… 140
五、红梨栽培树形及整形过程………………………………………………… 146
六、不同年龄时期修剪………………………………………………………… 165
七、修剪技术综合应用………………………………………………………… 169
八、红梨冬剪“七看” ………………………………………………………… 170
九、红梨冬季修剪应注意的问题……………………………………………… 171
十、郁闭梨园大树改造………………………………………………………… 172

第八章　红梨病虫害防治技术…………………………………………………… 174

一、病害………………………………………………………………………… 174
二、虫害………………………………………………………………………… 188
三、红梨病虫害综合防治技术………………………………………………… 224
四、高工效药剂在红梨上的应用……………………………………………… 231

第九章　红梨四季栽培管理技术………………………………………………… 235

一、春季栽培管理技术………………………………………………………… 235
二、夏季栽培管理技术………………………………………………………… 237

三、秋季栽培管理技术…………………………………………………… 239
四、冬季栽培管理技术…………………………………………………… 240

第十章 红梨无公害标准化栽培技术……………………………………… 243

一、园址选择与科学规划………………………………………………… 243
二、品种和砧木选择……………………………………………………… 244
三、选用优质健壮苗木，采用机械高质量建园………………………… 245
四、土肥水管理…………………………………………………………… 245
五、花、果管理…………………………………………………………… 246
六、整形修剪……………………………………………………………… 248
七、病虫害防治…………………………………………………………… 249

第十一章 红梨省力化机械化栽培管理工具机械研发…………………… 254

一、红梨幼树肥水管理装置……………………………………………… 254
二、果树嫁接刀…………………………………………………………… 259
三、果树授粉器…………………………………………………………… 265
四、果树可移动式自动升降修剪梯……………………………………… 268
五、新型果树除草机……………………………………………………… 271
六、新型果树施肥机……………………………………………………… 273
七、梨树拉枝器…………………………………………………………… 276
八、一种果树高枝修剪装置……………………………………………… 279
九、果树的肥水一体化装置……………………………………………… 281
十、双剪口疏花疏果剪…………………………………………………… 286
十一、可调节式采果器…………………………………………………… 290
十二、果树修剪工具……………………………………………………… 296
十三、果树药肥水一体化浇灌装置……………………………………… 301

参考文献…………………………………………………………………… 306

第一章　概　述

红梨是果皮为红色的一系列梨优良品种品系的总称（王尚堃 等，2020），营养价值较高，是一种补充矿物质元素 K、Fe、Ca、Zn、Cu、Mg、Mn 的理想水果。红梨品种具有国内梨的酥、脆、耐贮运等优点，兼备西洋梨的鲜红色彩，形如苹果，美观漂亮。其品种果个大，风味好，含糖量高，酸甜可口，果肉细腻，石细胞少。与其他梨树品种相比，红梨结果早，丰产性好，自花结实力高。幼树可实现 2 年结果、3 年丰产的要求，且其适应性强，耐贮运，高抗黑星病，具有较高的栽培推广价值（王尚堃 等，2017）。选育优质红梨品种是当前优质梨果发展的趋势之一。

一、国家有关产业政策

《“十四五”推进农业农村现代化规划》明确指出：加快推进农业现代化。要深入推进农业结构调整，推动品种培优、品种提升、品牌打造和标准化生产。现阶段，我国果树产业正处于转型发展期。“十四五”时期，我国果树产业主要发展方向为“一稳定、二调整、三提高”。“一稳定”就是稳定面积，划定优势区，发展适宜区，保持果园面积基本稳定和适度规模；“二调整”就是调整树种和品种结构，突出多样性和特色，推广现代高效栽培模式和经营管理方式；“三提高”就是提高产品质量效益和创知名品牌，提高产业高质量发展能力，提高产品市场竞争力。果业在保障食物安全、生态安全、人民健康、农民增收和农业可持续发展中的作用日益凸显，是全面打赢脱贫攻坚战和促进乡村振兴的重要支柱产业之一。要全面贯彻落实中共十九届五中全会精神，以促进乡村振兴为总抓手，坚持绿色高质量发展理念，以构建现代水果产业生产体系和经营服务体系为目标，以布局优化、品质提升、产业融合为重点，畅通国内销售市场，统筹推进果品国内外进出口贸易 2 个市场；实施创新驱动，依靠科技进步，研发新品种、新技术、新产品，推广绿色轻简优质高效生产技术，确保节本、安全、高效（刘凤之等，2021）。

近年来，随着人民生活水平的提高，优质梨果已成为人们日常生活的需求。红梨作为一种优质健康果品，具有普通梨品种不具有的优点，能够满足消费者对梨果多样化和身体保健的需要，符合当前优质梨果栽培发展的趋势。

二、红梨育种基本情况

梨育种的主要技术有引种、芽变选种、辐射育种和杂交育种等（杨立等，2019）。引种简便易行，但受自然地理环境条件的影响较大，具有一定的局限性。芽变选种始于20世纪初，可以避开童期等因素的干扰，具有可改良原有品种缺点、缩短育种时间、丰富种质资源等优点。辐射育种同样可缩短育种年限，改变原品种的性状，但我国对辐射育种研究较少，仅有乐文全等（2016）利用“红安久”种子辐射诱变选育红梨新品种“香红梨”的研究报道。杂交育种是果树栽培中常见的育种手段，但其育种技术复杂，育种年限长。

（一）国内红梨资源及选育情况

我国的红梨资源主要分布在西南地区的云南和四川，以砂梨系统为主，少数分布在华北和东北，以白梨和秋子梨系统为主。其中，西南地区的云南省拥有全国数量第一的红梨资源，包括砂梨系统中著名的“火把梨”“巍山红雪梨”“红水扁梨”“沿山红香酥”“巍宝梨”“弥渡香酥梨”“文山雪梨”等品种，这些品种着色面积可达1/2或3/4以上，性状稳定，是我国优质的红梨种质资源。我国北方地区也有少量红梨资源分布，如新疆的库尔勒香梨、鞍山的南国梨及延边的苹果梨等品种。其中，新疆梨系统中的“库尔勒香梨”是我国特有的红梨品种资源，因具有怡人芳香和极佳品质而闻名天下。燕山东部南麓的“红霄梨”是京郊地区最主要的地方品种，其外形美观，色泽鲜艳，果肉松脆多汁，甜酸爽口，并具有富含维生素和耐贮藏等优点，深受当地消费者欢迎。

我国于20世纪80年代后期开始了红梨资源的发掘工作，选育出了许多优良的红梨品种，如“文山红雪梨”“砚山红酥梨”“雪山1号”“红南果梨”“红太阳”“红香酥”“美人酥”“红酥脆”“红冠王”“八月红”等，

也引进了一批红梨品种，如“巨红”“秋红”“红考密斯”“丰月”“粉酪”等，这些品种在当前我国梨品种中已占有一定比例，对改善我国梨品种结构、提高梨果实品质、扩大出口量、提升梨果价格起到了良好的作用。

我国科研人员利用杂交育种等手段，选育出了一系列红梨优良品种。中国农业科学院郑州果树研究所以“库尔勒香梨”为母本，“鹅梨”为父本，先后选育出了“红香酥”“红香蜜”；用“幸水”和“火把梨”杂交，相继选育出了“红酥脆”“满天红”“美人酥”一系列新品种；以“八月红”与“砀山酥梨”杂交，选育出了果皮鲜红、外观靓丽的“红宝石”。山西省果树研究所用“库尔勒香梨”和“雪花梨”杂交，选育出了内在品质很好的红梨品种“玉露香”。吉林省农业科学院果树研究所从“南果梨”×“晋酥梨”的杂交组合中选育出抗寒红梨新品种“寒红梨”。莱阳农学院和塔里木农垦大学利用“库尔勒香梨”和“早酥梨”杂交，选育出了早熟、优质红梨品种“新梨 7 号”。中国农业科学院果树研究所利用“八月红”和“红香酥”进行人工授粉杂交，选育出红梨新品种“华艳”“华蜜”。沈阳农业大学以“南国梨”和“苹果梨”杂交，选育出色泽鲜红、品质极佳、抗寒丰产、抗病性强的“南苹梨”。以“苹果梨”为亲本育成的 1 代品种和衍生的多代品种中，“苹果梨”×“砀山酥梨”杂交后代“硕丰”果实着色近于全红；以“早酥梨”为亲本衍生的“红早酥”“早酥红”“八月红”“红宝石”等品种色泽鲜艳，已经在全国多地进行广泛栽培，大多数为品质佳、果大、耐贮藏，且抗寒、抗病害能力强的优良品种，具有较高的红梨育种价值及广阔的推广应用前景。

芽变育种也是红梨育种的重要途径之一。通过芽变育种选育了许多优良的红梨新品种，如从“南果梨”芽变中选育出的优良红梨品种“大南果”（韩玉璞，1990）、“红南果”（焦言英，1999）、“南红梨”（李俊才，2012），“早酥梨”芽变品种“早酥红梨”（徐凌飞，2009），“满天红梨”芽变品种“奥冠红梨”（任秋萍 等，2007）。商水和畅农业发展有限公司有关技术人员从“红香酥梨”中选育出贵妃系列 2 个品种“红贵妃”（王尚堃 等，2021）和“脆贵妃”，从“新梨 7 号”芽变中选育出“甜贵妃”。

（二）国外红梨及育种栽培情况

国外的红梨主要来源于西洋梨系统，主要分布于美国、英国、法国等欧美国家和小亚细亚、北伊朗、中亚细亚等地区，新西兰、澳大利亚等国家也有栽培。西洋梨系统的一些红梨着色面积较大，通常整个果面均呈红色，如原产美国的“红茄梨”“红巴梨”“早红考密斯”和原产意大利的“罗莎”等，也有的西洋梨品种仅阳面有红晕，如原产法国的“阿巴特”“伏茄”“三季茄”和原产意大利的“图人道”“嘎门”“艾达”等。

国外红梨育种早期多为芽变选种，选出了“红巴梨”“红茄梨”“红安久”等品种。也有以这些红梨芽变品种进行杂交育种的，但未见育成品种。近年来，红梨在国际市场上备受消费者青睐。在欧洲、美洲和东南亚市场上，其价格是其他颜色梨果的 1 倍以上，一些国家已将其作为主要发展对象。从 20 世纪 70 年代起，随着“红巴梨”的引入和其他红梨的培育成功，美国掀起了发展红梨的热潮，品种不断更新。“红安久”已成为美国取代“红巴梨”的重点发展品种，华盛顿州已将其作为调整品种结构的首选。“康考得”在欧盟成员国发展很快，也是美国发展最快的品种之一。自 1986 年新西兰发现“考密斯”芽变 Taylor Gold 后，此品种已成为新西兰重点发展的晚熟品种。意大利以“红巴梨”“粉酪”为主要发展品种，比利时的“日面红”、法国的“伏茄梨”等在世界各国也有少量栽培。

三、红梨开发利用、栽培上存在的问题及对策

我国现存的红梨品种较少，其中，着色鲜艳、品质优良、果形大的品种更加少见。红梨品种育种的利用率较低，还有一部分已经育成的红梨品种果实品质较差，风味不佳，性状不稳定，且不耐贮藏。一些品种只适合生长在部分地区，缺少能够使这些红梨大面积着色的自然环境条件。引进的红皮西洋梨品种存在耐贮性差、不符合中国人消费习惯等问题。目前，我国对红梨的开发利用还处在初级阶段，相当一部分红梨资源由于未能及时保存、利用而被破坏，甚至濒临灭绝。

红梨栽培规模相对较小，在全国除商水和畅农业发展有限公司栽培规模较大外，其他地方尚未见规模化成片商品园。红梨品种搭配不合理，如河南省主栽红梨品种“红香酥梨”“玉露香梨”均为中熟品种，早熟品种和晚熟品种相对缺乏，且晚熟品种“满天红梨”“美人酥梨”“红酥脆梨”口味偏酸，不适合北方人的口味，成熟期与其他梨品种上市时间基本一致，市场需求量较少，不利于红梨产业的持续健康发展。且“红香酥梨”“满天红梨”“美人酥梨”“红酥脆梨”等品种大多是从中国农业科学院郑州果树研究所

引进种植，在引种过程中，对品种的遗传特征、生物学特性、气候适应性等方面的研究薄弱，出现了严重的品种退化、乱调乱繁现象，导致品种杂乱。主栽当家品种较少，单产相对较低，产量不稳，品质较差，采前落果仍是制约红梨优质丰产的关键因素；果园水利配套设施不完善；农户生产投入不足，外出务工人员增多导致劳动力少，工价高，生产成本高，果农收入低；生产上重栽轻管、栽而不管的现象突出，市场意识淡薄，现代化、标准化、规模化基地建设滞后。缺乏系统、科学、规范的技术支持，在生产上没有科学合理地施肥；土肥水管理、整形修剪、病虫害防治等管理粗放，树体营养生长与生殖生长不平衡，不利于果品正常的生长发育，其应有的优良性状也不能得到充分体现。传统的喷药防治病虫杂草的方法污染环境，容易造成果实中农药残留量超标，也容易造成土壤结构的破坏。机械化、智能化程度较低，新兴的物联网技术尚未在生产上充分利用。产业化程度较低，市场营销网络尚未形成。红梨未进行分级，在贮藏、包装和运输上没有相应的技术指导，大量梨果在贮藏、运输过程中受损，致使红梨在生产、销售上所起的作用，如丰富市场品种、提高农民收入等非常有限。

未来，在对我国红梨资源进行保存的同时，也要对已培育出的红梨品种进行遗传改良选育，并充分挖掘我国红梨种质资源的优异性状，选育出更多红色性状稳定、抗性强、耐贮藏、丰产性好的优质品种。

四、红梨栽培发展趋势

红梨栽培发展趋势是稳定栽培面积和产量；调整品种结构，调整区域布局，由栽培品种繁多到集中发展少数品种，由乔化稀植到矮化密植，由整形修剪复杂化到简单、省工化，由单一施用氮肥到复合配方施肥；提高梨果质量，提高经济效益，提高产业化程度。强化地下优化管理技术模式，如诊断施肥、果园覆盖、节水灌溉（由大水漫灌到喷灌、滴灌、渗灌）等和花果精细管理技术的普及和推广。在病虫害防治方面，由单纯的化学防治病虫害到农业、物理、生物和化学综合防治。在保证优质栽培的前提下，减少管理成本，实现栽培管理规范化、低成本化及技术轻简化；以“企业 + 中介组织 + 基地 + 果农”的组织化形式进行梨产业化开发，提高梨生产运销的组织化程度，建立健全梨果采后处理技术体系和从产地到销售市场的贮运技术体系，由一般冷库贮藏到气调贮藏，实现采后技术标准化，使果品质量向着优质、安全和有机方向发展，是提高梨果采后附加值的必然趋势。实现红梨优良品种栽培品种区域化，栽培管理标准化、简约化，果品生产优质化、安全化，果园管理机械化、信息化和智能化，红梨优良品种的贸易流通品牌化、全球化。

五、红梨研究重点、栽培市场前景及展望

（一）研究重点

今后，我国红梨研究重点应该放在对现有的红梨资源进行收集、保存，以及农艺性状、遗传多样性的研究，筛选优良红梨品种，充分利用“苹果梨”“库尔勒香梨”等特色梨品种，以及选育出的红梨新品种的果实特点进行杂交，选育出优质红梨品种，深入开展红梨花青苷合成相关基因的克隆、表达和功能分析，以及转录组、基因组、蛋白组学研究工作，加强连锁分析、基因定位发掘与基因表达、功能验证相结合的综合研究，寻找出关键基因，并结合生物技术手段培育红梨新品种。加强红梨花青苷积累水平影响因素研究，探索影响红梨花色苷代谢的环境因子和调控措施，研究红梨外观品质提升栽培管理综合配套技术，进行大规模红梨商业化开发，为推动我国红梨资源利用、红梨育种及产业化发展提供技术支撑。

（二）栽培市场前景

当前，“满天红梨”在河南的虞城和新乡、甘肃的金昌、辽宁的大连等地栽培试验结果表明：该品种适应性强，结果早，2/3 以上果面着生鲜红色，石细胞极少，果心小，味酸甜，有香气，品质上等，在国内外市场售价很高。“美人酥梨”2002 年上海超市卖到 8 元/果，2003 年昆明超市 30 元/kg，香港市场则卖到 25 港元/果，新西兰售价 7.5 新西兰元/kg。随着人民生活水平的提高，红梨栽培市场前景广阔，社会经济效益显著。2018 年、2019 年商水和畅农业发展有限公司培育的红梨新品种“红贵妃梨”在河南商水县平均售价分别为 16、20 元/kg，其 2 年平均产量为 1222 kg/亩①，2 年投资成本平均分别为 1500、2000 元/亩，2 年纯收益分别为 18 052、22 440 元/亩；“红香

① 1 亩 = 667 m^2。

酥”2018 年、2019 年在河南商水县平均售价分别为 10、12 元/kg，其 2 年平均产量为 329. 3 kg/亩，2 年投资成本同样平均分别为 1500、2000 元/亩，2 年纯收益分别为 1793、1951. 6 元/亩。目前，云南省、甘肃省和河南省等已将红梨作为重点发展对象之一。

（三）展望

开发着色鲜艳、品质优良的红梨品种具有广阔的市场前景，今后应重点对收集保存的红梨种质资源进行研究与开发利用，利用分子标记等手段进行资源的遗传多样性研究和评价，研究红梨的着色机制和调控机制，对潜在的功能基因进行标记和利用，利用常规育种和分子标记辅助育种相结合的手段，缩短育种周期，提高育种效率。同时，广泛开展国际合作，充分利用资源，加快育种步伐。在育种研究方面，应用红皮西洋梨、中国白梨及日本砂梨系统的优良品种进行杂交，培育出具有西洋梨风味的脆肉型红梨新品种，是红梨育种的一个重要方向。

思考题

1. 红梨育种上存在的主要问题是什么？如何解决？
2. 红梨栽培上主要存在哪些问题？如何解决？
3. 红梨栽培发展趋势如何？
4. 红梨研究重点是什么？
5. 红梨栽培发展的市场前景如何？

第二章　红梨优良品种介绍

一、一般红梨品种

（一）新西兰红梨

新西兰红梨又称红佳梨，是中国和新西兰合作培育的12个系列品种。其母本为日本的“幸水梨”“丰水梨”“新水梨”等，父本为中国云南的“火把梨”，因其果皮为红色而得名。通常所说的新西兰红梨是指我国果树育种家王宇霖研究员于1998年从新西兰引入的3个红梨品种，即“美人酥”“满天红”“红酥脆”。新西兰红梨具有果个大，果面鲜红；风味好，果肉细腻，石细胞少；结果早，丰产性好，自花结实力高；适应性强，耐贮运，高抗黑星病等主要优点，在生产上具有较高的栽培推广价值。

1. “满天红梨”

“满天红梨”（图2-1）是用“幸水梨”×“火把梨”选育成的优良红梨新品种。1996年选出，2008年通过河南省林木品种审定委员会审定。

图2-1　“满天红梨”

（1）植物学特征

树姿直立，干性强，树冠圆锥形，枝干棕灰色，较光滑，1 年生枝红褐色，平均长 66.8 cm，粗 0.9 cm，节间长 3.3 cm。嫩梢具黄白色绒毛，幼叶棕红色，两面均有绒毛，节间长 36 cm。叶阔卵形，浓绿色，叶柄长 3.0 cm，粗 1.6 mm，叶片平均纵横径 9.5 cm×6.9 cm，叶基圆形，叶缘锐锯齿，先端长尾尖。有花 7～10 朵/花序，雄蕊 28～30 枚，雌蕊 5～7 枚，花冠初开放时粉红色，直径 4.2 cm，花药深红色；果心小，果实 5～6 心室，种子棕褐色，圆锥形，7～9 粒。

（2）果实经济性状

果实近圆形至扁圆形，果个较大，平均单果重 280 g，最大单果重 500 g。果实底色淡黄绿色，阳面着鲜红色晕，占 2/3 以上。光照充足时果实全面浓红色，外观漂亮。梗洼浅狭，萼洼深狭，萼片脱落，果柄长 2.9 cm，粗 2.8 mm，果点大且多。果心极小，果肉淡黄白色，肉质酥脆化渣，汁液多，无石细胞或很少，风味酸甜可口，香气浓郁，刚采下来时微有涩味，可溶性固形物含量 13.5%～15.5%，总糖含量 9.45%，总酸含量 0.40%，维生素 C 含量 32.7 mg/kg，品质上等，较耐贮运，稍贮后风味、口感更好。

（3）生物学特性

4 年生树高 348 cm，冠径 165 cm×155 cm，干周 17.5 cm，干高 69.3 cm，年新梢生长量 66.8 cm。幼树长势强旺，萌芽率高达 78%，成枝力中等，为 3.5。结果较早，当年生枝极易形成顶花芽和腋花芽。以短果枝结果为主，中长果枝占总果枝的 17%。幼树栽后，第 2 年即可结果，高接树第 3 年回复原产量水平。极丰稳产，大小年结果和采前落果现象不明显。

（4）物候期

在河南省郑州地区，3 月初花芽萌动，3 月底开花，花期持续 8～10 d。果实 7 月下旬至 8 月上旬开始着色，9 月下旬成熟。落叶期在 11 月底，营养生长期 235 d。

（5）抗性与适应性

抗梨黑星病、干腐病、早期落叶病和梨木虱、蚜虫，抗晚霜，耐低温能力强。经在全国多种生态地区试种，均生长效果良好，适宜在云贵川高海拔地区和黄淮海平原地区栽培。

2. “美人酥梨”

“美人酥梨”（图 2-2）是由“幸水梨”×“火把梨”育成的优良红梨新品种。2008 年通过河南省林木品种审定委员会审定，2009 年获中国农业科学院科技进步奖一等奖。

图 2-2 “美人酥梨”

（1）植物学特征

树冠呈圆锥形，树势健壮，枝条直立性强，结果后开张。一般新梢顶端扭曲，嫩梢上密生黄色绒毛，年生长量 81.7 cm，平均节间长 3.3 cm。叶片长卵圆形，深绿色，长 12 cm，宽 7.2 cm，叶基短楔形，先端渐尖，叶缘锯齿锐小，刺毛短，具稀梳黄白色绒毛。叶柄长 2.86 cm，粗 1.89 mm。有花 9～10 朵/花序，花瓣 5～7 片，雄蕊 27～31 枚，雌蕊 5～7 枚，花冠直径 4.3 cm，花药粉红色，果心小，种子 5～9 粒，棕褐色，心型。

（2）果实经济性状

果实卵圆形或圆形，单果重 260～350 g，大果可达 500 g 以上。果柄长 3.5 cm，粗 3.0 mm，部分果柄基部肉质化。果面光亮洁净，底色黄绿，几乎全面着鲜红色彩。果肉乳白色细嫩，酥脆多汁，风味酸甜适口，微有涩味，可溶性固形物含量 14%～15%，总糖含量 9.96%，总酸含量 0.51%，维生素 C 含量 72.2 mg/kg，品质上等。经贮藏后涩味逐渐褪去，口味更佳。

（3）生物学特性

树势旺，萌芽率高，成枝力弱，幼树生长健壮，直立性强，3 年生幼树平均干周 15.8 cm；进入结果期树姿开张，生长势减缓。4 年生树高

3. 56 m，冠径 1. 86 m×1. 61 m，干周 15. 5 cm，萌芽率高达 72%，成枝力中等。结果早，种植第 2 年结果，顶花芽较易形成，花量较大，坐果率高。高接树形成腋花芽能力弱，甩放易形成短果枝，以短果枝结果为主，自花结实能力强。幼树中长果枝较多，果台枝连续结果能力弱。生理落果轻，丰产性好。

（4）物候期

在河南省郑州地区，花芽萌动期 3 月 23 日，初花期 3 月 26 日，末花期为 4 月 5 日，花期持续 10 d。新梢停长期 7 月中下旬，果实成熟期 9 月中下旬，落叶期 11 月底，全年生育期为 235 d。在商丘市正常年份 3 月底始花，花期 10 d 左右。果实 8 月中旬开始着色，9 月上中旬成熟。花期抗晚霜，耐低温能力强。

（5）抗性与适应性

“美人酥梨”抗梨黑星病、干腐病、早期落叶病和梨木虱、蚜虫，可适于西南、西北、辽西地区和黄淮海平原地区发展。

3. “红酥脆梨”

“红酥脆梨”（图 2-3）是选用日本优良品种“幸水梨”作母本，中国云贵川一带所产的红梨品种“火把梨”作父本，在国内人工杂交后，在新西兰培育杂种苗，经全国多年、多点生长结果区试观察，反复优选育成的优良红梨新品种。2008 年通过河南省林木品种审定委员会审定，2009 年获中国农业科学院科技进步奖一等奖。

图 2-3　“红酥脆梨”

（1）植物学特征

枝条节间短，平均 2. 7 cm。多年生枝灰褐色，1 年生枝红褐色，嫩梢或嫩叶具黄白色茸毛。叶片绿色，微向内卷，长卵圆形，浅绿色，叶基微斜，先端渐尖，叶缘锯齿浅，刺毛长，长 11.2 cm，宽 6.7 cm，叶柄长 3.2 cm，粗 0.25 cm。花芽大而圆满。花瓣初绽开时粉红色，盛开后呈粉白色。花冠直径 4.5 cm，有花 9～10 朵或 5～8 朵/花序，花药粉红色，花瓣 8～10 片或 6～8 片，多者有 16 片，叶芽较瘦小，三角形，与花芽有明显区别。有花 6～7 朵/花序，雄蕊 26～30 枚，雌蕊 5～7 枚，果心小，果实 5～6 心室，有 1～2 粒种子/心室，种子 6～10 粒，种子红褐色，呈心脏形，大而饱满，长 1.0 cm，宽 0.6 cm。

（2）果实经济性状

果实近圆形或卵圆形。平均单果重 260 g，最大可达 800 g。果面稍粗糙，果点突出，底色绿黄色，阳面具鲜红色晕，很美丽。果实周围均匀分布 4 条浅纵沟，部分果柄基部肉质化，果柄长 2.8 cm，粗 0.4 cm，先端多肉质化。梗洼浅狭，萼洼深狭，萼片脱落。果肉淡黄色，肉质细酥脆，汁液特多，果心极小，石细胞少或无，风味甘甜微酸爽口，稍有涩味，贮藏后涩味褪去，具香气，可溶性固形物含量 14.5%～15.5%，最高可达 20%，总糖含量 8.48%，总酸含量 0.39%，维生素 C 含量 70.3 mg/kg，品质上，属国内梨中上品。果实较耐贮运，也适宜加工制作果汁饮料。

（3）生物学特性

幼树生长壮旺，枝条粗壮，干性较强，树姿较直立。进入结果期树姿开张，生长势渐缓，枝条较细软，前端易弯曲。3 年生树高 2.68 m，干径 3.58 cm，平均冠径 1.72 m；5 年生树高 3.10 m，干径 6.38 cm，平均冠径 2.32 m，新梢年生长量 62 cm。4 年生树高 2.91 m，南北冠径 1.52 m × 1.62 m，干高 55.4 cm，干周 15 cm，生长势中庸，新梢年生长量为 58.9 cm，节间长 3.5 cm，嫩梢淡黄绿色，极少绒毛，叶、梢均较光滑。果台枝抽生能力中等，抽枝 1～2 条/果台，可连续结果。结果早，在管理较好的条件下，定植第 2 年结果株率高达 35%，第 3 年大部分植株结果。以短果枝结果为主，中、长果枝分别占 18% 和 9%。成花容易，花量较大，坐果率高，花序坐果率 76%，花朵坐果率 23%，平均坐果 2.1 个/花序。采前落果较轻，极丰产稳产。

（4）物候期

在河南郑州，3 月上中旬花芽萌动，3 月 23 日初花，3 月 26 日盛花，4 月 5 日末花。8 月上旬果实着色，9 月上中旬成熟。果实发育期约 165 d，11

月中下旬落叶，全年生育期约235 d。

（5）抗性与适应性

适应性和抗逆性强，抗旱、耐涝、抗寒性较好。对梨黑星病、锈病、干腐病抗性强，蚜虫、梨木虱较少危害，病虫害少。可在砂梨分布区和部分白梨分布区种植，尤其适于西南、西北、辽西地区和黄淮海平原地区发展。

（二）“库尔勒香梨”

“库尔勒香梨”（图2-4）是新疆维吾尔自治区特产，《中国国家地理》标志产品，被誉为“梨中珍品”“果中王子”，在海外市场被誉为“中华蜜梨”，是我国特有的地方红梨品种资源。

图2-4　“库尔勒香梨”

1. 生长结果习性

幼树直立，呈尖塔形；成年树冠呈圆锥形或半圆形。树势强，枝条较开张，萌芽力中等，成枝力强。定植后3～4年开始结果，丰产、稳产，以短果枝结果为主，腋花芽、长果枝结实力也很强。

2. 果实经济性状

果实果形不规则，一般圆卵形或纺锤形，有沟纹。平均单果重110 g，最大单果重可达174 g。果面黄绿色，阳面有条状暗红色晕，果面光滑，蜡质厚，有5条明显纵向肋沟；果点小而不明显，脱萼或宿存，萼洼中等深广，宿萼果约占75%；果梗端部、基部膨大，为肉质或半肉质，梗洼浅而窄；皮薄，果心中大，果肉白色，肉质细腻酥脆、汁多味甜，近核部微酸，完熟后有香味，可溶性固型物含量11%~14%，品质极上。极耐贮藏，普通窖藏可贮至次年3月，冷库贮藏可贮至次年6月，气调贮藏可贮至次年9月，仍保持鲜嫩如初，原汁原味。

3. 物候期

3月萌芽期，4月开花期，9月20日前后果实成熟期。

4. 生长结果习性

树体生长势强，顶端优势强，树冠高大。幼树枝条直立生长，萌芽力强，发枝力强，单轴延伸，自然生长树冠成尖塔形；成龄树呈圆锥形，老树树姿开张呈自然半圆形。30年生树高达7.2 m，干径40 cm，冠径东西55.7 m，南北7.2 m。一般定植嫁接后4年开始结果，有腋花芽结果特性，成年树以多年生枝上的短果枝群结果为主（约占82%）。果实成熟期不抗风，产量中等，丰产性较强，但坐果不稳定，受气候影响大。突萼果较多，有青头果、龟背果；花期低温易形成霜环果。授粉品种为“鸭梨”“砀山酥梨”等。

5. 抗性与适应性

抗逆性强，能耐受住－22 ℃的低温，耐干旱、盐碱、瘠薄能力强。抗病虫能力强。适应性广，沙壤土、黏重土均能适应。适宜在渤海湾、华北平原、黄土高原、川西、滇东北、南疆及甘宁等地区发展。

（三）“红香酥梨”

“红香酥梨”（图2-5）是中国农业科学郑州果树研究所于1980年用“库尔勒香梨”×郑州“鹅梨”杂交选育而成。1997年和1998年分别通过了河南省与山西省的农作物品种审定。

1. 植物学特征

树冠中大，较开张，圆头形或圆锥形；树势中庸。嫩枝黄褐色，老枝棕褐色，皮孔较大而突出，卵圆形。叶芽细圆锥形，花芽圆锥形，芽基稍宽。叶片卵圆形，宽。叶片卵圆形，长11.0 cm，宽7.4 cm，叶柄长5.5 cm，叶片深绿色，平展，叶缘细锯齿且整齐，叶基圆形。花冠粉红色。

2. 果实经济性状

果实纺锤形或长卵圆形，果形指数1.27，部分果实萼端稍突起。平均单果重220 g，最大单果重可达489 g。果面洁净、光滑，果点中等较密，果皮底色绿黄色，向阳面2/3果面鲜红色。果柄长5.7 cm，粗2.5 cm。梗洼

浅、中广；萼洼浅而广，萼片宿存。果心很小，心室5个，种子7～10粒，果肉白色，肉质致密细脆，石细胞较少，汁多，味香甜，含可溶性固形物13.5%，总糖91.72 g/kg，总酸0.94 g/kg，维生素C 73.92 mg/kg，品质上等。果实较耐贮运，冷藏条件下可储藏至次年3—4月。采后贮藏20 d左右果实外观更加艳丽。

图2-5　“红香酥梨”

3. 生物学特性

萌芽力强，成枝力中等，枝条硬脆，易折易劈裂，骨干枝开张角度易早（在幼树期开张角度）。主枝角度以60°左右为宜。枝条较细弱，新梢当年生长量77 cm，节间长4.5 cm。以短果枝结果为主，有腋花芽结果习性，花序坐果率高达89%，果台连续结果能力强，早果性极强，定植后第2年即可结果，丰产稳产，6年生树产量可达50 kg/株，高接树当年即可结果，采前落果不明显。

4. 物候期

在郑州地区，叶芽3月20日前后萌动，初花期通常在4月7—8日，盛花期在4月10—14日，末花期在4月17—20日，果实9月中下旬成熟，果实发育期140 d左右。果实在花后50 d开始迅速生长，一直持续到8月下旬，生育期约235 d。

在山东省曲阜市吴村镇，4月10日左右开始萌芽；4月13日初花，4月15日末花，花期12 d；果实于7月初成熟，果实发育期80 d；11月底落叶，全年生长期约为220 d。

5. 抗性与适应性

适应性较强，高抗黑星病，凡能种植“砀山酥梨”或“库尔勒香梨”的地方均可栽培。我国西北黄土高原、华北地区及渤海湾地区为最佳种植区。

（四）“红丰梨”

“红丰梨”（图2-6）是辽宁省果树科学研究所梨研究室于1994年4月以全红型西洋梨“红茄梨”为母本，抗性强的秋子梨“南果梨”为父本，人工杂交选育而成。2019年12月通过辽宁省林木品种审定委员会审定并定名。

图 2-6 “红丰梨”

1. 植物学特征

树姿直立，树干绿黄色、光滑。1 年生枝红褐色，平均长度 56. 8 cm，节间长，平均 3. 48 cm，皮孔密度中等，有皮孔 5. 5 个/cm^2。叶芽姿态斜生，顶端尖，芽托小。成熟叶片椭圆形，叶柄长 3. 55 cm，叶片平均长 9. 50 cm、宽 5. 10 cm，幼叶黄绿色，叶面平展，叶背无茸毛；叶片顶端急尖，叶片邻近叶柄一端宽楔形，叶片边缘锐锯齿形，无裂刻，无刺芒。有 7. 5 朵花/花序，每朵花花瓣 5 枚，花冠直径 3. 55 cm，花蕾浅粉色，花瓣位置相对分离。柱头高于花药。雄蕊数目平均 19 枚/花，花药淡紫色，花粉正常发育。种子小，卵圆形，黄褐色。

2. 果实经济性状

果实近圆形，最大果实质量 360 g，平均单果质量 214 g，平均纵径 7. 12 cm，横径 7. 51 cm；果实底色绿黄色，果实阳面红色超过 50%，片红，光滑，果点密而小；萼片宿存、脱落及残存都有，果柄中等长度，梗洼浅，果皮厚度中等，果肉白色，果心小；果实采收 7 d 左右后熟变软，风味酸甜，果肉细腻多汁，微香（偏西洋梨香味），石细胞少；总糖含量 10. 84%，可滴定酸含量 3. 8 g/L，可溶性固形物含量 13. 3%，维生素 C 含量 0. 0229 mg/g，品质上等。常温可贮藏 20 d 左右。

3. 生长结果习性

树势强，幼树生长直立，5 年生树高 3. 0 m，冠径 355 cm×275 cm，干周 32. 0 cm；1 年生枝萌芽率高，平均 65. 3%，成枝力平均 3. 5 个。腋花芽占总花芽量的 60. 3%。坐果 2. 82 个/花序；早产、丰产，栽后第 3 年开始结果，平均产量 2. 5 kg/株，4～11 年生产量分别为 8. 5、12. 0、20. 5、25. 0、

31.5、35.0、36.5、37.0 kg/株。按栽 83 株/亩计算，3 年生树产量为 208 kg/亩左右，4～11 年生产量分别为 706、996、1702、2076、2615、2905、3030、3071 kg/亩。

4. 物候期

在辽宁熊岳地区，4 月上旬萌芽，4 月末盛花，果实 8 月中旬成熟，10 月底至 11 月上旬树体完全落叶，果实发育期 110 d 左右，营养生长期 200 d 左右。

5. 抗性与适应性

抗干腐病，抗寒性较强，适宜辽宁省鞍山、锦州、葫芦岛及相似气候地区栽培。

（五）“红宝石梨”

“红宝石梨”（图 2-7）是中国农业科学院郑州果树研究所于 2000 年 3 月以“八月红梨”为母本、“酥梨”为父本进行人工杂交选育而成。2015 年通过河南省林木品种审定委员会新品种审定。

1. 植物学特征

树冠为纺锤形，5 年生树高 3.6 m，冠幅 2.7 m×2.0 m，干周 20 cm，1 年生枝红褐色，多年生枝灰褐色；枝条生长势中庸，尖削度大，节间长度中等，平均长 4.3 cm，皮孔长圆形，灰白色；叶片长 12.5 cm，宽 7.1 cm，叶柄长 2.5 cm，叶片长卵圆形，深绿色，叶尖急尖，叶基楔形，叶缘锯齿尖锐；有花 5～7 朵/花序，花瓣卵圆形，雌蕊 4～5 枚，雄蕊 19～22 枚；花药米黄色，药隔粉红色；果实 5 心室，种子数 6～10 粒/果，黑褐色，心脏形。

图 2-7　“红宝石梨”

2. 生物学特性

生长势中庸，干性较强，树姿较开张，萌芽率中等，成枝力较弱；嫁接苗 3 年结果，5 年丰产；产量可达 3800 kg/亩。以短果枝结果为主，占 75.2%，中果枝 25.6%；

花量适中，坐果率高，花序坐果率82%，花朵坐果率18%；果台副梢一般1～3个/果台，平均2.1个/果台，连续结果能力中等，平均坐果1～3个/花序，无采前落果和大小年结果现象，丰产稳产。

3. 果实经济性状

果实近纺锤形，平均单果质量280 g，纵径9.8 cm，横径7.8 cm；果皮光滑，几近全红色，果点小而疏，萼洼浅狭，萼片宿存，果梗较长，平均6 cm；果肉乳白色，肉质细脆、稍硬，汁液中等，石细胞少，果心较小，可溶性固形物含量14.6%，可滴定酸含量0.29%，维生素C含量72.4 mg/kg，果实去皮硬度9.2 kg/cm，风味酸甜爽口，品质中上；较耐贮藏，常温下可贮藏20 d左右，贮后风味更佳。

4. 物候期

在郑州地区果实8月下旬成熟，果实发育期约145 d。

5. 抗性和适应性

耐涝、耐瘠薄，抗轮纹病、黑斑病和腐烂病。适应强，可作为我国华北北部、东北秋子梨产区和西北等地的主栽中晚熟品种推广发展。

（六）“八月红梨”

“八月红梨”（图2-8）是1973年用“早把梨”×“早酥梨”育成。1995年1月通过陕西省农作物品种审定委员会审定命名。

1. 植物学特征

树形阔圆锥形。幼树树姿直立，大量结果后开张。主干暗褐色，光滑。1年生枝多直立、粗壮，红褐色。皮孔椭圆形，灰白色。叶片狭椭圆形、中抱合，深绿色，叶片长8.7 cm，宽5.2 cm，叶缘锯齿钝，叶尖渐尖，叶基阔楔形。花蕾红色，开后白色，花药紫红色，有花6～8朵/花序。

图2-8 “八月红梨”

2. 果实经济性状

果实卵圆形．纵径8.1 cm，横径7.2 cm；平均单果重233 g，最大果重280 g，果个均匀整齐；果面平滑，稍有棱起，果点小而密，浅褐色；果皮中等厚，底色淡黄，阳面红色，着色部位占果面1/2左右，外

观美丽；果梗长 2.4 cm，粗 3.0 mm；梗洼浅，有少量锈斑，萼洼中深、中广，萼片宿存、直立，果心中等偏小，5 心室；果肉乳白色，肉质细脆，石细胞少，汁液多，味甜，香气较浓，含可溶性固形物 11.9%～15.3%，总糖 10.01%～11.36%，果肉含维生素 C 2.03 mg/100 g，品质上等，可贮藏 15 d 左右。

3. 生长结果习性

树势强健，幼树直立，结果后逐渐开张。萌芽力强，成枝力中等，健壮枝剪口下一般萌发 3 个长枝，新梢年平均生长长度 57 cm。枝叶较茂密。5 年生树高 4.3 m；冠径 3.3 m×2.5 m，干周 24.7 cm。嫁接苗栽后第 3 年结果，高接树第 2 年结果。各类果枝均能结果：幼树以长果枝及腋花芽结果为主，成年树以中、短果枝结果为主。1 年生强旺枝顶芽及相邻侧芽当年可形成花芽，结果后易形成一串果，将枝压成弓形，后部形成短枝。自花不结实，授粉树可选择“早酥梨”“砀山酥梨”“秦酥”。果台副梢连续结果能力弱，仅为 8.1%。容易获得早期丰产。

4. 物候期

在陕西关中地区，花芽 3 月中旬萌动膨大，4 月上旬开花，花期持续 8～10 d；叶芽 3 月中下旬萌芽，4 月上中旬展叶，8 月中旬果实成熟，果实发育期 120 d 左右，11 月下旬至 12 月上旬落叶。

5. 抗性与适应性

抗性较强，适应性广。抗黑星病，较抗锈病与黑斑病，未发现腐烂病。对蜡象抵抗力强。对土壤要求不严，在滩地、平地、山坡地均能很好地生长结果，在海拔 1700 m 的宁夏固原等地表现抗旱、抗寒，果皮色泽美观，风味浓郁，品质上等。易在城郊、工矿、旅游区形成规模化基地。

（七）“红香蜜梨”

“红香蜜梨”（图 2-9）是 1980 年采用新疆“库尔勒香梨”×郑州“鹅梨”人工杂交培育出的优良新品种。于 2011 年通过江苏省农作物品种审定委员会审定。

1. 植物学特征

幼树生长旺盛，直立性强，树冠长圆形，成年树树姿较开张。多年生枝灰白色，较光滑，主干铁灰色，较粗糙，外皮呈块状剥裂。1 年生枝黄褐色，枝条节间较长为 3.8 cm，基部有 2～3 节盲节。叶片长卵圆形，长

图 2-9 “红香蜜梨”

12.9 cm，宽 7.6 cm，深绿色，微内卷，叶缘锐锯齿，排列整齐，叶尖突尖，基部椭圆形。叶柄长 6.1 cm，粗 0.21 cm。有花 5～6 朵/花序，花冠粉红色，花瓣长椭圆形，花瓣 5 片/花，雌蕊 5～6 枚，雄蕊 29 枚。

2. 果实经济性状

果实近似纺锤形或倒卵圆形，平均单果质量 235 g，底色黄绿色，阳面具鲜红色晕。果实纵径 7.6 cm，横径 7.0 cm，果形指数 0.92；果面洁净，无锈，果点明显较大；果实梗洼浅狭，萼洼深狭，萼片脱落，部分果实萼端具有棱状突起；果柄长 4.5 cm，粗 0.4 cm，果柄先端肉质化；果心小，果肉乳白色，肉质酥脆细嫩，石细胞少，汁液多，总糖含量 10.72%，总酸含量 0.092%，维生素 C 含量 5.16 mg/g，可溶性固形物含量 13.5%～14.0%，风味甘甜，浓香可口，品质极上。果实室温下可贮放 30 d 以上，冷库或气调条件下可贮放至次年 3—4 月。种子棕褐色较大、饱满，3～6 粒。

3. 生长结果习性

幼树生长势强健，进入盛果期渐缓，枝条逐步开张。8 年生树高 4.9 m，冠径东西 3.8 m，南北 3.2 m，干周 50.4 cm。年新梢生长量平均 63.4 cm，萌芽率中等，达 58%，成枝力中等，为 2～3 个。定植苗木 3 年始果，5 年进入盛果期，以中短果枝结果为主，有一定量的长果枝，占 16%，中果枝占 26%。果台副梢抽生能力中等，果台枝连续结果能力弱，平均坐果 1.6 个/果台，产量适中，5 年生年产量 1600 kg/亩，最高产量 70 kg/株；6 年生年产量 2800 kg/亩，最高产量 85 kg/株；7 年生年产量 3500 kg/亩，最高产量 135 kg/株；8 年生年产量 4500 kg/亩，最高产量 150 kg/株。采前落果不明显，较丰产稳产，大小年结果不明显。

4. 物候期

在河南省郑州地区，花芽萌动期为2月下旬，初花期为3月21日，盛花期3月25日，末花期4月2日，花期持续10 d左右。果实9月上旬成熟，果实发育期130 d左右，11月下旬落叶，全年生育期天数约210 d。

5. 抗性与适应性

抗逆性强，抗旱、抗寒，耐涝、耐瘠薄、耐盐碱。病虫害少，高抗梨黑星病、锈病、干腐病等；食心虫、蚜虫危害较少，仅果实近成熟期易遭受鸟类危害。可在白梨、新疆梨和部分砂梨分布区发展栽培，尤其适合西北地区、黄淮海地区和辽西、京郊地区种植，有望成为我国生产主栽良种。

（八）“华艳梨”

“华艳梨”（图2-10）是2005年中国农业科学院果树研究所以“八月红”为母本、“红香酥”为父本，人工授粉杂交选育而成。

图2-10　“华艳梨”

1. 植物学特征

树姿半直立。1年生枝向阳面暗褐色，皮孔密，枝条直，节间长度3.34 cm，无针刺。叶芽顶端锐尖，贴生，花芽卵圆形。嫩叶淡红色；成熟叶长9.93 cm，宽5.69 cm，窄椭圆形，叶基楔形，叶尖渐尖，叶缘锐锯齿，叶柄长3.48 cm，有托叶。萼片外卷。花瓣小，相互分离，椭圆形，白色；花柱平均5个；花药平均21枚，粉红色。

2. 果实主要经济性状

果实平均单果重 400.0 g，果实很大，纵径 11.74 cm，横径 7.95 cm，果形指数 1.46。果实纺锤形，果梗长 4.08 cm、粗 0.35 cm，梗洼浅；萼片宿存，萼洼浅。果皮底色黄绿色，盖色红色，着色面积大。果肉白色，肉质细、脆，致密，汁液中等，味甜，硬度 7.92 kg/cm^2，可溶性固形物含量 12.9%，可滴定酸含量 0.18%。果心小。

3. 生长结果习性

树势中庸，萌芽率高，成枝力中等。定植后第 3 年开始结果，以中长果枝结果为主，第 5 年进入盛果期，以中短果枝结果为主。坐果率高，结果无明显的大小年现象，丰产稳产。在河北省滦南县进行区域试验：2013 年定植“华艳梨”，2017 年平均产量 2340 kg/亩，2018 年 2500 kg/亩，2019 年 2550 kg/亩。

4. 物候期

在辽宁省兴城市，“华艳梨” 3 月下旬萌芽，4 月底至 5 月初盛花，果实 9 月上旬成熟，果实发育期 120 d 左右，10 月底至 11 月上旬落叶，营养生长期 210 d 左右。

5. 抗性与适应性

抗寒性较强，在辽宁兴城地区无冻害。抗梨黑星病，适宜在辽宁省葫芦岛市、鞍山市，河北省及相似生态区栽培。

（九）“红贵妃梨”

“红贵妃梨”（图 2-11）是商水和畅农业发展有限公司有关技术人员从“红香酥梨”芽变中选育出。2019 年该品种确定命名为“红贵妃”，该品种权保护申请号为 20201005417，通过了中华人民共和国农业农村部植物新品种权保护办公室组织的有关专家的现场考察。

1. 植物学特征

花为完全花，由花梗、花托、花萼、花瓣、雄蕊和雌蕊组成。伞房花序，花朵向心开放，托盘型；花托杯状，子房下位，萼片 5 枚，三角形，基部和生成筒状；花冠轮状辐射对称，花瓣 5 片，离生，清白色，鲜艳，多单瓣覆瓦排列，基具短爪；雄蕊 18～26 枚，分离轮生，背着药纵裂，花朵直径 3.5～4.5 cm；花丝粉红色，36 条左右，花药红褐色，花粉量中多；雌蕊 5～6 枚，离生，雌蕊略低于雄蕊，心皮不明显；花瓣 2 层，红褐色 5 片，

图 2-11 “红贵妃梨”

萼筒内壁绿黄色。子房有毛。顶花芽肥大、饱满圆锥形，鳞片黄褐色；腋花芽瘦尖，茸毛少；叶芽三角形，平均 8 朵花/花序，清白色。叶片卵圆形或长卵圆形，叶腺肾形，叶片红绿复色，以绿为主。叶面光滑，背面无茸毛，叶缘全缘，叶柄长 4 cm。树姿开张，枝条自然下垂，树冠圆满，自然分层。主干灰褐色，表皮光滑。嫩梢青绿色，1 年生枝条黄褐色，茸毛较少，平均节间长 3 cm，多年生枝条灰褐色。

2. 果实经济性状

果实纺锤形或葫芦形，向阳面着深红色，被阴面青绿色；果个中等大，平均单果质量 250 g，最大单果质量 300 g，果形指数平均为 1. 44。果肉白色，肉质致密、甜酸、脆，果心小，可食率达 99%。可溶性固形物含量 15%，维生素 C 含量 9. 53 mg/100 g，总酸含量 0. 10%，可溶性糖含量 4. 82%，蛋白质含量 0. 34 g/100 g，单宁含量 280 mg/kg，果胶含量 4. 30 g/kg，水分含量 86. 2 g/100 g，总灰分含量 0. 20 g/100 g，有苹果香味，品质上等。果实硬度 6. 5 mg/cm，较耐贮运，冷库可贮藏至次年 6—7 月。

3. 生长结果习性

树势旺盛，1 年生枝萌芽率高，成枝力强，抽枝多，缓放易形成腋花芽。着果后枝条自然下垂，长果枝长度 0. 8 ~ 1. 2 m，平均 1. 0 m。花芽饱满，多着生在枝条中上部；节间长度 1. 5 cm 左右，花芽起始节位 2 ~ 3 节；

以短果枝结果为主，存在腋花芽结果习性。早果性强，苗木定植后第 2 年少量结果，第 3 年产量达 6. 8 g/株。自花授粉坐果率高达 95% 。短果枝占 54. 3% ，中果枝占 34. 2% ，长果枝占 11. 5% ，果台枝连续结果能力强。丰产稳产性强，大小年不明显。在周口地区，4 年生树产量 2756. 3 kg/亩，6 年生树产量 4500 kg/亩，生理落果轻，无采前落果现象。

4. 物候期

在河南省周口市商水县，“红贵妃梨” 4 月 22 日现蕾，始花期 4 月 25 日，盛花初期 4 月 28 日，盛花终期 5 月 3 日，末花期 5 月 9 日，开花持续天数 15 d。5 月中下旬为展叶期，果实 7 月下旬成熟。果实发育期 90 d 左右。11 月上旬开始落叶，11 月中旬为落叶盛期。全年生育期 233 d。

5. 抗性与适应性

“红贵妃梨” 抗病、抗虫，几乎无病虫害；对环境条件适应能力强，抗风力强。适合规模化栽培。对土壤条件要求不高，在壤土、黏土、沙壤土及一定程度的盐碱土上均可生长。在河南及其周边地区均可栽培，还能在公园、庭院、风景区、观光果园、城市道路绿化中栽植，以及制作果树盆景。

（十）“华香脆梨”

“华香脆梨”（图 2-12）是 1991 年以 “沙 01”（“库尔勒香梨” 四倍体芽变）为母本，以 “南果梨” 为父本，进行杂交选育而成。2019 年 9 月获农业农村部非主要农作物品种登记证书，并命名为 “华香脆梨”。

图 2-12 “华香脆梨”

1. 植物学特征

树姿半开张，树干灰褐色，多年生树干表面纵裂。1 年生枝黄褐色，节间长 5.16 cm。叶片长 11.58 cm，宽 7.40 cm，卵圆形，叶尖急尖，叶基宽楔形，叶缘锐锯齿，叶柄长 4.41 cm。有 7～8 朵花/花序，花蕾边缘淡粉红色，花瓣卵圆形，5 枚，雌蕊 5 枚，雄蕊 18～25 枚，花药紫红色。

2. 果实主要经济性状

果实平均单果重 158 g。果实倒卵形，萼片宿存、残存或脱落，底色黄绿，阳面着淡红色。果梗长度中，果顶果棱强，无果锈，果皮盖色浅红，果心中大。果肉白色，肉质松脆、较细，汁液多，风味甜，去皮硬度 6.32 kg/cm^2，可溶性固形物含量 12.70%，可滴定酸含量 0.32%，果肉石细胞含量 0.36 g/100 g。

3. 生长结果习性

树势强，成枝力强，萌芽力强。嫁接苗定植后第 4 年开始结果，高接树第 2 年结果。幼树以中长果枝结果为主，盛果期后以中短果枝结果为主，无采前落果现象，盛果期产量可达 2600 kg/亩。

4. 物候期

在辽宁省兴城地区，“华香脆梨”树 3 月底花芽萌动，4 月中旬至 4 月底开花，花期 6～8 d，9 月底果实成熟，果实发育天数 155 d 左右，10 月下旬至 11 月上旬落叶，营养生长期 227 d 左右。

5. 抗性与适应性

抗寒性较强，较抗黑星病，适宜在辽宁、河北、甘肃等地种植。

（十一）“吉香梨”

“吉香梨”（图 2-13）是由“苹果梨”实生播种选育而成的新品种。2019 年 6 月通过国家农业农村部非主要农作物品种登记。

1. 植物学特征

树体强健，干性弱。叶片卵圆形，叶基楔形，长尾尖，无托叶。花为完全花，花冠中大，花瓣 5 枚，圆形，白色，单瓣，花瓣重叠，雌蕊 5 枚。

2. 果实经济性状

果实圆形，果形整齐，平均单果质量 145 g 左右，最大单果质量 195 g。果皮绿黄色，阳面有红晕，果面光滑，果点小。果心小，果肉白，始熟时酥脆，后熟 7 d 果肉变软，有香气，石细胞少，多汁，酸甜适口，可溶性固形

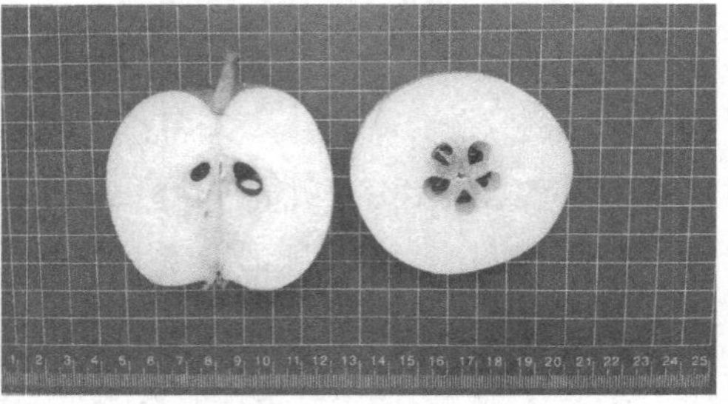

图 2–13 “吉香梨”

物含量 14. 2%，可溶性糖含量 8. 54%，可滴定酸含量 0. 69%，品质好。果实发育期约 130 d。普通窖内可贮藏 20～30 d。

3. 生长结果习性

生长旺，新梢生长量 76. 9 cm，节间长 4. 41 cm。萌芽率中等，成枝力较强。丰产，以短果枝结果为主，5 年生高接树产量可达 1333. 3 kg/亩，大小年现象不明显。

4. 物候期

在吉林省中部地区，5 月初开花，9 月上中旬果实成熟，10 月中旬落叶。

5. 抗性与适应性

抗寒、抗病性强。适宜在吉林省、黑龙江省牡丹江市、辽宁省中北部、内蒙古东四盟等年平均气温≥5 ℃，无霜期≥127 d，有效积温≥2700 ℃的地区栽植。

（十二）“寒红梨”

“寒红梨”（图 2–14）是由吉林省农业科学院果树研究所用“南果梨”×“晋酥梨”选育而成。2003 年 3 月通过吉林省农作物品种审定委员会审定。

1. 植物学特征

树冠呈圆锥形，树干灰褐色，表面有条状裂纹，多年生枝暗褐色，表面较光滑，枝条分布较密；1 年生枝条粗壮、坚实；皮孔长圆形、黄褐色，分布较疏散，节间长 3. 4～6. 8 cm，平均长 5. 06 cm；苗木和成树当年生新梢，均表现红色（非茸毛颜色），着生其上叶片无论叶片、叶脉、叶缘及刺芒均为红色；花芽中大，圆锥形，鳞片中大，紧密，叶芽偏小，三角形，向上渐

尖，离生；叶片中等偏小，长椭圆形（10.5 cm×6.28 cm），叶尖渐尖，叶基圆形，叶缘单锯齿状，刺芒中长，叶柄长1.93 cm，粗0.16 cm，完全花，白色，雌蕊柱头3～5裂，浅黄绿色，雄蕊20～31枚，花粉量大，7～8朵花/花序。

图2–14　“寒红梨”

2. 果实经济性状

果实圆形，平均果重170～200 g，最大果重450 g，横径6.52～7.93 cm，纵径6.61～8.04 cm，果实整齐。果实成熟时阳面覆红色。果实于每年8月中下旬开始着色，片红或条红，除树体内膛光照不好的果实着色相对较差外，一般覆盖面积能达30%～65%；着色较差果实，成熟时果面鲜黄。果肉细，酥脆、多汁，石细胞少，果心中小，酸甜味浓，保留一定的南果梨香气，可溶性固形物含量14%～16%，总糖含量7.863%，抗坏血酸含量11.97 mg/100 g，品质上等。耐贮藏，在普通窖内可贮藏半年以上，贮藏后品质更佳。

3. 生长结果习性

树势强健，干性强，长势旺盛。6年生平均树高3.42 m，干周0.36 m，冠径4.07 m×2.77 m，树冠半开张。1年生枝充实，新梢年生长量65.4 cm，粗0.68 cm，节间长5.06 cm，枝条萌芽率较高，除基部几个瘪芽外，其他芽均可萌发；成枝力中等。在肥水好的苗圃地嫁接苗当年基部芽能萌发抽生中长枝。低接苗4～5年生结果，开花株率7.5%；长果枝结果比例高，短果枝次之，中果枝和腋花芽也有结果。高接树2～3年见果，以短果枝结果为主。花序坐果率86.3%，花朵坐果率70%，平均坐果数4.2个/花序，生产上必须疏花、疏果。果柄长，坐果牢固，无采前落果现象。低接树4～5年结果，4年生开花株率7.5%，5年生开花株率30%，平均产量3 kg/株，6年生开花株率60%，平均产量8 kg/株。高接树3年结果，结果株率66.8%，平均产量11.5 kg/株，4～5年生结果株率100%，平均产量29.3～38.5 kg/株，最高产量35.0～50.8 kg/株。自花不结实，栽植必须配置适宜授粉树。

4. 物候期

在吉林省中部地区，“寒红梨”4月中下旬花芽膨大，4月末花芽开绽，

5 月初花芽开放，5 月上中旬盛花，6 月上中旬生理落果，7 月中下旬新梢停止生长，9 月下旬果实成熟，10 月中旬落叶。

5. 抗性与适应性

抗寒力强，一般年份高接树和低接树基本无冻害发生。叶、果抗黑星病能力均较强，一般年份基本上不染黑星病，特殊年份发生也较轻。此外，该品种也抗轮纹病。适宜在年平均气温 >4.5 ℃，无霜期 >130 d，有效积温 >2800 ℃的地区广泛栽植。

（十三）“南红梨”

“南红梨”（图 2–15）是南果梨芽变形成的优质红梨新品种。2011 年 3 月通过辽宁省非主要农作物品种备案办公室备案并命名为“南红梨”。

图 2–15 “南红梨”

1. 植物学特征

树姿直立，树干褐色。1 年生枝黄褐色，平均长度 45.6 cm，节间长中等，平均 3.7 cm，皮孔密度中等，叶芽离生，顶端尖，芽托小。叶片卵圆形，叶柄平均长 2.2 cm，叶片平均长 9.02 cm，平均宽 5.41 cm，幼叶暗红色，叶面伸展为抱合状态，叶背无茸毛；叶尖急尖，叶基圆形，叶缘锐锯齿，裂刻无，有刺芒。花朵数 8.2 朵/花序，花蕾浅粉色，花冠直径 3.68 cm。花瓣相对位置分离，花瓣 5 枚/花，柱头低于花药，花药淡紫色。雄蕊 21 枚/朵，花粉正常发育。

2. 果实经济性状

果实圆球形，平均单果质量 84.6 g，最大单果质量 175.8 g。果面鲜红色，片红，着色指数 0.89，光滑，底色黄绿色。果点小、密。果柄短，梗洼浅，萼洼深；果皮中等，果心小；果肉白色，果实后熟后肉质细腻多汁，风味酸甜，香气浓，石细胞少；可溶性固形物含量 17.3%，总糖含量 115.0 g/kg；可滴定酸含量 4.1 g/L，维生素 C 含量 20.0 mg/kg；果皮叶绿素含量 0.07 mg/g，花青苷含量 35.90 μg/g，品质极上。常温下可贮藏 15 d 左右。

3. 生长结果习性

树体生长势强，幼树生长直立，6 年生树高 4.2 m，干周 23.0 cm，冠径 3.10 m×2.90 m；萌芽率高，平均 89.1%；成枝力强，平均 3.7 个。新梢长度 45.6 cm，新梢粗度 0.54 cm；腋花芽较少。长、中、短枝比例分别为 28.5%、10.0% 和 61.4%；花芽率 42.6%，坐果 2.21 个/花序；栽后第 4 年开始结果，5 年生产量 1.03 kg/花序，6 年生产量 20.50 kg/花序，7 年生产量 26.20 kg/花序。按栽 55 株/亩计算，4～7 年生树产量分别为 126.5、566.5、1133、1441 kg/亩。

4. 物候期

在辽宁省海城市王市镇，4 月上旬萌芽，4 月下旬盛花，9 月中下旬成熟，10 月末至 11 月初落叶，树体营养生长期约 200 d。

5. 抗性和适应性

抗寒能力较强，在辽宁省南果梨产区有非常广阔的应用前景。

（十四）“中矮红梨”

“中矮红梨”（图 2-16）是以“矮香”为母本，“贺新村”为父本，杂交选育而成的矮化红梨新品种。2016 年 4 月通过辽宁省非主要农作物品种备案委员会办公室备案。

1. 植物学特征

树势中庸，树冠矮小。

2. 生长结果习性

萌芽力强，发枝力中等，枝条自然开张，以短果枝结果为主，坐果 4～5 个/花序，自花结实率低，早果性、连续结果能力强。

图 2-16 “中矮红梨”

3. 果实经济性状

果实近圆形，平均单果质量 215 g，最大单果质量 544 g；底色黄绿，阳面紫红色，着色面积大于果面的 3/5；果心小，果肉乳白色；采后在室温下后熟 7～10 d 可达到最佳品质，果肉柔软多汁，风味酸甜适口，可溶性固形物含量 15.38%，可滴定酸含量 0.35%，维生素 C 含量 0.0145 mg/g；有芳香味，品质极佳；常温下可贮藏 20 d 左右。

4. 物候期

在辽宁兴城，4 月上旬花芽萌动，4 月下旬初花，4 月下旬至 5 月上旬盛花，花期持续 7 d 左右，8 月中下旬果实成熟，果实发育期 100 d 左右。

5. 抗性和适应性

高抗梨黑星病，较抗梨干腐病，抗寒性较强。适于在辽宁凌海以南及相似生态区栽培。

（十五）“玉露香梨”

“玉露香梨”（图 2-17）是山西省农科院果树研究所用“库尔勒香梨”×“雪花梨”选育而成。2003 年通过山西省农作物品种审定委员会审定。荣获 2008 年北京奥运会指定供应水果称号，2013 年在第十一届中华名梨全国梨王擂台赛中获“中国梨王”称号。2014 年被国家农业部确定为果树发展主导品种。2019 年 11 月 15 日入选中国农业品牌目录。

1. 植物学特征

树姿开张，多年生枝灰褐色，新生枝条绿褐色，皮孔白色，近圆形。叶

片卵圆形，叶色深绿，叶基近圆形，叶缘细锐锯齿。花芽肥大，花蕾白色，5～7朵/花序，花瓣白色，花药暗红色，花粉量少。叶芽较大，先端向内弯曲。

2. 生长结果习性

幼树树势强健，结果后树势转中庸，萌芽率高，成枝力中等。以短果枝结果为主，幼树期有腋花芽结果能力。成花能力强，坐果率高，坐果2～4个/花序。定植后第3年开始结果，产量520 kg/亩，第5年进入盛果期，产量2880 kg/亩，丰产、稳产，没有大小年结果现象。果实挂树时间长，不落果，采收期比日韩梨长，可延续到9月中旬。该品种在结果后2～3年内易出现僵芽现象，春季开花时顶花芽坏死，造成严重减产。僵芽与新梢营养生长旺盛有关。结果2～3年以后，僵芽现象减轻。

图2-17　“玉露香梨”

3. 果实经济性状

果实绿黄色，见光面易形成红晕，果点密而中大，果面具蜡质，细腻光洁，果实卵圆形，果个中等偏大，平均纵径8.26 cm、横径8.31 cm，大小均匀，平均单果重265.7 g，最大单果重454.6 g，外观美观。果肉白色，渣极少，酥脆多汁，果心小，口感好，可溶性固形物含量12.4%～13.5%，8月下旬成熟，萼片残存。果实耐贮藏，室温下可贮存30～40 d。挂树期长，挂至10月中旬，且不返糖。

4. 物候期

“玉露香梨”在郑州3月中旬萌芽，3月底进入初花期，花期持续10 d左右，8月下旬果实成熟，11月中旬开始落叶。

5. 抗性与适应性

树体适应性强，对土壤要求不严，抗腐烂病、褐斑病、白粉病能力强，抗黑心病能力中等。果实挂树期长。可在郑州及气候相似地区推广应用。

（十六）“新梨7号”

“新梨7号”（图2-18）是用“库尔勒香梨”×“早酥梨”有性杂交选育而成的优质早熟红梨品种。2000年通过新疆维吾尔自治区农作物品种审定委员会审定，定名为“新梨7号”。

图2-18 “新梨7号”

1. 植物学性状

实生树树势中庸，树姿半开张，主干灰褐色。10年生树冠径东西3.2 m，南北3.3 m；干高45 cm，干周36.5 cm，1年生枝皮绿色，初生新梢被有茸毛，略带红色，皮孔大、密、微凹、圆形。节间长3.29 cm，叶片椭圆形，深绿色，叶尖渐尖，叶基圆形，叶缘细锯齿，具刺芒。叶片横径平均6.45 cm，纵径10.30 cm，叶片厚0.03 cm，叶柄长3.51 cm，叶色深绿。花芽肥大，圆锥形。有花5~12朵/花序，花瓣重叠，白色，花药粉红色，花粉不育。果柄短粗，果梗木质化。

2. 果实经济性状

果实卵圆形或椭圆形，中大，平均单果重176.8 g，底色黄绿色，阳面有红晕。果皮薄，果点中大而密，圆形。萼洼浅，萼片宿存，开裂。果肉白色，肉质酥脆，汁多，石细胞极少，果心小，可食比例1.06，果实去皮硬度5.3 kg/cm^2，可溶性固形物含量12.1%，风味甜爽，清香。果实耐贮藏，普通土窖可贮藏至次年4—5月。

3. 生长结果习性

树势中庸偏强，树姿半开张。5年生树高3.8~4.2 m，冠径2.3 m×2.5 m，干径6.7~8.0 cm，1年生枝平均长1.0~1.6 m，粗1.32 cm，节间长4.58 cm。萌芽率高，成枝力中等。幼树以中、短果枝结果为主，成龄树长、中、短枝均可结果。幼树分枝开张角度大，成花能力强，花序坐果率高，采前不易落果。早果性好，丰产稳产性强；做地砧木嫁接后第3年开始结果，最高产量可达12.9 kg/株。高接树第2年结果。

4. 物候期

在新疆阿拉尔地区3月下旬萌芽，4月上中旬开花，7月中旬果实成熟，10月下旬落叶，营养生长期210 d。

5. 抗性和适应性

树体抗盐碱，耐旱力强，抗寒力较强，较抗早春低温寒流，树体和果实抗病能力强。适应性强，“香梨”“早酥”“苹果梨”“巴梨”的适栽地域均

适宜其栽培发展。

（十七）“新梨 9 号”

“新梨 9 号”（图 2-19）是由新疆生产建设兵团第二师农业科学研究所用“库尔勒香梨”×“苹果梨”杂交选育而成的抗寒红色优质梨新品种。2010 年 12 月通过新疆维吾尔自治区林木品种审定委员会认定命名。

1. 植物学特征

树冠自然圆锥形，树势中庸。幼树生长稳健，多年生枝灰褐色，1 年生枝黄褐色，皮孔中密、小、椭圆形、淡黄或灰白色，节间长度 4.02 cm；叶片卵圆形，中大，长 9.54 cm，宽 7.11 cm，叶形指数 1.34，叶尖急尖，叶基圆形或楔形，叶缘锐锯齿；叶柄长 2.81 cm、直径 0.29 cm；叶片肥厚，叶色深绿，叶片伸展状态反卷。叶芽小、顶端尖、三角形、贴生，芽托中。花芽混合型，属伞房花序，有花 9~11 朵/花序，花冠中等大，直径 11.00 cm；花蕾粉红色；花瓣白色、圆形，相对位置分离；雄蕊平均 27 枚/花；花药紫红色，花粉量中多；花柱 5 裂，与花药等高，花柱基部无茸毛。种子中等大小，卵圆形，棕褐色。

图 2-19　“新梨 9 号”

2. 果实经济性状

果实近圆形、端正。平均单果质量 150.7 g，果实横径 7.04 cm、纵径 6.33 cm，萼片宿存，萼洼平滑浅广。果梗长 2.54 cm、直径 0.32 cm，果梗木质，柔韧性强，抗风。果实成熟后果面底色绿黄，阳面红晕较多，果面光洁，果皮中厚，果点小、密；果心中，5 心室；果肉白色、肉质细且松脆，果汁多，风味甜酸适口，有香气，内在综合品质极上。果肉硬度 6.94 kg/cm^2，可溶性固形物含量 13.6%，总酸含量 0.09%，维生素 C 含量 0.49 mg/100 g，水解后还原糖含量 9.5%。果实贮藏性强，9 月中旬采收冷藏条件下可贮藏至次年 5—6 月，果实常温下可贮藏 30 d 左右。

3. 生长结果习性

树势稳健，萌芽力强，成枝力中等。以短果枝结果为主，占 49.6%。在自然状态下极易成花，坐果率高，花序坐果率在 80.3% 以上，平均坐果

2.6 个/花序。产量高，前期平均产量是其母本“库尔勒香梨”的 2～3 倍，早果、丰产。在省力化密植栽培模式下，一般嫁接后第 2 年就有 41.5% 的植株开花结果，第 3 年全部开花结果，平均产量 5.9 kg/株。与“库尔勒香梨”互为授粉品种。采前落果轻。

4. 物候期

在新疆库尔勒地区气候条件下，9 月中旬成熟。其他物候期与其亲本“库尔勒香梨”大致相同。

5. 抗性与适应性

抗寒、抗腐烂病。适于冷凉地区栽培，在新疆库尔勒地区的壤土、塔里木地区的沙壤土和焉耆地区的黏壤土上栽培均表现出较好的适应性。

（十八）“新梨 10 号”

“新梨 10 号”（图 2-20）是 1981 年用“库尔勒香梨”×“鸭梨”人工杂交选育而成。2014 年 11 月通过新疆维吾尔自治区林木品种审定委员会认定定名。

图 2-20 “新梨 10 号”

1. 植物学特征

树冠自然圆锥形，树姿较开张。幼树生长健旺，1 年生枝绿黄色，多年生枝灰褐色，枝条着生姿态平斜；皮孔中密、大、卵圆形，节间平均长

2.8 cm，叶芽小，三角形，贴生，叶片平均长10.63 cm，平均宽8.09 cm，叶形指数1.31，叶柄平均长度3.10 cm。叶片卵圆形或椭圆形，叶基圆形或楔形，叶尖急尖，叶缘锐锯齿状。叶色深绿，叶姿水平，叶面有皱褶。花芽大，卵圆形，贴生，平均有花7.2朵/花序，花蕾浅粉红色，花粉量大；花瓣卵圆形、离生，相对位置交错重叠。

2. 果实经济性状

果实卵圆形，果形端正，萼片脱落，萼洼平滑、浅、广，平均单果重174.8 g，果形指数1.13，果实大小整齐一致。果实底色浅绿色，阳面着鲜红色条纹或晕，果面光亮，果皮薄，果点密，中等大小。果肉乳白色，肉质松脆，汁液多，石细胞少，风味酸甜适口，品质上等。可溶性固形物含量12.5%，可溶性糖含量8.5%，可滴定酸含量0.17%，维生素C含量39.2 mg/kg，果实去皮硬度7.42 kg/cm^2。较耐贮藏，货架期25 d，冷藏条件下可贮藏5～6个月。

3. 生长结果习性

树势中庸，萌芽率高达62.1%，成枝力中等，为3.2条。以短果枝结果为主，占74.9%。在自然状态下极易成花，坐果率高，果台枝连续结果能力强。花序坐果率68.4%，花朵坐果率25%，平均坐果2.2个/花序。花粉量大，可与“库尔勒香梨”互为授粉树。盛果期短果枝比率、花序坐果率和花朵坐果率均高于“库尔勒香梨”，萌芽率和成枝力比“库尔勒香梨”略低。嫁接后当年夏季采取拿枝、扭枝、摘心等缓势促花修剪手法，当年即形成花芽，第2年开花株率57.4%，第3年开花株率100%，平均产量3.2 kg/株，最高产量7.0 kg/株，6年生树平均产量60 kg/株，最高产量80.6 kg/株，产量可达2700 kg/株，连续丰产能力强，大小年现象不明显，采前无落果现象。早果丰产性明显超过“库尔勒香梨”。

4. 物候期

在新疆库尔勒地区，3月下旬芽萌动，4月上中旬进入盛花期，盛花后7 d左右落花，6月落果现象极轻。9月上旬果实渐进成熟期，9月中旬为最佳采收期。果实发育期140～150 d，10月底落叶，年生育期210 d左右。

5. 抗性与适应性

抗寒性强，适应性广，壤土、沙壤土、黏壤土都能适应栽培。适合在新疆南疆地区及其他冷凉地区栽培。

（十九）"新梨 11 号"

"新梨 11 号"（图 2-21）是 1981 年用"库尔勒香梨"×"鸭梨"杂交选育而成，2019 年 1 月通过新疆维吾尔自治区林木品种审定委员会认定命名。

图 2-21 "新梨 11 号"

1. 植物学特征

树冠呈圆锥形。树势稳健，2 年生以上枝呈灰褐色，1 年生枝条绿黄色，呈平斜着生；皮孔少、中大，卵圆形，节间中长，平均为 3.53 cm。叶片圆形，中大，叶片长度 11.30 cm，宽度 9.08 cm，叶形指数 1.24，叶尖钝尖，叶基圆形，叶缘锐锯齿；叶柄中长，平均长度 3.95 cm；叶片肥厚，叶色浓绿，叶面平展。叶芽顶端钝，贴生；花芽大，卵圆形，贴生；花数 7.9 朵/花序，花蕾粉红色，花粉量中；花瓣卵圆形，相对位置分离；柱头位置低于花药；花药淡紫色。

2. 生长结果习性

生长势较强，萌芽率 57.1%，成枝力中等，成枝力 3.1 条，短果枝结果率占 64.0%，腋花芽结果率占 18.3%，长果枝结果率占 5.9%，中果枝结果率占 11.8%，成花力强，自然授粉条件下花序坐果率在 86.2% 以上，平均坐果 2.8 个/花序。花粉量中，花期与"库尔勒香梨"相遇，可以相互授粉。人工点授花序坐果率高达 91.7%。产量高，前期平均株产是"库尔勒香梨"的 2~3 倍，早果、丰产。盛果期树短果枝比率为 82.3%，花序坐果

率为86.2%，花朵坐果率为35.4%。嫁接后夏季采用开角、拉枝等控制促花修剪方式，当年即可形成花芽，第2年开花株率达35.1%，第3年全部开花结果，平均产量3.7 kg/株，最高产量6.7 kg/株，第4年产量9.7 kg/株。持续在塔里木垦区、库尔勒垦区和焉耆垦区种植结果表明，“新梨11号”的早果丰产能力显著高于“库尔勒香梨”。

3. 果实经济性状

果实葫芦形，脱萼，萼洼皱状，平均单果质量181.2 g。果实底色绿黄，果面光洁，果皮薄，果点中小、不明显。果实盖色条红，果肉乳白色、质地极细，肉质松脆，果汁极多，风味甜酸适口，有香气，内在品质极上。可溶性固形物含量13.42%，可溶性糖含量10.41%，可滴定酸含量0.108%，可溶性糖含量10.41%，维生素C含量41.9 mg/kg，果实硬度4.66 kg/cm^2，果实贮藏性中强，在贮藏条件较好的气调库中可贮藏至次年3—4月。

4. 物候期

在新疆库尔勒地区，3月下旬花芽开始萌动，4月上中旬进入开花盛期（与亲本“库尔勒香梨”花期相遇），初花后6～9 d进入落花始期。9月上中旬果实开始成熟，9月中下旬为适宜采摘期，11月初进入落叶期，年生育期210 d左右。

5. 抗性与适应性

抗寒性和适应性强。在壤土、沙壤土和黏壤土上均可栽培。可在“库尔勒香梨”冻害区和次适生区进行推广种植，也可作为“库尔勒香梨”的授粉品种。

（二十）“红太阳梨”

“红太阳梨”（图2-22）是中国农业科学院郑州果树研究所培育的中熟红梨品种。

1. 植物学特征

树冠圆锥形，树势中庸偏强，枝条较细弱，新梢当年生长量88 cm，节间长45 cm，嫩枝红褐色，多年生枝红褐色；皮孔较小，叶芽细圆锥形，花芽卵圆形，有花6～8个/花序；花冠粉红色；种子中等大小，卵圆形，棕褐色。

2. 果实经济性状

果实卵圆形，形似珍珠，外观鲜红亮丽，肉质细脆，石细胞较少、汁

图 2–22 “红太阳梨”

多，果心较小，5 心室，种子 7 ~ 10 粒。平均单果重 200 g，最大单果重 350 g。果实硬度带皮 7. 17 kg/cm^2，可溶性固形物含量 12. 4%，总糖含量 9. 370 g/100 g，总酸含量 0. 104 g/100 g，维生素 C 含量 6. 592 mg/100 g，酸甜适口，品质上等。果实常温下可贮藏 15 d，冷藏条件下可贮藏 4 ~ 5 个月。

3. 生长结果习性

普通高大株型，6 年生株高 3. 5 m，冠径东西 3. 0 m，南北 3. 0 m，干周 40 cm。生长势中庸偏强，萌芽率高达 78%，成枝力较强，3 ~ 4 个，结果早。一般嫁接苗定植 3 年开始结果。以短果枝结果为主，长果枝亦能结果。短果枝连续结果能力很强，一般可结果 3 年以上，果台副梢抽生能力亦强，一般可抽生 1 ~ 2 个/果台。花序坐果率高达 67%，花朵坐果率为 26%。无采前落果现象，丰产稳产。

4. 物候期

在郑州地区气候条件下，花芽萌动期 3 月 8 日前后，叶芽萌动期 3 月 20 日，初花期通常在 4 月 6 日，盛花期在 4 月 11 日，落花期为 4 月 15 日左右。果实 7 月底至 8 月上旬成熟，发育期约 120 d 左右。

5. 抗性和适应性

抗旱、耐涝能力较强。抗病性强，各地均无明显病害发生。适宜深厚肥沃沙质壤土，在红黄酸性土壤及潮湿的草甸土碱性土壤上亦能生长结果，尤其在黄河故道地区不仅品质好，而且着色艳。无论在海拔高的山地或海拔低的平原都能着色很好，是目前中国梨品种群中着色最艳的红梨品种。

（二十一）“早酥红梨”

“早酥红梨”（图 2-23）是 2004 年在陕西发现的“早酥梨”芽变。其花、幼叶、果呈红色。

1. 植物学特征

树姿直立，1 年生枝直立，红褐色。幼叶褐红，成熟叶绿色。6～8 朵花/花序，花蕾粉红色，花药紫红色，雄蕊低于雌蕊。

图 2-23　“早酥红梨”

2. 果实经济性状

果实大，平均单果重 250 g，卵圆形，全面着色，色泽鲜红。果梗较长，萼片宿存或残存。果肉白色，肉质细、酥脆，汁液多，味淡甜。可溶性固形物含量 10.5%～12.0%，可滴定酸含量 0.25%，品质上等。果实贮藏性和“早酥梨”相当。

3. 生长结果习性

植株生长势强，萌芽力强，成枝力较弱。结果早，苗木定植后第 3 年开始结果，高接树第 2 年零星挂果，以短果枝结果为主。丰产稳产，应注意疏花疏果。

4. 物候期

在陕西渭北地区 3 月上旬花芽萌动，3 月下旬至 4 月上旬开花，7 月中下旬果实成熟，果实发育期 90 d 左右。11 月下旬至 12 月上旬落叶。

5. 抗性和适应性

抗旱、抗寒，耐涝、耐瘠薄；适应性强，可在北方主要梨产区栽培。

（二十二）“奥冠红梨”

“奥冠红梨”（图 2-24）是 2002 年在山东省聊城市东昌府区许营乡朱庄村发现的“满天红梨”品种的浓红色芽变，属砂梨系统，2006 年 5 月获得农业部“植物新品种保护权”，2007 年 9 月通过由山东省科技厅组织的专家鉴定，2007 年 12 月通过山东省林木品种审定委员会审定，并命名为“奥

图 2-24 “奥冠红梨”

冠红梨”。

1. 植物学特征

树姿较直立。多年生枝绿褐色，光滑，皮孔大而明显；当年生枝青褐色，新梢密生灰白色茸毛。成熟叶片长狭椭圆形，叶片肥厚，较大，横径7.63 cm，纵径11.38 cm。叶片正面主脉上密生白色茸毛，叶背仅主脉上有稀疏的白色茸毛；叶柄斜生，平均长2.84 cm，密生白色茸毛；叶基圆形，叶尖渐尖或长尾尖，叶缘细锯齿，有刺芒，叶芽小，三角形；花芽大而饱满，长椭圆形。有花9~11朵/花序，花药紫红色，花冠白色，圆形。

2. 果实经济性状

果实扁圆形或近圆形，平均纵径9.0 cm，横径9.8 cm，果形指数0.92。果个大，平均单果重650.0 g，最大单果重960.0 g。果皮浓红色，阳面和阴面均能着色，着色面积占果皮总面积的80%~95%。果皮光滑，果点小而不明显，梗洼深、广，果梗短、粗；脱萼，萼洼深、狭。果心小，圆形，对称。心室5个，小，卵形。果皮中厚，果肉乳白色，肉质细、脆，石细胞少，香气浓郁，风味酸甜，品质级上等：可溶性固形物含量14.60%，糖酸比16.3。较耐贮藏，在常温下可贮藏40~50 d，冷库可贮藏至次年4月。既适宜鲜食，又可以加工成果汁等。

3. 生长结果习性

幼树生长势较强健，结果后生长势中庸。以杜梨作砧木，4年生树高3.0 m，干周16.5 cm，冠径2.10 m×2.25 m。萌芽率86.56%，成枝力比

“满天红梨”低。1 年生枝平均长 96.0 cm，粗 0.86 cm，平均节间长 3.64 cm。初结果树以短果枝结果为主，坐果 5～7 个/花序。连续结果能力强，丰产稳产。开始结果期比“满天红梨”早：嫁接苗定植后第 2 年开始结果，第 4 年产量 40.18 kg/株。

4. 物候期

在山东省聊城市，花芽萌动 4 月上旬，叶芽萌动 4 月上中旬，盛花期 4 月中旬，果实成熟期 9 月中旬，果实发育期 145～150 d，落叶 11 月初至 11 月中下旬，年营养生长期 215～240 d。

5. 抗性及适应性

抗黑斑病和黑星病能力强，树体适应性强，耐瘠薄，耐盐碱。

（二十三）“香红蜜梨”

“香红蜜梨”（图 2-25）是中国农业科学院果树研究所 1986 年用“矮香梨”×“贺新村梨”杂交选育而成。1997 年通过区域试验表现为植株矮化开张，红色、质优、香气浓的红梨优质品种。

图 2-25 “香红蜜梨”

1. 植物学特征

树姿开张，株型半矮化，树势中等，树形纺锤形，主干红褐色，多年生枝褐色，2～3 年生枝淡红色，1 年生枝深红色，有茸毛；叶芽小，三角形，离生。花芽小，长椭圆形，鳞片赤褐色。嫩叶黄绿色，茸毛数量少。叶柄平均长4.3 cm，叶片平均纵径6.1 cm，横径3.8 cm。叶片长狭椭圆形，叶基楔形，叶尖渐尖或长尾尖。叶姿反转，叶片边缘细锯齿，有刺芒。叶柄斜生，个别有托叶。叶柄细。有花6～8朵/花序，花药紫红色，萼片小而短、反卷，花冠白色，圆形，中等偏小，花瓣离生，雄蕊低于雌蕊。株型结构好，枝条自然开张，枝条与主枝基角72°。幼树不需拉枝，枝条自然下垂。

2. 果实经济性状

果实中大，平均单果重175 g，最大单果重240 g。果实圆形，果实底色黄绿，阳面紫红色，着色部分占3/5。果皮中厚，无光泽。果点小、多。果梗短、粗。梗洼浅、狭。萼片宿存，反卷，基部分离。萼洼中、广、皱状。果心小，对称、圆形。心室5个，小、卵形。果肉乳白色，肉质细腻，后熟后肉质变软，易溶于口，汁液多，味酸甜适口并具诱人芳香味，品质极上。可溶性固形物含量15%～17%，可滴定酸含量0.372%，维生素C含量1.36 mg/100 g。果实不耐贮藏，常温下可放20 d左右。可鲜食，也可加工制成果汁。

3. 生长结果习性

植株生长势中庸。树冠矮小。4年生树高232.1 cm，冠径132.1 cm×118.5 cm，干周13.1 cm。萌芽力强，成枝力也强，剪口下多抽生3～4个条长枝。枝条不需拉枝，可任其自然开张。一般定植3年开始结果，以短果枝结果为主。坐果4～5个/花序，连续结果能力强，丰产稳产。

4. 物候期

在辽宁兴城，4月上旬花芽萌动，4月上中旬叶芽萌动，4月下旬初花，4月下旬至5月上旬盛花，5月上中旬终花，8月中下旬果实成熟，10月下旬至11月上旬落叶，果实发育期100 d，营养生长期195～220 d。

5. 抗性和适应性

高抗黑星病。适宜露地矮化密植栽培和梨树设施栽培。

（二十四）“金珠砂梨”

“金珠砂梨”（图2-26）是1985年在河南省豫西山区洛宁县发现的一个野生砂梨变异品种。2013年3月27日通过河南省林木品种审定委员会审定命名。

1. 植物学特征

树势中庸偏强，幼树生长势较强，萌芽率高。发枝力中等。树冠圆锥

图 2-26　“金珠砂梨”

形，树姿较开张。多年生枝灰色，较光滑。1 年生枝红褐色。叶片椭圆形，长 11 ~ 13 cm，宽 7 ~ 9 cm，深绿色，叶柄平均长 3 ~ 5 cm、粗 0.2 cm。叶缘细锯齿状且整齐，叶尖渐尖，叶基圆形。花白色，中等大小，5 ~ 6 片，平均花朵数 6 ~ 8 朵/花序，平均坐果 2 ~ 3 个/花序。

2. 果实主要经济性状

果实长卵圆形，果形指数 1.30，平均单果重 173 g，最大单果重 250 g。果梗中长、中粗，平均长 2.8 ~ 3.5 cm、粗 0.22 cm。梗洼浅。果皮红褐色，较薄，具蜡质，有光泽。果点小而密，红褐色，外观极美。果心中大，果肉乳黄色，肉质细，石细胞少，松脆，汁液多，糖度高，有清香，稍有涩味，具有较明显的野果风味。可溶性固形物含量 17.6%，可滴定酸含量 0.56%，维生素 C 含量 1.46 mg/100 g，品质极上等。果实极耐贮藏。

3. 生长结果习性

树高 3.5 m，冠幅 2.5 ~ 3.0 m，幼树腋花芽结果占 80.65%，长果枝占 19.35%。进入盛果期短果枝结果占 68.31%，中果枝结果占 17.3%，长果枝占 14.39%。自花结实力强，自然授粉条件下坐果率达 86.9%，果台结果能力强。丰产稳定，正常栽培管理条件下，定植后第 2 年结果株率达 30%，第 3 年结果株率达 100%，3 年生树平均产量 10.6 kg/株，最高产量 15.1 kg/株，3 年生树产量 2353 kg/亩，4 年生树产 4106 kg/亩。稳产性能好，无采前落果、无大小年结果现象。

4. 物候期

在河南洛宁，4 月 10—17 日盛花，8 月中下旬果实开始着色，11 月下旬果实充分成熟。在四川、重庆地区，果实 10 月中下旬至 11 月初成熟。

5. 抗性和适应性

高抗黑星病、腐烂病和轮纹病。抗旱、抗寒性强。特别适合在南方高温、高湿地区发展。

（二十五）"红玛瑙梨"

"红玛瑙梨"（图 2–27）是中国农业科学院郑州果树研究所杂交培育的早熟红梨品种。

图 2–27 "红玛瑙梨"

1. 生长结果习性

树势中庸，易形成腋花芽，早果丰产，栽培管理容易。

2. 果实经济性状

果实纺锤形，单果重 200 ~ 300 g，平均单果重 280 g，果面 50% 着鲜红色，果皮阳面红晕，耐摩擦，货架期长；果肉细脆，汁液多，石细胞少，果心小，味甘甜，可溶性固形物含量 11% ~ 13% 。

3. 物候期

在山东地区 7 月下旬成熟，在河南郑州地区 7 月上旬成熟。

4. 抗性和适应性

该品种栽培管理容易，适宜我国广大梨产区栽培。

（二十六）"早红蜜梨"

"早红蜜梨"（图 2–28）是中国农业科学院郑州果树研究所培育的早熟

红梨新品种。以“中梨1号”为母本，“红香酥梨”为父本，有性杂交选育而成。

图 2–28 “早红蜜梨”

1. 生长结果习性

树势中庸，易成花，早果丰产。

2. 果实经济性状

果实卵圆形，果面70%着红色，平均单果重260 g左右，肉质疏松，汁液多，石细胞少，果心小，甘甜无酸味，可溶性固形物含量12.8%，果皮不耐摩擦。

3. 物候期

在郑州地区7月中旬成熟。

4. 抗性和适应性

抗性和适应性强，适宜在华北、西北等地栽培。

（二十七）“早红玉梨”

“早红玉梨”（图2–29）是中国农业科学院郑州果树研究所以“新世纪梨”为母本，“红香酥梨”为父本，人工杂交选育而成。

1. 生长结果习性

树势中庸，易早期丰产，连续结果能力强，无采前落果和大小年现象，丰产、稳产，盛果期产量4000 kg/亩。

2. 果实经济性状

图 2-29 “早红玉梨”

果实圆形，无棱沟，果形端正，平均单果重256 g，果实纵径7. 5 cm，横径7. 2 cm；果皮底色绿黄色，阳面有红晕，果面1/2着红；无果锈，果点中等大小，密而明显，果面光滑，无棱沟；果梗长3. 6 cm，基部无膨大，直生；梗洼深，广度中等。75%果实萼片自然脱落，萼洼深，广度中等。果心大小中等，心室5个，种子10个，种子红褐色；果肉乳白色，细脆，汁液多，石细胞少，风味甘甜，可溶性固形物含量12. 8%，可溶性糖含量7. 64%，可滴定酸含量0. 07%，维生素C含量0. 0737 mg/g，硬度6. 4 kg/cm^2，品质上等。

3. 物候期

在河南郑州地区，3月中旬花芽开始萌动，3月下旬盛花，4月中下旬开始生理落果，8月上旬果实成熟，果实生育期120～130 d。

4. 抗性和适应性

抗性和适应性强，适宜在华北、西北地区和黄河故道地区栽培，管理容易。

（二十八）“红酥宝梨”

“红酥宝梨”（图2-30）是中国农业科学院郑州果树研究所以“新世纪

图 2-30 “红酥宝梨”

梨”为母本，“红香酥梨”为父本，于2001年进行有性杂交选育而成。2018年获得植物新品种权保护证书。

1. 生长结果习性

树势中庸，树姿下垂；萌芽力强，成枝力中等，易成花，早果丰产。

2. 果实经济性状

果实长圆形，果面黄绿色，阳面有鲜红晕；果点小而密、红褐色，萼片脱落或残存；果柄较长；果心中等大；果肉白色，肉质细、松脆，汁液多，味甜，无香气；平均单果质量300 g，可溶性固形物质量12.7%；品质上等，常温下可存放10 d。

3. 物候期

在河南郑州地区8月上中旬成熟。

4. 抗性和适应性

抗性和适应性强，适宜在华北、西北和黄河故道地区栽培，管理容易。

（二十九）“红酥蜜梨”

“红酥蜜梨”（图2-31）是中国农业科学院郑州果树研究所用“库尔勒香梨”和“郑州鹅梨”经过人工杂交选育得到的晚熟红梨品种。

图2-31　“红酥蜜梨”

1. 植物学特征

树干笔直挺拔，花冠呈现粉红色，花瓣为长椭圆形。

2. 生长结果习性

幼树生长旺盛，直立性强，树冠呈现长圆形；成年树树姿开张，树冠近圆形，多年生枝条为灰白色。

3. 果实经济性状

果实近长圆形或倒卵形，平均单果重 245 g，底色黄绿色，太阳照射一面鲜红色。果面洁净、无锈，上面果点比较大，风味甘甜，浓香可口，品质佳。

4. 物候期

果实 9 月上旬成熟，生育期 170 d 左右。

5. 抗性和适应性

对环境条件要求高，适宜在江苏省栽培。

（三十）“丹霞红梨”

“丹霞红梨”（图 2–32）是中国农业科学院郑州果树研究所用“中梨 1 号”和“红香酥梨”培育出的中晚熟红梨新品种。

图 2–32 “丹霞红梨”

1. 植物学特征

花期花苞膨大似气球，喷施丙环唑、PBO 等可使萼片脱落，果形变得美观。

2. 生长结习性

果树势中庸偏弱，以中短果枝为主，枝条柔软、纤细，有弯曲现象，枝势弱，坐果率较高，成花较容易，早果丰产。

3. 果实经济性状

果实近圆形，单果重 250 ~ 400 g，平均单果重 280 g，果面 50% 着红色。

肉质细嫩松脆，汁液多，石细胞极少，果心小，可溶性固形物含量13.5%左右，味甘甜可口。

4. 物候期

在河南郑州地区8月下旬成熟，较耐贮藏。在华中地区8月下旬成熟，可以冷藏4～5个月。

5. 抗性和适应性

抗性和适应性均强，适合在华北、西北及渤海湾等地区种植，市场前景广阔，其他地区不适合种植。

二、西洋梨红梨品种

（一）“红安久”

“红安久”（图2–33）是在美国华盛顿州发现的“安久梨”的浓红型芽变西洋梨红梨新品种。

1. 植物学特征

树体中大，幼龄树树姿直立，盛果期半开张，树冠近纺锤形。主干深灰褐色，粗糙，2～3年生枝赤褐色，1年生枝紫红色。花瓣粉红色，幼嫩新梢叶片紫红色。当年生新梢较“安久梨”生长量小，叶片红色，叶面光滑平展，先端渐尖，基部楔形，叶缘锯齿浅钝。

图2–33　“红安久”

2. 生长结果习性

树体长势健壮，萌芽力和成枝力均高，成龄树长势中庸或偏弱。幼树栽后3～4年结果，高接大树第3年丰产。成龄大树以短果枝和短果枝群结果为主，中长果枝及腋花芽也容易结果。连续结果能力强，大小年结果现象不明显，高产稳产。

3. 果实经济性状

果实葫芦形，平均单果重230 g，最大单果重500 g。果皮全面紫红色，果面平滑，具蜡质光泽，果点中多，小而明显，外观漂亮。梗洼浅狭，萼片宿存或残存，萼洼浅而狭，有皱褶。果肉乳白色，质地细，石细胞少，经1周后熟变软，易溶于口。汁液多，风味酸甜可口，具有宜人浓郁芳香，可溶性固形物含量14%以上，品质极上。果实室温条件下可贮存40 d，在 -1 ℃冷藏条件下可贮存6~7个月，气调条件下可贮存9个月。

4. 物候期

在山东泰安，叶片营养生长期220 d。果实成熟期9月下旬至10月上旬，果实发育期150 d。

5. 抗性和适应性

抗寒性高于“巴梨”，对细菌性火疫病、梨黑星病抗性高于“巴梨”，对白粉病、叶斑病、果腐病、梨衰退病（植原体病害）和梨脉黄病毒的抗性类似于“巴梨”，对食心虫抗性高于“巴梨”，对螨类特别敏感。“红安久”适应性广泛，抗寒性较中国白梨、秋子梨稍差，应尽量在“巴梨”栽植区建园。

（二）“香红梨”

“香红梨”（图2-34）是河北省农林科学院昌黎果树研究所以“红安久”的天然杂交种子经γ-Co^{60}辐射诱变，选育出的鲜红色新品种。2013年通过河北省林木品种审定委员会审定命名。

图2-34 “香红梨”

1. 植物学特征

树姿直立，生长势强。1年生枝红褐色，新梢平均长度34.92 cm，平均粗度0.47 cm，节间平均长度4.47 cm；叶芽姿态斜生，顶部钝，叶片平均长度5.80 cm，平均宽度3.39 cm，叶柄平均长度2.88 cm。叶片椭圆形，叶基楔形，叶尖渐尖，叶缘全缘，无裂刻，无刺芒，叶背无茸毛，叶面伸展状态抱合，叶姿斜向上，有托叶。花型为中型花，花瓣5~8瓣，浅粉红色，花瓣相对位置重叠，花瓣形态卵圆形，柱头位置与花药等高，花粉多，自然授粉条件下平均花朵坐果率24.17%，花序坐果率100%。

2. 果实经济性状

果实平均单果质量216.0 g，纵径 7.50 cm，横径 8.46 cm，果梗长度2.09 cm，果梗粗度0.62 cm。果实粗颈葫芦形，果实底色黄色，盖色鲜红色，着色程度80%，萼洼、梗洼和胴部均无锈，果面光滑，萼片宿存，呈聚合状态，果点小，中等密度，外观综合品质极上。果皮较厚，果肉颜色白色，果实经后熟后，果肉软而多汁，酸甜适度，香而浓郁，石细胞少，果心小，可溶性固形物含量12.5%，可溶性糖含量10.78%，可滴定酸含量0.097%，果实肉质综合评价极上。货架期约20 d，冷藏条件下可贮存5个月左右。

3. 生长结果习性

幼树生长势强，进入盛果期减缓，无大小年。以中短果枝结果为主，顶芽极易成花。6年生树高3.31 m，干径7.93 cm，新梢平均长度34.92 cm，平均粗度0.47 cm，长、中、短果枝比例为1∶1.3∶5.2，果台枝连续结果能力强，果台副梢抽生能力弱，采前落果现象不明显，丰产。成品大苗定植后2年即可见果，4年生树产量达1350 kg/亩，5年生树1800 kg/亩。短枝容易成花，花芽量大。

4. 物候期

在河北昌黎地区，4月初花芽萌动，4月上旬叶芽萌动，4月中旬花芽开绽，4月25—26日初花期，4月27—28日盛花期，4月29—30日末花期，花期视气温情况约有1周左右的前后浮动。5月上旬新梢开始旺盛生长，8月末果实成熟，果实发育期125～130 d，11月中下旬落叶。

5. 抗性与适应性

“香红梨”较对照“红安久”高抗果实木栓病，高抗黑星病，抗寒性强。“香红梨”适宜在河北秦皇岛市、唐山市、沧州市及相同或相似气候类型地区栽培应用，在甘肃景泰、新疆库尔勒、北京、山西太原等地也表现良好，有望推广至我国北方大部分地区。将作为主栽品种之一在河北省乃至我国梨栽培区得到广泛应用。

（三）“凯斯凯德”

“凯斯凯德”（图2-35）是美国Reimer教授于1985年用“大红巴梨”×“考密斯”杂交育成。山东农业大学罗新书教授1995年从美国引入我国。2013年12月通过山东省林木品种审定委员会审定。

1. 植物学特征

图 2-35 “凯斯凯德”

幼树树姿直立，盛果期树树姿开张。主干灰褐色，多年生枝灰褐色，2 年生枝赤灰色，1 年生枝红褐色。叶片浓绿色，长 6.05 cm、宽 3.40 cm，叶片平展，先端渐尖，基部楔形，叶缘锯齿渐钝，叶柄长 2.71 cm。顶芽大，圆锥形，腋芽小而尖，与枝条夹角大。伞房花序，有花 5～8 朵/花序，边花先开。花瓣白色，雌蕊 5 玫，雄蕊 12～20 玫，花药粉红色。

2. 果实主要经济性状

果实短葫芦形，果个大，平均单果重 410.0 g，最大单果重 500.0 g。幼果紫红色，成熟果实深红色，果点小且明确，无果锈，果柄粗、短。果肉白色，肉质细软，汁液多，香气浓，风味甜，品质极上等。可食率高，可溶性固形物含量 15.00%，总糖含量 10.86%，总酸含量 0.18%，糖酸比 60.33，维生素 C 含量 86.50 mg/kg。采后常温下 10 d 左右完成后熟，后熟果实食用品质最佳。较耐贮藏，0～5 ℃条件下贮藏 2 个月仍可保持原有风味。

3. 生长结果习性

树势强，树冠中大，3 年生冠幅 1.85 m × 3.53 m，萌芽率高达 80%；成枝力强，高接树前期长势旺盛，当年生枝生长量可达 1.5 m，发育枝节间长 1.68 m。以短果枝结果为主，短果枝占 75%，中果枝占 20%，短果枝占 5%，自然授粉坐果率 65% 左右，平均坐果 1.2 个/花序，坐双果花序占 30%～40%。已成花，早实性强，丰产稳产，苗木定植后第 3 年开始结果，产量达 600 kg/亩，高接树第 2 年见果，第 3 年产量 1200 kg/亩。

4. 物候期

在山东省泰安市，3 月上旬花芽膨大，4 月 1 日前后花序开始分离，4 月 4 日花序全部分离，单花露白，4 月 10 日进入盛花期，4 月 18 日为终花期，花期持续 7～8 d。4 月底至 5 月中旬新梢旺盛生长，果实迅速膨大，果实 9 月 5—10 日成熟。

5. 抗性与适应性

抗寒性强，耐旱性强，耐盐碱力较强，对梨黑星病、褐斑病表现免疫，

对梨锈病、炭疽病感病率较低，为 5%～10% 。适应性强，在我国具有广阔的市场和发展前景。

（四）“粉酪梨”

“粉酪梨”（图 2-36）是意大利 1960 年用 Coscia × Beurre Clairgeau 选育而成。1994 年河北省农林科学院昌黎果树研究所自美国国家种质资源谱引入。

图 2-36　“粉酪梨”

1. 生长结果习性

幼树长势较强，成龄树中庸。早果性和连续结果能力强，栽后 3 年结果，较丰产，大小年现象不明显。5 年生干周 38 cm，树高 3.0 m，冠径 2.70 m × 3.23 m，以短果枝结果为主。

2. 果实经济性状

果个大，平均单果重 325 g，最大单果重 500 g，葫芦形。果皮底色黄绿色，阳面 60% 着鲜红色，果点小而密，光洁。萼片宿存，果梗粗短。果肉白，石细胞少，经后熟底色变黄，果肉细嫩多汁，味甜，香味浓，品质极上。常温下可贮 10 d，冷藏下可贮 1～2 个月。

3. 物候期

在河北昌黎，3 月下旬至 4 月初萌芽，4 月中下旬开花，7 月底果实成熟，11 月上旬落叶。

4. 抗性和适应性

抗病力强，抗黑星病和褐斑病，亦抗腐烂病，耐寒能力较弱，对火疫病敏感。适应性广。

（五）“红星梨”

“红星梨”（图 2-37）又名“红茄梨”，美国品种，为“茄梨”的红色芽变品种，果实全红型。

图 2-37 “红星梨”

1. 植物学特征

幼树树姿直立，盛果期树半开张。1 年生枝紫红色，直立、粗壮，多年生枝灰褐色，皮孔小而少，叶片小而厚，革质，卵圆形，无茸毛，绿色，叶缘全缘或锯齿钝尖。叶芽长卵圆形，瘦长，花冠中等大，花瓣白色。

2. 生长结果习性

树势健旺，5 年生树平均高度 2.16 m，干周 18.3 cm，冠径 2.36 m，1 年生枝年生长量 78.6 cm，萌芽率高达 70%，成枝力强，剪口下可成枝 4 ~ 5 个。以中、短果枝结果为主，容易成花，长果枝及腋花芽亦可结果，连续结果能力强，大小年现象不明显，丰产性好。

3. 果实经济性状

果实葫芦形，果个较均匀，全面紫红色，落花后即为白色，直到成熟。果面平滑，具蜡质，果点小而少。套袋后着色差。果梗长 3.3 cm、粗 0.55 cm，梗洼浅、窄，萼凹浅、中广，萼片宿存。平均单果重 230 g，最大单果重 350 g。果肉洁白，肉质细脆，经 7 ~ 10 d 后果肉变软，汁液丰富，

香气浓郁，可溶性固形物含量14.0%~18.3%，维生素C含量4.6 mg/100 g，品质上等。冷藏条件下可贮藏2~3个月。

4. 物候期

在山西关中地区3月中旬萌芽，3月下旬初花，4月上旬盛花期，7月中旬果实成熟，果实发育期100 d左右。11月下旬至12月初开始落叶，年生长期250 d左右。

5. 抗性和适应性

抗梨黑星病、锈病能力强，耐干旱，易感染梨尻腐病（萼端发黑），树势衰弱时枝干易感染干腐病。耐瘠薄，对土壤要求不严格。在我国大部分梨产区均可栽培，尤其适应我国黄淮海地区、西北梨区和胶东地区栽培发展。

（六）“红考密斯梨”

“红考密斯梨”（图2-38）是美国优良红色西洋梨品种。1997年山东省从美国引入。

1. 植物学特征

树冠中大，树势弱，幼树期树姿直立，盛果期半开张。主干灰褐色，1年生枝紫红色，2年生枝浅灰色，多年生枝灰褐色。

2. 生长结果习性

树体强健，树姿直立。中短果枝结果为主，中果枝上腋花芽多，是西洋梨中早实性强的品种，定植后第3年开始结果，平均结果5个/树，高接树平均坐果6个/树。

图2-38　“红考密斯梨”

3. 果实经济性状

果实短葫芦形，平均单果重324 g，最大单果重610 g；果柄肉质，柄粗7.5 mm，柄长28 mm。果面光滑，果点极小，表面暗红色；果皮厚，完全成熟时果面呈鲜红色；果肉淡黄色、极细腻，柔滑适口，香气浓郁，品质佳，可溶性固形物含量16.8%，后熟呼吸跃变极快，在25 ℃条件下，6 d完成后熟过程，表现出最佳食用品质。果面贮藏时不褪色，0~5 ℃条件下可贮1~2个月。

4. 物候期

山东西部地区果实9月中下旬成熟。果实发育期140 d左右。

5. 抗性与适应性

抗寒性强；高抗梨木虱、梨黑星病、梨火疫病、梨黄粉虫等；较易受金龟子、蜡象和象鼻虫为害。适应性广，较砂梨抗盐碱，喜肥沃壤土。

（七）“早红考密斯梨”

“早红考密斯梨”（图2–39）为原产于英国的早熟优质品种。享有“梨中之王”“梨中珍品”之称。2001年河北省农林科学院昌黎果树研究所引进。

图2–39 “早红考密斯梨”

1. 植物学特征

树冠中等大，树势旺盛，以长枝为主，未结果树直立枝较多，结果后树势开张。枝条软，易下垂。主干灰褐色，当年枝条及新梢红褐色，新梢略有毛，2年生枝灰褐色。枝条浓青色，树势衰弱后青褐色，皮孔大而少，不规则圆形。叶片细长，深绿色，旺梢叶片近椭圆形，叶缘锯齿状，尖叶多，叶面平整，光滑，具光泽，先端渐尖，基部楔形，叶缘锯齿浅而钝，一般长6～8 cm，宽3～5 cm，芽较小。

2. 果实经济性状

在安徽省砀山地区，果实中大，近圆形或粗颈葫芦形，平均单果重

255 g，最大单果重410 g。果面自谢花后即为浓红色，近成熟期为鲜红色，有光泽，果点小，全红果98.7%。果肉白色，汁多，味甜，微酸，香气浓，果心小。可溶性固形物含量14.3%，后熟期7～10 d，在常温下，果实可存放3周。在冀东地区，平均单果质量200 g，最大270 g。果实全面紫红色，蜡质较厚，果点细小，果面光滑，外观漂亮。果肉绿白色，质地较细，石细胞少，汁液多，风味酸甜，具较浓郁香味，可溶性固形物含量12.5%，品质上乘。果实在常温下可贮存15 d。

3. 生长结果习性

树势较旺，萌芽率高，成枝力中等，结果后成枝力偏低。嫁接当年生枝生长一般为1.5～2.0 m，上部及外围旺枝条可达3.5 m，若控制不当，则不易成花。以短果枝结果为主，腋花芽较少，坐果2个/花序，最多5个，嫁接后次年见果，第3年产量39 kg/株。在冀东地区，幼树长势旺，树姿直立。进入结果期后，树势中庸，树姿逐渐开张。也是萌芽率高，成枝力中等。成龄树改接后2年即可开始结果，幼树定植后3～4年结果。进入结果期后多以短果枝结果，果台可连续结果，产量上升较快，盛果期产量可达2500～3000 kg/亩。丰产，稳产。

4. 物候期

在安徽省砀山地区，3月下旬萌芽，4月中旬开花，花期1周，7月上旬果实成熟，11月上中旬落叶。在冀东地区，3月下旬至4月初芽萌动，4月10日左右花芽现蕾，4月20日左右进入盛花期，花期较“鸭梨”晚2～3 d，果实成熟期8月上旬，11月中旬落叶。

5. 抗性与适应性

较“砀山酥梨”耐低温。在与“砀山酥梨”同等管理条件下，无梨木虱、黑星病、蚜虫发生，抗叶枯病。在多雨年份和通风透光不良时，有霉心病发生。适应性较强，不仅适宜在平原壤土生长，在瘠薄沙地也生长发育良好。

（八）“罗砂梨”

“罗砂梨”（图2－40）是意大利中熟品种。果实中大，平均单果重180 g，细颈葫芦形。果皮全面浓红色，果面平滑，有蜡质光泽，果粉厚，果点小而中多，外观艳丽。果肉黄白色，肉质细，石细胞少，柔软多汁，甜，芳香浓郁，品质上等。果心中等大小，可溶性固形物含量13.0%。在辽宁兴城，果实9月上中旬采收，室温下可贮放7～10 d。

图2-40 “罗砂梨”

（九）“鲜美红梨”

“鲜美红梨”（图2-41）是从澳大利亚莫克果园的“巴梨”树上发现的枝变品种。

图2-41 “鲜美红梨”

1. 生长结果习性

树势强健，树姿开张。萌芽力、成枝力均高，以短果枝结果为主，自花不实，需配置授粉品种，如“博斯克”等。易成花，早果性强，栽后3～4年结果，丰产稳产。

2. 生长结果习性

果实小，单果重 150～200 g，平均单果重 200 g，矮瓢形，歪向一侧。果实底色金黄，向阳面鲜红、美观。果柄较短。肉细、多汁，甜而浓香，可溶性固形物含量 13.5%，口味品质极佳。在 0～5 ℃条件下，贮藏 2 个月仍可保持原有风味。

3. 物候期

在山东省泰安市，8 月初成熟，采后经后熟，10 d 可食。

4. 抗性和适应性

不抗火疫病。适应性强，耐旱，耐中度盐碱，其大小适中，符合我国“不分梨”吃的习惯，是一个很有发展前途的早熟品种。

（十）“红巴梨”

“红巴梨”（图 2-42）是美国品种，系“巴梨”的红色芽变。山东省果树研究所 1987 年 4 月自澳大利亚引入。

图 2-42　“红巴梨”

1. 生长结果习性

树势强旺，萌芽力、成枝力均强，幼树树姿直立，结果后开张，长势较“巴梨”强。以中短果枝结果为主，有一定自花结实坐果能力。幼树成花结果早，丰产，栽后 4 年进入初果期。砧木以“豆梨”为宜。需配置授粉树，适宜授粉品种有“茄梨”“伏茄梨”“派克汉姆斯”等。

2. 果实经济性状

果实较大，平均单果重 208 g，最大单果重 374 g。果实粗颈葫芦形，果梗粗短，萼片宿存，果面凹凸不平。果皮自幼果期即为褐红色，成熟时果面大部着褐红色。果点小而密。果肉白色，可溶性固形物含量 12.5%，总糖含量 9.63%，酸含量 0.39%，采后 10 d 左右果肉变软，易溶于口，味浓甜，品质上。

3. 物候期

山东泰安地区，8 月下旬成熟。不耐贮藏，常温下可贮存 20 d 左右。

4. 抗性和适应性

抗寒性稍差，适应性强。宜在巴梨栽植区栽培，对土壤条件要求不严格，在砂壤土上生长较好，在山地及黏重黄土地上也可种植。

（十一）“红茄梨”

“红茄梨”（图 2-43）原产美国，为“茄梨”浓红型芽变，早熟品种。在 1977 年由中国农业科学院品种资源所国外引种室从南斯拉夫引入中国。

图 2-43 “红茄梨”

1. 植物学特征

树冠呈倒圆锥形，树姿直立，1 年生枝暗红褐色。叶片长卵圆形，绿色有光泽，平均长 9.05 cm，宽 4.13 cm，叶柄长 3.42 cm，粗 0.14 cm。花冠偏小，直径 3.2 cm，白色，花瓣圆形，7～12 瓣，平均 4 朵花/花序。

2. 果实经济性状

果实呈细颈葫芦形，果个中大，平均单果重 131 g。纵径 8.49 cm，横径 6.2 cm。果面全为紫红色，平滑且具蜡质光泽，外观漂亮，果点小而不

明显。果梗长 3.9 cm，粗 4.2 mm；连接果肉处膨大为肉质并有轮状皱纹。无梗洼；萼片宿存，小而直立；萼洼浅，中广，有皱褶。果心较大，5 心室。果肉乳白色，质细脆而稍韧，经过 5～7 d 后熟，肉质变软易溶于口；汁液多，石细胞少，味酸甜并具微香，品质上等。可溶性固性物含量 11%～13%，可溶性糖含量 8.93%，可滴定酸含量 0.24%，维生素 C 含量 3.1 mg/100 g；去皮硬度 12 kg/cm^2，不去皮硬度 15 kg/cm^2 以上。果实不耐贮藏，常温下可贮放 15 d 左右。果实可供生食。

3. 生长结果习性

植株生长中庸，5 年生树高 2.57 m，干周 17 cm，冠径 0.87～0.92 m，新梢平均长 62 cm，粗 0.67 cm，平均节间长 2.46 cm。萌芽力较强，占 63.88%，发枝力弱。在管理到位的情况下，定植后 4 年便可结果，结果早。成年树各种类型的结果枝均有，但以短果枝结果为主，占 76.06%，中果枝占 11.28%，长果枝占 12.68%，平均有 1～2 个果/花序，较丰产稳产，采前落果轻。

4. 物候期

在辽宁兴城地区，4 月中旬花芽开始萌动，5 月上旬初花，5 月中旬盛花并终花，果实 8 月中旬成熟，11 月上旬落叶，果实发育天数 97 d，营养生长天数 204 d。

5. 抗性和适应性

抗寒力强，但易得腐烂病。适应性强，对土壤要求不严格，在最黏重土壤上栽培，生长仍良好。

（十二）“罗赛红”

图 2-44　“罗赛红”

“罗赛红”（图 2-44）是意大利品种。中熟品种。果实大，平均单果重 200 g，粗颈葫芦形。果皮全面浓红色，果面平滑有蜡质光泽，果粉中等，略有果锈，果点小而中多，外观艳丽。果肉白色，肉质细，石细胞少，柔软多汁，甜，芳香浓郁，品质上等。果心小。可溶性固形物含量 14.0%。果实在辽宁兴城 9 月上中旬采收，室温下可贮放 7～10 d。

（十三）“日面红”

“日面红”（图 2-45）原产比利时，早熟品种。

1. 果实经济性状

图 2-45 “日面红”

果实大。平均单果重 257.0 g。粗颈葫芦形。果皮绿黄色或黄绿色，向阳面有宽条红晕，并被有灰白色果粉。果面平滑有蜡质光泽，间或有小锈斑，果点小而多，不明显，外形美观。果肉乳白色，肉质中细，石细胞少，柔软，汁液中多或多，甜，具芳香，品质中上或上等。果心小。可溶性固形物含量 15.7%，可溶性糖含量 10.55%，可滴定酸含量 0.25%，维生素 C 含量 62.6 μg/g。果实在辽宁兴城 8 月下旬至 9 月上旬成熟，室温下可贮存 7～10 d，0～5 ℃下可贮存 60 d。

2. 结果习性

一般定植后 4～5 年开始结果，以短果枝结果为主，花序坐果率高达 95.1%，平均坐果 1.82～2.10 个/花序。较丰产，但采前易落果，易出现隔年结果现象。

3. 抗性和适应性

抗旱、抗寒、抗腐烂病能力强。适应性较强，在各种土壤上都能正常生长，但在肥沃砂壤土上生长最好。

（十四）“红克拉普斯”

“红克拉普斯”引自意大利，中熟品种。果实大，平均单果重 200 g，细颈葫芦形。果皮全面紫红色，果面平滑有蜡质光泽，果粉厚，果点小而中多，外观艳丽。果肉白色，肉质细，石细胞少，柔软多汁，酸甜适口，芳香浓郁，品质极上。果心中大，可溶性固形物含量 13.5%。果实在辽宁兴城 9 月上中旬成熟，室温下可贮放 7～10 d。

（十五）“斯塔克红”

“斯塔克红”原产美国，晚熟品种。果实大，平均单果重 230 g，葫芦

形。果皮底色黄绿色，盖色紫红色，盖色面积占果面的95%左右，略有果锈；果面平滑有蜡质光泽，果点中大，中多，外观艳丽。果肉白色，肉质细，石细胞少，柔软汁液多，甜酸，品质上等。可溶性固形物含量16.0%。在辽宁兴城，果实9月下旬至10月上旬采收，室温下可贮放7～10 d。

（十六）"罗莎达"

"罗莎达"为引自意大利的晚熟品种。果实大，平均单果重270 g，短粗颈葫芦形或圆锥形。果皮底色黄绿色，向阳面鲜红色，盖色面积占果面的50%，果面平滑有蜡质光泽，果点中大，中多，外观艳丽。果肉白色，肉质细，石细胞少，柔软易溶于口，汁液丰富，甜，具浓香，品质上等。果心中大，可溶性固形物含量15.4%。在辽宁兴城，9月下旬至10月上旬采收，室温下可贮放7～10 d。

思考题

当前生产上栽培的普通红梨品种和西洋梨红梨品种主要有哪些？从哪些方面把握其品种特征特性？

第三章　红梨育苗技术

果树育苗的质量不仅影响建园时的栽植成活率、植株生长量、幼树抗逆性、果园整齐度，而且对果树结果时间、产量、品质和寿命等都有一定的影响。红梨育苗可采用嫁接和硬枝扦插的方法进行。这两种方法都属于营养繁殖范畴，属于无性繁殖。进行无性繁殖可以保持原来的优良性状，变异小或者不变异。

一、嫁接苗培育

（一）基本概念和特点

嫁接就是人们有目的地将一个植株上的枝或芽移接到另一个植株的枝、干或根上，接口愈合形成一个新植株的技术。嫁接苗则是通过嫁接培育出的苗木。接穗或接芽是指用来嫁接的枝或芽；砧木是指承受接穗或接芽的部分。嫁接用符号“+”表示，即砧木+接穗；也可用“/”来表示，但意义与“+”相反，一般接穗放在“/”之前。嫁接苗能保持优良品种接穗的性状，且生长快，树势强，结果早，有利于新品种的推广应用。可以利用砧木的某些性状，如抗旱、抗寒、耐涝、耐盐碱、抗病虫等增强栽培品种的适应性和抗逆性，以扩大栽培范围或降低成本。可利用砧木调节树势，使树体矮化或乔化，以满足栽培上或消费上的不同需求。此外，多数砧木可用种子繁殖，繁殖系数大，便于在生产上大面积推广种植。

（二）嫁接繁殖原理

1. 嫁接愈合成活过程

嫁接双方能否愈合成活，除砧穗亲和力外，主要决定于砧木和接穗形成层能否密接，双方产生愈伤组织，愈合成为一体并分化产生输导组织。因此，双方产生愈伤组织和伤口愈合，是嫁接成活的关键。

（1）愈伤组织形成

果树砧木和接穗在嫁接时都要造成伤口，双方伤口内部一些细胞壁开始木栓化，并把死细胞和活细胞隔离开来。残存活细胞与伤口平行多次分裂，被覆创面，这些新分裂形成的组织称为愈伤组织。愈伤组织主要由形成层细胞形成，也可由已经失去细胞分裂作用的薄壁细胞重新恢复分裂能力形成。薄壁细胞重新恢复分裂能力并形成愈伤组织，是因受伤细胞内产生一种愈伤激素，刺激周围未受伤永久组织细胞进行分裂的缘故。现已发现创伤激素包括分子式为 $C_{11}H_{17}O_4N$ 的物质和 $C_{12}H_{20}O_4$ 的创伤酸，两者均有愈伤作用。不同果树种类和品种，形成愈伤组织的能力和数量有明显的差别。

（2）愈伤及成活过程

在嫁接操作中，砧木和接穗的削面受到损伤，细胞变褐死亡，这些死细胞的内容物和细胞壁的残余形成褐色隔膜（隔离层），封闭和保护伤口。此后，双方形成层开始细胞分裂，隔膜以内的细胞受创伤激素的影响，使伤口周围细胞开始生长和分裂，形成愈伤组织，将隔离膜包被于愈伤组织之中，直到输导组织形成和连通。愈伤组织除来自形成层和伤口周围细胞团外，木射线、未成熟的木质部、韧皮部、韧皮射线等均可产生愈伤组织。砧木和接穗的愈伤组织几乎同时产生，但二者增长速度不同，砧木形成和产生愈伤组织快而多，接穗则较慢而少。芽接的愈伤组织约在嫁接后 7 d 左右逐渐填满砧、穗接口空隙，开始形成愈伤形成层。10 d 左右由老形成层恢复分裂，形成弯曲的新形成层环。砧、穗双方新的形成层环连接后，接穗开始生长活动，双方愈伤组织的薄壁细胞逐渐靠近并互相连接。这时新的形成层逐渐分化，向内分化新的木质部，向外分化新的韧皮部。从纵切面观察，砧木和接穗开始形成管胞分子和管胞束，在以后继续分化生长的过程中，将砧、穗双方木质部导管和韧皮部筛管联通，最终达到全面愈合，成为新的独立植株。

2. 影响嫁接成活的因子

影响嫁接成活的因子主要是砧木和接穗的亲和力、砧木和接穗的质量、嫁接技术和嫁接时的外部条件等。

（1）砧木和接穗的亲和力

砧木和接穗的亲和力是指砧木和接穗经过嫁接能否愈合成活和正常生长结果的能力，是嫁接成活的关键因子和基本条件。砧木和接穗的亲和力强弱表现形式是复杂而多样的。通常将亲和力分为亲和良好、亲和力差、短期亲和、不亲和 4 种类型。亲和良好表现为砧穗生长一致，结合部愈合良好，生长发育正常；亲和力差表现为砧木粗于或细于接穗，结合部膨大或成瘤状；短期亲和表现为嫁接成活后生活几年以后枯死；不亲和表现为嫁接后接穗不产生愈伤组织并很快枯死。果树砧穗嫁接亲和与不亲和表现见图 3–1。晚期不亲和对果树生产和经济效益将造成严重影响。嫁接亲和力是植物在系统发育过程中形成的特性，主要与砧木和接穗双方的亲缘关系、遗传特性、组织结构、生理生化特性和病毒影响有关。

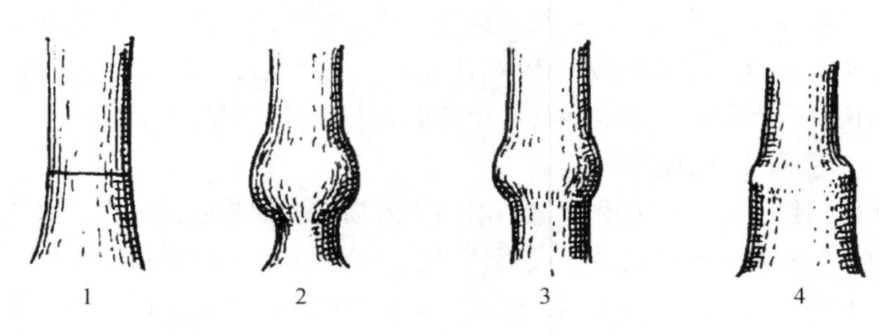

1—嫁接愈合正常；2—小脚；3—肿瘤；4—大脚。

图 3–1　嫁接亲和与不亲和表现

通常亲和力与亲缘关系呈正相关。一般亲缘关系越近，亲和力越强，越易成活。同种、同品种间的亲和力最强，其嫁接成活率高，同属异种多数亲和力较强；同科异属亲和力较弱；不同科亲和力差，嫁接不成活。亲和力与砧、穗组织结构的关系主要是指砧木和接穗双方的形成层、输导组织及薄壁细胞的组织结构相似程度，相似程度越大，相互适应能力越强，越能促进双方组织间连接，亲和力和愈合力越强。反之，亲和力和成活率低或接后生长不良。亲和力与砧、穗生理机能和生化反应的关系主要反映在砧木和接穗任何一方不能产生对方生活和愈合所需要的生理生化物质，甚至产生抑制或毒害对方的某些物质，从而阻止或中断生理活动正常进行。砧、穗双方的生理机能和生化反应方面的差异，主要表现在双方对营养物质的制造、新陈代谢及酶活性方面的差异，也可造成砧、穗间不亲和。某些生理机能的协调程度也可影响亲和力。例如，将日本梨和西洋梨嫁接在褐梨砧上生长良好，而用秋子梨和日本梨作西洋梨砧木时，则表现出不亲和的生理障碍。如果砧木吸收无机盐的数量超过接穗所能忍耐的程度时，也可导致接穗死亡。此外，砧木和接穗任何一方带病毒、病毒复合物类菌质体，都可使对方受害，甚至死亡。这些病毒或类菌质体均可通过嫁接传播。

（2）营养条件

营养条件指砧木和接穗的营养状况，对嫁接成活率有较大影响。砧木生长健壮、发育充实、粗度适宜、无病虫害的苗，嫁接成活率高，接穗（芽）萌发早，生长快；而生长不良的细弱砧木苗，嫁接操作困难，成活率低。接穗应选用生长良好、营养充足、木质化程度高、芽体饱满、保持新鲜的枝条。在同一枝条上，应利用中间充实部位的芽或枝段进行嫁接。质量较差的梢部芽嫁接成活率低，不宜使用。枝条基部的瘪芽接后萌发困难，抽出的多为短枝，亦不宜采用。

（3）环境条件

嫁接成活与温度、湿度、光照、空气等环境条件有关。一般气温在20～25 ℃，接穗含水量在50%左右，嫁接口相对湿度在95%～100%，土壤湿度相当于田间持水量的60%～80%时，有利于嫁接伤口愈合。嫁接伤口要注意保温、保湿，通常采用塑料薄膜包扎较好。强光直射会抑制愈伤组织的产生，黑暗能促进愈合，嫁接后套塑料袋不但能防止强光直射，也有利于增温保湿，提高嫁接成活率。在夏秋季嫁接，苗圃地遮阴降温会提高嫁接成活率。低温、高温、干旱、阴雨天气都不利于嫁接成活。

（4）极性

嫁接时，必须保持砧木与接穗极性顺序的一致性，也就是接穗的基端（下端）与砧木的顶端（上端）对接，芽接也要顺应极性方向，顺序不能颠倒，这样才能正常生长，愈合良好。违反植物生长的极性规律，将无法成活或成活但不能正常生长。

（5）嫁接技术

正常和熟练的嫁接技术是嫁接成活的重要条件。砧木和接穗削面平滑，形成层密接，操作迅速准确，接口包扎严密，嫁接成活率高。反之，削面粗糙，形成层错位，接口缝隙较大和包扎不严等，均可降低成活率。因此，嫁接过程需严格按照技术要求进行操作，有利于嫁接成活。

（三）砧木和接穗间的相互关系

嫁接苗是由两个基因型不同的树木组合在一起的新植株，在成活后的生长发育过程中，地上部所需要的水分、养分及合成物质依靠砧木发育的根系供给；而根系所需要的碳水化合物等有机营养依靠接穗发育的树冠提供。代谢过程中物质和能量的交换，必然使砧木与接穗之间产生相互作用，造成一定的影响。

1. 砧木对接穗的影响

砧木对接穗的影响主要表现在5个方面：一是影响嫁接树树冠大小。若接穗嫁接在乔化砧上，树体高大；嫁接在矮化砧上，树体表现矮小。二是影响嫁接树长势、枝形及树形。接穗嫁接在矮化砧上，树体长势缓和，枝条加粗、缩短，长枝减少，短枝增加，树冠开张，干性削弱；而接穗嫁接在乔化砧上则相反。三是影响嫁接树结果习性。同一品种嫁接在不同砧木上，始果年限可提早或推迟1～3年，果个、色泽、可溶性固形物含量等均有所差异。四是影响嫁接树抗逆性。同一果树，砧木不同，抗逆性也不同。五是影响嫁接树的寿命。嫁接树比实生树寿命短，同一品种嫁接在乔化砧上寿命长，而嫁接在矮化砧上则寿命短。

2. 接穗对砧木的影响

接穗影响砧木根系分布的深度、根系的生长高峰及根系的抗逆性，还可影响根系中营养物质的含量及酶的活性，进而影响嫁接树的生长、结果、果实品质，以及树冠部分的抗性、适应性等方面。

3. 中间砧对砧木和接穗的影响

中间砧是嵌入接穗和砧木之间的一段茎干，它对上部（树冠）及下部（基砧）都有一定影响。中间砧和矮化砧一样，能使树体矮化和早结果。矮化中间砧的效果和中间砧的长度呈正相关，中间砧段愈长，矮化效果愈明显。一般使用长度为20～25 cm。

砧木和接穗的相互影响是生理性的，不能遗传，当二者分离后，影响就会消失。

4. 砧穗之间相互影响的机制

矮化砧果树通常比乔化砧果树含有较多的有机和无机营养，贮藏水平较高。不同的矮化和乔化砧木类型含有不同数量的内源促进生长和抑制生长的激素，并且一年中其含量也有变化。它们不仅能控制本身的生长，也能通过嫁接部位对接穗部分的生长发挥作用。在解剖结构和代谢关系方面，韧皮部所占比例较大的砧木，其矮化效果比较明显。木质部所占的比例与嫁接幼树的生长势和开始结果期有密切关系。砧木地上部分生长势力与其皮层和木质部的比例成反比。同时，生长势较弱的矮化砧，其根系木质部的髓射线细胞较生长势强的砧木高很多。

（四）选择优良砧木品种

杜梨是红梨栽培中应用最广泛的砧木，它与红梨品种亲和力强，生长旺，结果早，抗旱耐涝，耐盐碱，耐酸性强，出籽率高，特别适应北方平原地区果树栽培作砧木用。而在山区则要选用耐寒、耐瘠薄的秋子梨作砧木。秋子梨抗寒性极强，能耐 -52 ℃的低温。抗腐烂病，不抗盐碱。丰产，寿命长，嫁接亲和力强，但与西洋梨品种亲和力弱，是东北、华北北部及西部地区主要砧木。

果树砧木种类有实生砧、自根砧、共砧、矮化砧、乔化砧、基砧和中间砧。实生砧是指利用砧木种子繁殖的苗木；自根砧是指利用植株某一营养器官培育的砧木；共砧又称本砧，是指砧穗同种或同品种；矮化砧是指可使树冠矮化的砧木，有利于果树早结果；乔化砧是指可使树体高大的砧木，一般相对结果较晚；基砧是指位于基部的砧木；中间砧是指位于接穗和基砧之间的砧木。可根据实际情况，选择适宜的砧木类型。

1. 采种及贮藏

（1）采种

①选择优良母本树。种子采集应选择品种纯正或类型一致、生长健壮、无病虫害和抗逆性强的单株作为采种母本树。

②把握采种时期。在杜梨或秋子梨的果实充分成熟、种子完全变成褐色时采收。

③取种。取种采用堆积软化取种法，将采下的果实堆积起来使果肉软化，揉碎果肉，用水淘洗出种子。堆积软化过程中需经常翻动，防止发热损伤种胚，降低种子发芽率。种子取出后，洗净，漂去空瘪种子和杂物。种子取出后应放在通风良好的地方摊放阴干，切忌阳光曝晒。最好当年采种当年播种。

（2）贮藏条件

贮藏期间种子含水量控制在 13%~16%，空气相对湿度保持在 50%~70%，温度 0~8 ℃。大量贮藏种子时，应注意种堆内的通气状况，通气不良会加剧种子的无氧呼吸，积累大量的 CO_2，使种子中毒受害。特别在温度、湿度较高情况下更要注意通气。

2. 种子精选与消毒

在播种或层积前对种子进行精选和消毒处理。种子精选是将烂籽、秕籽、破损籽和有病虫籽挑出来，使种子纯度达到95%以上，以提高出苗率、苗木整齐度，便于苗木管理。种子消毒是在种子精选后用3%的高锰酸钾溶液将好种子浸种30 min后，用清水洗净备用；或用种子重量0.2%的五氯硝基苯3份与西力生1份混合拌种。

3. 种子休眠

杜梨种子在脱离母体后需要一个后熟过程，需要在一个低温、通气、湿润的条件下完成后熟。在这种条件下，种子内部发生一系列生理生化变化，吸水能力增强，酶活性增强，不溶性复杂的营养物质变为可溶性简单的有机物，最后胚开始萌发。种子后熟的温度一般以2～7 ℃最为适宜，有效最低温度－5 ℃，有效最高温度17 ℃，超过17 ℃种子则不能通过后熟过程。

4. 层积处理

砧木种子不经过休眠后熟就不会发芽。秋播种子在湿润田间自然通过休眠即可发芽；春播种子必须进行层积处理。层积处理也称沙藏处理，是将种子与潮湿的介质（通常为湿沙）一起贮放在低温条件下，以保证其顺利通过后熟过程。在种子层积处理期间，种子中的抑制物质脱落酸（ABA）含量下降，而赤霉素（GA_3）和细胞分裂素（CTK）含量增加。具体见图3–2。

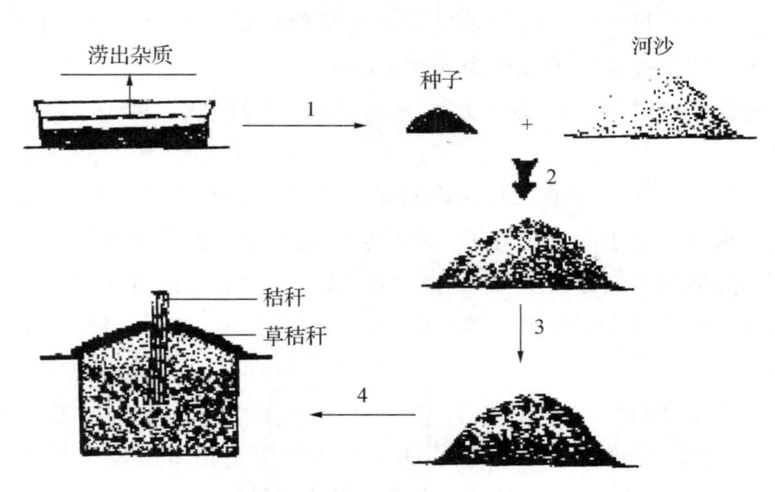

1—水浸；2—种沙混合；3—拌匀；4—入坑。

图3–2 种子层积处理

种子层积一般在秋末冬初进行。层积前先用水浸泡种子5～24 h，待种子充分吸水后，取出晾干，再与洁净的河沙混匀。沙的用量：中小粒种子一

般为种子体积的 3 ~5 倍，大粒种子为 5 ~ 10 倍。沙的湿度以手捏成团不滴水、一触即散为宜，约为河沙最大持水量的 50% 。层积地点选择背阴高燥不积水处，沟深 60 ~70 cm，宽 40 ~50 cm，长度视种子量而定。沟底先铺上湿沙，厚 5 cm，将已拌好的种子放入沟内，到距离地面 10 cm 处，再用河沙覆盖，高出地面呈屋脊状，上面再用草或草苫盖好。为改善通气条件，可相距一定距离垂直放入一小捆秸秆，或下部带通气孔的竹制或木制通气管。种子量小时用瓦盆沙藏。按 1 份种子 4 份湿润河沙充分混匀，放入沟中，然后上面盖 1 层湿沙。层积过程中适宜温度为 2 ~7 ℃。层积期间检查 2 ~3 次，并上下翻动，以便通气散热；如沙子变干，应适当洒水；发现霉烂种子及时挑出。春季气温上升，应注意种子萌动情况，如果距离播种期较远而种子已萌动，应立即将其转移到冷凉处，延缓萌发。若已接近播种期，种子尚未萌动，白天揭开坑上覆土，盖上塑料薄膜增温，夜间加盖草帘保温，促进种子萌动，以便适时播种。一般在春季大部分种子露白时及时播种。

（五）播种及播后管理

1. 播种时期

秋播、春播均可。秋播在 11 月上旬，可不经过层积处理，出苗早而齐，生长健壮。旱地育苗最好秋播。春播应在早春解冻后的 3—4 月进行。

2. 播种地准备

选择壤土或沙壤土作为苗圃地。撒施腐熟有机肥 4000 ~5000 kg/亩，翻耕 30 cm 左右，将土块打碎、耧平、耙细，做垄或做畦。多雨地区或地下水位较高时，宜用高畦；少雨干旱地区宜做平畦或低畦。一般垄宽 60 ~70 cm，畦宽 1. 0 ~1. 2 m，畦长 5 ~10 m。

3. 播种方法

目前生产上采用的播种方法主要有条播和点播。条播适用于小粒种子，可采用畦内条播或大垄条播。畦宽 1. 2 m，采用双行带状条播。一般带内距 25 ~30 cm，带间距 40 ~50 cm，边行距畦埂 10 cm。播种时在整好的畦内开沟，灌透水，待水渗下后向沟内撒种，覆细土，覆土厚度一般为种子直径的 2 ~4 倍，覆土后覆地膜以利保湿。点播多用于大粒种子。先将苗地整好，按行距 40 ~50 cm、株距 10 ~15 cm 开穴，穴深 4 ~6 cm，播种 2 ~4 粒/穴，待出苗后根据需要确定留苗株数。该法苗木分布均匀，营养面积大，生长快，成苗质量好，但产苗量少。

4. 播量及方法

杜梨种子较大，红梨种子较小。点播大粒种子，用种量1 kg/亩，小粒种用种量0.50~0.75 kg/亩，每穴5~6粒，穴距20 cm，行距30~40 cm。条播每40 cm 1行，用种量相对较多，大粒种子用量1.5~2.0 kg/亩，小粒种子用量1.0~1.5 kg/亩。播后薄覆土；旱地浇足水，覆土可稍厚，易板结地块覆土要薄，以利出苗整齐健壮。

5. 播种后管理

（1）出苗期管理

播种后立即覆盖地膜。当大部分幼苗出土后，及时划膜或揭膜放苗。出苗前若土壤干旱，应适时喷水或渗灌，切勿大水漫灌。

（2）间苗和定苗

幼苗陆续出齐后，分次间苗。首先除去病虫苗及弱苗，选优质壮苗。条播按株距20 cm定苗，穴播留1株/穴定苗，多余的好苗带土集中定植备用。

（3）松土除草

每次灌溉或降雨后，当土壤表土稍干后即进行中耕，以减少土壤水分蒸发，避免土壤发生板结或龟裂。随着苗木生长，根据苗木生长情况确定中耕深度。在幼苗生长过程中及时进行除草，以减少杂草对苗木生长的影响。

（4）补苗

苗木长到2片真叶前，选阴天或晴天傍晚结合间苗进行补缺。补栽时间越早越好。起苗时先浇水，以免伤根。补栽后及时浇水，以保证成活。

（5）苗期肥水管理

齐苗后注意中耕除草和保墒。间苗前一般不浇水施肥，以防止枯病发生。间苗后施尿素5 kg/亩，结合浇水。6月下旬至7月上旬施尿素10 kg/亩并浇水。生长后期追施适量过磷酸钙和钾肥。

（6）苗期摘心和培土

7月上旬苗高20~30 cm时摘心，并在砧木基部培土高5 cm，以促进砧木增粗。7月下旬至9月上旬砧木基部5 cm高处茎粗达到0.4 cm时进行芽接。

（7）苗期病虫害防治

砧木苗期喷800~1000倍的福美砷液防治苗期病害。用400~600倍液的乐果结合浇水冲入土壤，连浇2次，以防治各种地下害虫。

（六）嫁接及嫁接苗管理

1. 接穗采集

选品种纯正、无病虫、生长健壮、优质丰产的植株作母本采集接穗。春季嫁接多采用1年生枝条；夏季嫁接可用贮藏1年生或多年生枝条，也可用当年生新梢。

2. 接穗保存

夏、秋芽接用的接穗随采随用，采下后立即剪去叶片只留叶柄，并用湿布包好带到田间，放于阴凉处备用。春季用接穗应在冬剪时选择优良健壮无病虫的枝条插入冷凉地窖10 cm厚的湿沙中保存备用。

3. 嫁接方法

（1）“T”形芽接法

“T”形芽接（图3-3）又称“丁”字形芽接，因接芽片呈“盾”形，也叫盾状芽接，是芽接中应用最广的一种方法，多用于1年生小砧木苗。其操作程序如下。

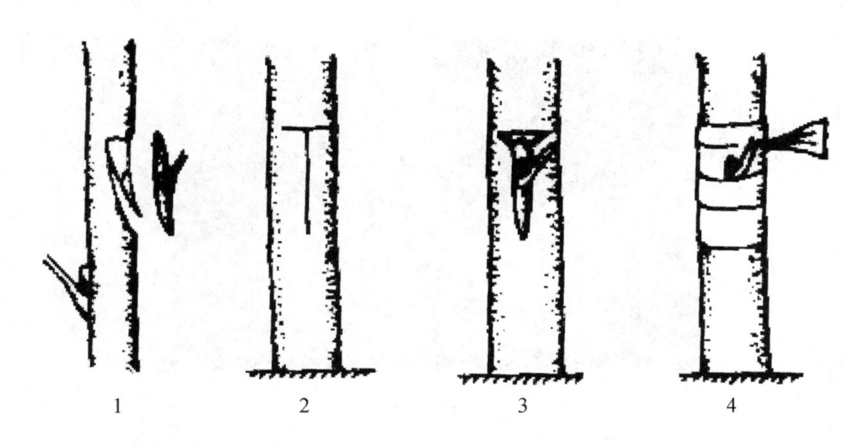

1—削芽片；2—切砧木；3—插芽片；4—捆绑。

图3-3　“T”形芽接

①削芽片。一手握接穗（接穗倒拿、顺拿均可），另一手持芽接刀。首先在接穗中选取饱满芽，先在芽上0.5 cm处横切1刀，深达木质部，横切口长0.8 cm左右，再在芽下方1.2 cm处向上斜削1刀至芽上方横切刀口处，用大拇指从1侧向另1侧推下盾形芽片备用。

②切砧木。在砧木离地面 5 ~6 cm 处选一光滑无分枝处横切一刀，深达木质部，宽 1 cm 左右，再在横切口中间向下竖切一刀，长 1.0 ~1.5 cm，深度以切断皮层不伤木质部为宜，切口呈“T”形。

③插芽片。用刀尖将砧木皮层挑开，将芽片轻轻插入“T”形切口内，使砧木和芽片的横切口对齐嵌实。

④捆绑。用塑料条捆扎，先在芽上方扎紧一道，再在芽下方捆紧一道，然后连缠三四下，系活扣。注意露出叶柄，露芽或不露芽均可。

该法一般在砧木和接穗都离皮时采用，不带木质部且操作简单，成活率高达 90% 以上。

（2）贴芽接

贴芽接多用于砧木不离皮时采用，春秋季均可进行。该法操作简便，容易掌握，省工快捷。愈合快，成活率高。砧木削面与芽片形成层接切面大，在空气中停留时间短，蒸发少，成活率高达 85%~99% 。

①削芽片（图 3-4）。在接芽上 0.8 ~1.0 cm 处向下斜约 2 cm，宽 0.3 ~0.4 cm，削成柳叶形稍带木质部的“芽片”。

图 3-4　削芽片

②削砧木（图 3-5）。在砧木离地面 5 cm 处选光滑部位下刀。砧木的削法与接穗相同，注意使砧木切面大小、形状与接穗（芽片）大小相近，一般砧木切面稍大点最好。

③贴芽（图 3-6）。将芽片一边（或两边）的形成层与贴木的形成层对齐，贴于木切面上。

④绑缚（图 3-7）。绑缚时用手将芽片对准形成层稳好后，露芽用塑料

图 3-5 削砧木

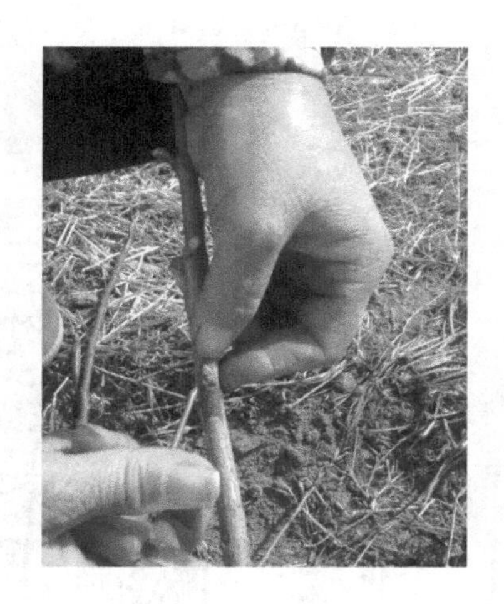

图 3-6 贴芽

膜条绑缚严密。

⑤松绑与剪贴。在接后 35 d 左右松绑，并在接芽上方 1 cm 处剪贴。之后注意经常除去砧木发出的萌芽，加强追肥、浇水、中耕、除草、病虫害防治等田间管理，一般当年可长出壮苗。

（3）嵌芽接

嵌芽接（图 3-8）又称带木质芽接，是在砧木和接穗都不离皮的春季采用的一种方法，也可在夏秋季进行，在生产上应用较为广泛。

①取接芽。将接穗上的芽自上而下切取。先从芽的上方 1.5～2.0 cm 处

图 3-7　绑缚

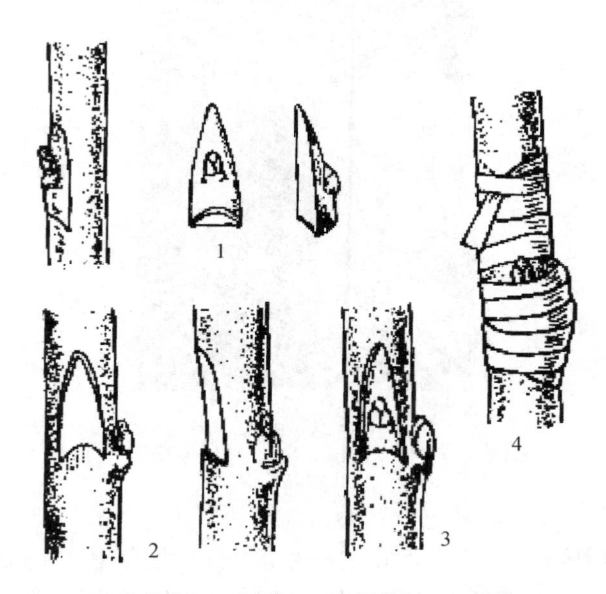

1—取接芽；2—切砧木；3—插芽片；4—绑缚。

图 3-8　嵌芽接

稍带木质部向下斜切一刀，再在芽的下方 1 cm 处横向斜切一刀，取下芽片。

②切砧木。在砧木选定高度上，取背阴面光滑处，从上向下稍带木质部削一与接芽片长、宽均相等的切面。将此切开的稍带木质部的树皮上部切

去，下部留0.5 cm左右。

③插芽片。将芽片插入切口，使两者形成层对齐，再将留下的部分贴到芽片上，用塑料条绑扎好。嵌入接芽后，使之与砧木的形成层对齐。粗度不一致的，使一侧形成层对齐。

④绑缚。绑缚时，保证上下嫁接口密闭，使之不透水、不透气。最后用塑料薄膜条自下而上绑扎紧密，注意露出叶柄和芽子。

（4）方块芽接

方块芽接（图3-9）是夏季6月22号左右在红梨上进行嫁接，操作简便，速度快，成活率高达98%。一个熟练的技术人员利用自制嫁接刀片进行嫁接，一天可嫁接2000～3000棵。

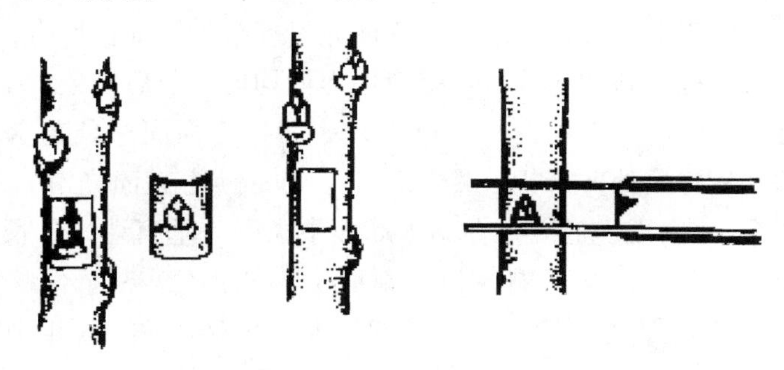

图3-9 方块芽接

①削芽片。在接穗上芽的上下各0.6～1.0 cm处横切两个平行刀口，再在距芽左右各0.3～0.5 cm处竖切两刀，形成切口长1.8～2.5 cm、宽1.0～1.2 cm的方形芽片，暂不取下。

②切砧木。按照接芽上下口距离，横割砧木皮层达木质部，偏向一方（左方或右方），竖割一刀，掀开皮层。

③放芽和绑缚。将接芽芽片取下，放入砧木切口中，先对齐竖切一边，然后竖切另一侧的砧木皮层，使左右上下切口都紧密对齐，立即用塑料薄膜条缠紧包严。

（5）枝接法

枝接法就是以枝段为接穗的嫁接繁殖方法。与芽接法相比，枝接法操作技术比较复杂，工作效率较低。但在砧木较粗、砧穗处于休眠期而不易剥离皮层、幼树高接换优或利用坐地建园时，采用枝接法较好。枝接法根据嫁接地点不同，可分为露地枝接和室内枝接。以接穗的木质化程度不同，分为硬枝嫁接和嫩枝嫁接。硬枝嫁接是用处于休眠期的完全木质化的发育枝为接穗，于砧木树液流动期至旺盛生长期前进行嫁接；嫩枝嫁接是以生长期中未木质化或半木质化的枝条为接穗，在生长期内进行嫁接。

枝接时期一般在春秋两季。春季嫁接于树液开始流动、芽尚未萌发时进行，直至砧木展叶为止；秋季可在枝梢老熟后和萌发新梢之前嫁接。枝接一般可分为劈接、切接和腹接等。

①劈接（图 3-10）。劈接又称割接，适用于砧木较粗或与接穗等粗时。在靠近地面处劈接，又叫“土割”，也适用于梨树高接。具体操作程序是：a. 削接穗。剪截一段带有 2 ~ 4 个饱满芽的接穗。在接穗下端削一个 3 cm 左右的斜面，再在这个削面背后削一个相等的斜面，使接穗下端呈长楔形，插入砧木，内侧稍薄，外侧稍厚些，削面光滑、平整。削接穗时，要用左手握稳接穗，右手推刀斜切入接穗。推刀用力要均匀，前后一致，推刀方向保持与下刀方向一致。一刀削不平，可再补一刀，使削面达到要求。b. 切砧木。先将砧木从嫁接处剪（锯）断，修平茬口，使之表面光滑，纹理通直，至少在上下 6 cm 内无伤疤。再在砧木断面中央劈一垂直切口，长 3 ~ 4 cm。若砧木较粗，劈口可偏向一侧（位于断面 1/3 处）。劈砧时不要用力过猛。c. 插接穗。将接穗厚的一侧朝外，薄的一面朝内插入砧木垂直切口，要对准砧木与接穗的形成层，不要把接穗削面全部插入砧木切口内，削面上端露出切口 0. 3 ~ 0. 5 cm（俗称露白），使砧、穗紧密接触。较粗砧木可在劈口两端各插 1 个接穗。d. 绑缚。将砧木断面和接口用塑料薄膜条缠绑严密。较粗砧木要用薄膜方块覆盖伤口，或罩套塑料袋。

②切接法。切接法（图 3-11）多在早春 3 月中下旬，树木开始萌动而尚未发芽时进行。适用于根颈粗 1 ~ 2 cm 的砧木坐地苗嫁接，是枝接中常用的方法。a. 削接穗。接穗通常长 5 ~ 8 cm，以具 2 ~ 3 个饱满芽为宜。将接穗下部削成两个削面，一长一短，长面在侧芽的同侧，削掉 1/3 以上的木质部，长 3 cm 左右，在长面的对面削一马蹄形小斜面，长 1 cm 左右。b. 砧木处理。在离地面 5 ~ 8 cm 处剪断砧木。选砧皮厚、光滑、纹理顺的地方，把砧木切面削平，然后在木质部边缘向下直切，切口宽度与接穗直径相等，深 2 ~ 3 cm。c. 插接穗。把接穗长削面向里，插入砧木切口，使接穗与砧木的形成层对准靠齐。若不能两边都对齐，对齐一边亦可。d. 绑缚。用塑料薄膜条缠紧，要将劈缝和接口全部包严，注意绑扎时不要碰动接穗。

③腹接。腹接（图 3-12）也称腰接，是一种不用切断砧木的枝接法。

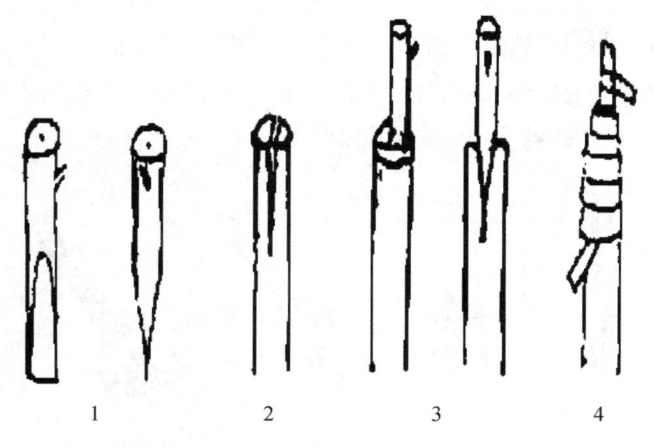

1—削接穗；2—切砧木；3—插接穗；4—绑缚。

图 3-10　劈接

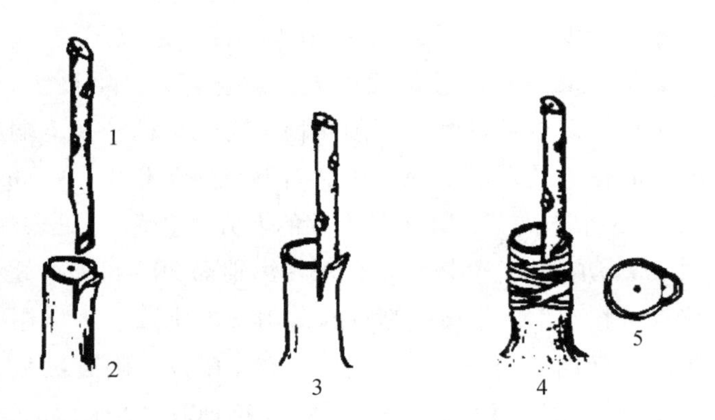

1—削接穗；2—砧木处理；3—插接穗；4—绑缚；5—接穗和砧木对齐。

图 3-11　切接法

可用于改换良种，或在高接换头时增加换头数量，或在树冠内部的残缺部位填补空间，或在一株树上嫁接授粉品种的枝条等。a. 削接穗。选 1 年生生长健壮的发育枝作接穗，每段接穗留 2～3 个饱满芽。在接穗基部削一长约 3 cm 的削面，削面平直，再在其对面削一长 1.5 cm 左右的短削面，长边厚，短边稍薄，削面要平滑。b. 切砧木。砧木可不剪断。选砧木平滑处向下斜切一刀，刀口与砧木约成 45°角，切成倒“V”形切口，切口不超过砧心。皮下腹接时，应只将木质部以外的皮层切成倒“V”形，并将皮层剥离。c. 插接穗。普通腹接应将接穗的削面全部插入稍撬开的砧木切缝，并使各自的形成层对齐密接，如切口宽度不一致，应保证一侧形成层对齐密接。皮下腹接时，接穗的斜削面应全部插入砧木切口面和砧木的木质部外面。d. 绑缚。将接口连同砧木切口包严绑紧。

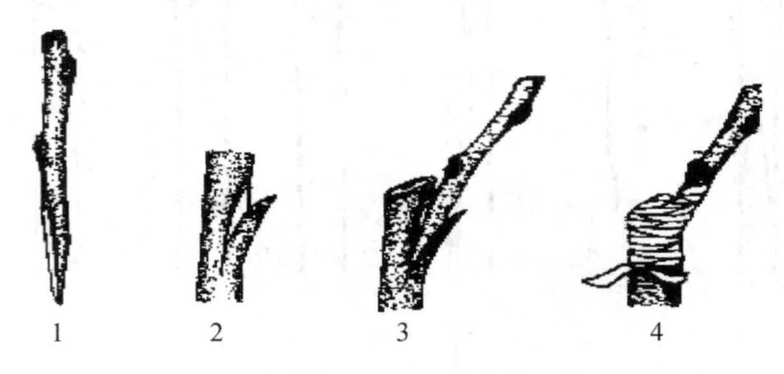

1—削接穗；2—切砧木；3—插接穗；4—绑缚。

图 3–12　腹接法

④插皮舌接。插皮舌接（图 3–13）为皮下接，是应用较广、成活率较高的一种嫁接方法。其形成层接触面积大，愈合容易，生长快。只适用于砧、穗离皮时进行，嫁接时间短。a. 削接穗。先在接穗枝条下端斜削一刀，使削面呈 3～5 cm 长的马耳形斜面，在对面下端削粗 0. 2～0. 3 cm 的皮层，再在削面上留 2～3 个饱满芽，并于最上芽的上方约 0. 5 cm 处剪断，使接穗长 10 cm 左右。b. 切砧木。幼树嫁接，可在离地面 30～80 cm 处剪断砧木；大树高接换优，可在主干、主枝或侧枝的适当部位锯断，锯口用镰刀削平。选砧木皮光滑的一面用刀轻轻削去老粗皮，露出嫩皮，削面长 5～7 cm，宽 2～3 cm。c. 插接穗。插接穗前，先用手捏开接穗马耳形削面下端的皮层，使皮层和木质部分离，再把接穗木质部插入砧木切面的木质部和韧皮部之间，并将接穗皮层紧贴砧木皮层上削好的嫩皮部分。d. 绑缚。用塑料薄膜条绑扎严紧即可。

⑤插皮接。插皮接（图 3–14）也叫皮下接。a. 削接穗。剪一段带 2～4 个芽的接穗。一手拿接穗，一手拿刀，在接穗下端斜削 1 个长 3～5 cm 的长削面，再在长削面背后尖端削 1 个长约 0. 6 cm 的短削面，并将长削面背后两侧皮层削去少量，但不伤木质部。b. 劈砧木。将砧木在近地面处光滑无疤部位剪断，削平剪口，在砧木皮层光滑的一侧纵切 1 刀，长约 2 cm，不伤木质部。c. 插接穗。用刀尖将砧木纵切口皮层向两边拨开。将接穗长削

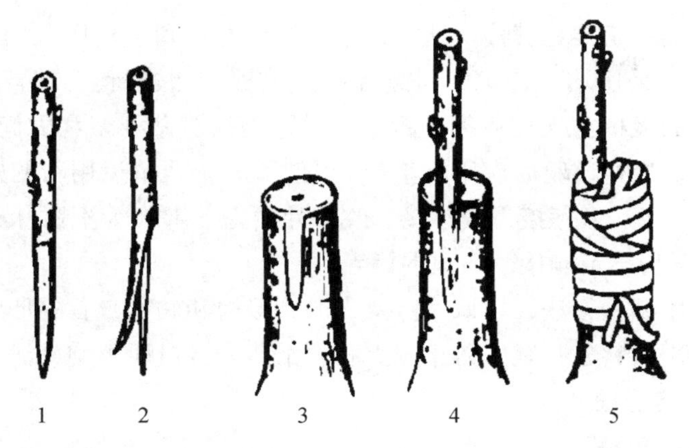

1—削接穗；2—削接穗背面；3—切砧木；4—插接穗；5—绑缚。

图 3-13　插皮舌接

面向内，紧贴木质部插入。长削面上端应在砧木平面之上外露 0.3 ~ 0.5 cm，使接穗保持垂直，接触紧密。d. 绑扎。用塑料条包严绑紧即可。

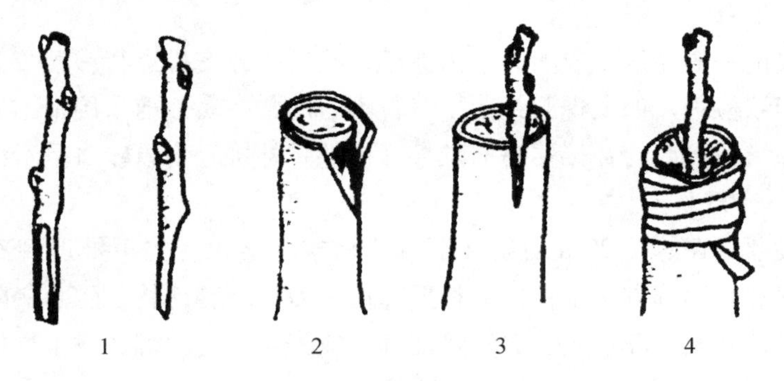

1—削接穗；2—劈砧木；3—插接穗；4—绑扎。

图 3-14　插皮接

在果树生产上，为提高嫁接成活率，应把握住“壮、鲜、平、准、快、紧、期、法、保、防、试、创”12 个字。“壮”是指砧木生长健壮，未感染病虫害，且接穗枝条充分成熟，节间短，芽饱满。“鲜”是指接穗始终保持新鲜，不发霉，不干皱。“平”是指枝接接穗削面要平整光滑，不粗糙。“准”是指砧木和接穗的形成层要对齐密接。“快”是指在保证平、准的基础上，操作过程要迅速准确。“紧”是指嫁接后绑扎要严紧。“期、法”是指选择适宜的嫁接时期和方法。在砧木离皮时可采用皮下接；不离皮时可采用带木质芽接、切接和劈接。秋季适于芽接，春季利于枝接。“保”是指做好保湿工作，采用培土、包塑料袋和蜡封接穗方法进行。“防”是指防风折，对接活的嫩梢立支柱或绑支棍。“试”是指对砧穗亲和力尚不了解时，要多查资料，进行试验后应用于生产。“创”是指改革运用新的嫁接、绑扎方法，如改“T”形芽接为嵌芽接，改留叶柄露芽绑扎为不留叶不露芽全绑扎，6 月单芽切砧苗侧接改为顶端接等。

不管采用哪种方法，切口一定要光滑，接穗和砧木二者的形成层一定要对齐，最后用塑料条扎紧，防止泥土和雨水落入接口而影响成活。

4. 嫁接苗管理

（1）检查成活

芽接后 10 ~ 15 d 检查成活。凡接芽新鲜，叶柄一触即落时，表明已成活；如果芽片萎缩，颜色发黑，叶柄干枯不易脱落，则未成活。枝接一般需 1 个月左右才能判断是否成活。如果接穗新鲜，伤口愈合良好，芽已萌动，表明已成活。

（2）补接

芽接苗一般在检查成活时做出标记，然后立即安排进行。秋季芽接苗在剪砧时细致检查，如发现漏补苗木，暂不剪砧，在萌芽前采用带木质芽接或枝接补齐。枝接后的补接要提前贮存好接穗。补接时将原接口重新落茬。

（3）解绑

芽接通常在嫁接 20 d 后解除捆绑。秋季芽接稍晚的可推迟到次年春季发芽前解绑。解绑方法是在接芽相反部位用刀划断绑缚物，随手揭除。枝接在接穗发枝并进入旺盛生长后解除捆绑，或先松绑后解绑，效果更好。

（4）剪砧

剪砧是在芽接成活后，剪除接芽以上砧木部分。秋季芽接苗在次年春季萌芽前剪砧。7 月以前嫁接，需要接芽及时萌发的，应在接后 3 d 剪砧，要求接芽下必须保持 10 个左右营养叶。或在嫁接后折砧，15 ~ 20 d 剪砧。剪砧时，剪刀刃应迎向接芽一面，在芽面以上 0. 3 ~ 0. 5 cm 处下剪，剪口向接芽背面稍微下斜，伤口涂抹封剪油。

（5）抹芽除萌

芽接苗剪砧后，砧木上长出的萌蘖应及时抹除，并且要多次进行，以集中养分，促进接芽萌发生长。枝接苗砧木上长出的许多萌蘖也要及时抹除，以免与接穗争夺养分。接穗如果同时萌发出几个嫩梢，仅留 1 个生长健壮的

新梢培养，其余萌芽和嫩梢全部抹除。

（6）土肥水管理

春季剪砧后及时追肥、灌水，以促进接芽早发快长。一般追施尿素约10 kg/亩。结合施肥进行春灌，并锄地松土提高地温，促进根系发育。5月中下旬苗木旺长期再追施1次尿素10 kg/亩或复合肥10～15 kg/亩。施肥后灌水。结合喷药每次加0.3%的尿素，进行根外追肥，促其旺盛生长。7月以后应控肥、水供应，防止贪青徒长，降低苗木质量。可在叶面喷施0.5%磷酸二氢钾3～4次，以促进苗木充实健壮。

（7）病虫害防治

红梨苗木主要病虫害防治见表3-1。

表3-1　红梨苗木病虫害防治历

时间	防治对象	防治措施
2—4月 播种前至 幼苗期	幼苗烂芽、幼苗立枯、猝倒、根腐	在栽培管理上应避开种植双子叶蔬菜的田块，轮作倒茬，多施有机肥；种子用0.5%福尔马林喷洒，拌匀后用塑料纸覆盖2 h，摊开散去气体后播种；土壤处理每亩用50%克菌丹0.5 kg＋细土15 kg撒于地表，耙匀，或用50%多菌灵或70%甲基硫菌灵喷撒5 kg/亩，翻入土壤
		在幼苗出土后拔除病苗；喷70%甲基硫菌灵可湿性粉剂800～1000倍液，或75%百菌清可湿性粉剂500倍液
	缺素症（叶片黄化）	多施有机肥；每亩施入硫酸亚铁（$FeSO_4$）10～15 kg，翻入土壤
	地下害虫（蛴螬、地老虎、蝼蛄、金针虫等）	播种前，用50%辛硫磷拌种，用药量为种子量的0.1%；进行土壤处理，用50%辛硫磷乳油300 mL/亩，拌土25～30 kg，撒于地表，然后耕翻入土
		幼苗出土后灌根，用50%辛硫磷乳油250 mL/亩＋500～700 kg/亩灌根；地面诱杀用90%晶体敌百虫1 kg＋麦麸或油渣30 kg，加水适量拌成豆渣状毒饵，撒于土壤表面诱杀；或设置黑光灯或荧光灯诱杀成虫

续表

时间	防治对象	防治措施
2—4 月 播种前至 幼苗期	天幕毛虫	喷 5% 灭幼脲悬乳剂 2000 倍液，5% 氯氟氰菊酯乳油 4000 倍液，20% 甲氰菊酯乳油 2000 ~ 3000 倍液，或 50% 辛硫磷乳油 1000 倍液防治
	白粉病	发芽前喷 5° Bé（5 波美度）石硫合剂；发病初期喷 25% 三唑酮可湿性粉剂 5000 倍液，或喷 12.5% 烯唑醇可湿性粉剂 3000 ~ 5000 倍液进行防治
5—6 月	蚜虫类	喷 50% 抗蚜威可湿性粉剂 3000 ~ 4000 倍液，10% 吡虫啉可湿性粉剂 3000 ~ 5000 倍液，或喷 10% 顺式氯氰菊酯乳油 3000 ~ 4000 倍液
	潜叶蛾	喷 25% 灭幼脲悬乳剂 2000 倍液，30% 哒螨 · 灭幼脲（蛾螨灵）可湿性粉剂 1500 ~ 2000 倍液或 20% 甲氰菊酯乳油 2000 倍液等
	卷叶虫	喷 2.5% 溴氰菊酯乳油 3000 倍液或 25% 灭幼脲悬乳剂 1000 ~ 1500 倍液
	斑点落叶病	喷 10% 多抗霉素可湿性粉剂 1000 ~ 1500 倍液，80% 代森锰锌可湿性粉剂 600 ~ 800 倍液，或 50% 异菌脲可湿性粉剂 2000 倍液
	梨黑星病	喷 1 : 2 : 240 波尔多液，或 40% 氯硅唑乳油 800 ~ 1000 倍液，或 50% 异菌脲可湿性粉剂 1500 倍液
7—8 月	红蜘蛛	用 5% 噻螨酮乳油 2000 倍液、20% 速螨酮可湿性粉剂 3000 倍液和 5% 唑螨酯悬乳剂 1000 ~ 1500 倍液等喷雾防治
	其他病虫害	潜叶蛾、蚜虫类、斑点落叶病、梨黑星病防治方法同上
9—10 月	白粉病、潜叶蛾、卷叶虫、食叶类害虫等	根据苗圃病虫发生情况，有目的地喷药防治
11—12 月	各种越冬病虫害	苗木检疫、消毒按照有关要求进行处理。苗圃耕翻、冬灌、清除落叶，消灭病虫

二、硬枝扦插苗培育

红梨属于难生根果树，硬枝扦插不易生根。现有的嫁接繁殖被不利于红梨快速育苗，难以满足其规模化大面积发展的需要。为解决生产上存在的这一问题，刘爱英等（2015）提供了一种操作简单、成本低廉、稳定高效的红梨硬枝扦插育苗方法。其技术要点如下。

（一）育苗圃地选择与处理

在地势平坦、土层深厚、灌水方便处，选用疏松、肥沃、湿润沙壤土或轻壤土作为圃地，用50%甲基异柳磷颗粒剂每亩1.5～2 kg拌细土撒入，防治地下害虫。施腐熟的农家肥5000 kg/亩，或鸡粪2500 kg/亩，N、P、K三元复合肥50 kg/亩作为基肥，深耕30 cm左右，及时耙平起垄，垄宽90 cm，垄高16～18 cm，垄间距30 cm。

（二）种条采集与贮藏

秋季红梨落叶后，结合梨树冬季修剪，从2年生以上、无病虫害、品质优良的红梨母株上采集1～2年生壮条作为种条，边采集边打捆。并选高燥的背阴地挖坑埋藏枝条，坑内1层苗条1层土，苗条厚20～30 cm，土层厚15 cm，上层覆土厚度以不低于当地冻土深度为宜。

（三）接穗剪截与处理

将储藏枝条尖端过嫩部分剪掉，剪成长20.0 cm、粗0.7 cm以上的种条。每根种条要有4～5个饱满芽，种条上端在饱满芽上方1 cm处剪截，上剪口平齐，下剪口斜剪、剪口平滑。插穗剪完后50根/1捆浸入水中24～48 h，增加含水量，然后将其斜剪端（基部）5 cm处以下用2000 mg/L ABT 2号生根粉浸泡30 s左右，以促进生根。

（四）扦插方法

在土壤化冻后、芽萌动之前，在苗床上覆上地膜，将苗圃地浇1遍透水。地温回升10 ℃以上后，将处理过的插穗垂直插入苗床，插穗上部1～2个腋芽露出地膜，每垄扦插4行，株行距10 cm×30 cm，扦插完成后浇1次透水。刚插上时要遮阴，可用玉米秸、豆秸、麦秸盖上，待生根后，逐渐去掉遮阴物。

（五）发芽后及时抹芽、补苗

幼苗长到5～10 cm 时要进行抹芽，如果长出2个枝梢，要抹去1个，采取去强留弱的方法。对缺株进行补苗处理，以保证幼苗分布均匀。

（六）苗木管理

1. 成活期、幼苗期

成活期及幼苗斯一般为从扦插至5月中下旬。严格控制水分，为插穗创造良好的土壤温度、水分和通气条件是这一时期的关键。使插条基部温度保持在20～28 ℃，气温控制在8～10 ℃。土壤湿度保持在田间最大持水量的60%～80%为宜，空气湿度保持在100%左右。由于苗床覆盖地膜，土壤水分蒸发较少，能够保持适宜的水分和较高的地温。因此，扦插后较长一段时间内不需要浇水，4月上旬至6月上旬视天气情况浇水1～2次即可。

2. 速生期

红梨幼苗速生期一般在6月中旬至8月下旬。此期正值高温多雨季节，苗木生长最快，应及时去除地膜，加强浇水、中耕除草等田间管理，并于6月中旬和7月下旬追施氮肥2次，每次在降雨和浇水后施尿素25 kg/亩，防止因追施氮肥过多、过晚引起苗木徒长。

3. 防治病虫害

在红梨硬枝扦插育苗周期内，按照前文红梨苗木病虫害防治历对苗期病虫害进行综合防控。

一般管理好的苗木可当年出圃，成活率达到90%以上，苗木高度达到1.2 m以上，地径达到0.8 cm以上。

三、无病毒红梨苗培育

梨树病毒种类繁多。目前，国内外报道梨树病毒及类似病毒有23种。我国目前已鉴定明确的有5种，即梨石痘病毒、梨环纹花叶病毒、梨脉黄花病毒、榅桲矮化病毒和苹果茎沟病毒。脱除梨树病毒的方法主要有以下4种。

（一）恒温热处理

恒温热处理是在37～38 ℃恒温条件下处理梨苗28～30 d，然后切其顶梢，大小为0.5～1.0 cm，嫁接在实生杜梨上，成活后进行病毒检测。

（二）变温处理

变温处理是在变温（30 ℃和38 ℃两种温度每隔4 h换1次）条件下处理梨苗3周，然后切取长0.5～1.0 cm的茎尖，嫁接在实生杜梨砧上，成活后进行病毒检测。

（三）茎尖培养

茎尖培养是用无菌操作技术切取0.1～0.3 mm的茎尖，在准备好的培养基上培养，获得的无菌苗长到2 cm高时进行病毒检测。

（四）茎尖培养与热处理相结合

茎尖培养和热处理相结合与茎尖培养一样，在培养出无根苗后，放入(371±1)℃下处理28 d，再切取0.5 mm左右茎尖进行培养；或者如热处理方法一样，进行热处理后取0.5 mm的茎尖，接在培养基上进行培养，然后进行病毒检测。

经过脱毒处理所得的脱毒苗即为无病毒母本树，然后分级建立无病毒采穗圃，以满足生产无病毒苗木的需要。

思考题

1. 红梨芽接和枝接方法有哪些？简述其嫁接技术要点，其嫁接后如何进行管理？
2. 如何提高红梨嫁接育苗的成活率？
3. 如何进行红梨硬枝扦插育苗？
4. 脱除梨树病毒的方法有哪些？

第四章　红梨建园技术

一、园地选择与规划

（一）园地选择

梨树适应性强，年均温 7～14 ℃，最冷月平均温度不低于－10 ℃，极端最低温度不低于－20 ℃，≥10 ℃的有效积温不少于4200 ℃，海拔300 m左右，日照时数1400～1700 h，年降水量400～800 mm，无霜期140 d以上的地区最适宜梨树生长。

1. 土壤选择

选择肥沃土壤，有机质含量在0.5%～1.0%，土层深厚，活土层厚度＞50 cm，地下水位＜1 m，土壤pH值6～8，含盐量≤0.2%的壤土或沙壤土地段。土壤环境质量应符合表4-1的要求。

表4-1　土壤环境质量指标

单位：mg/kg

项目	含量限值		
	pH值＜6.5	pH值6.5～7.5	pH值＞7.5
镉≤	0.30	0.30	0.60
汞≤	0.30	0.50	1.0
砷≤	40	30	25
铅≤	250	300	350
铬≤	150	200	250
铜≤	150	200	200

注：以上项目均按元素量计，适用于阳离子交换量＞5 cmol（＋）/kg的土壤，若≤5 cmol（＋）/kg，其标准值为表内数值的半数。

2. 地点选择

山区、丘陵区昼夜温差大，湿度小，病虫害少，污染轻，利于发展无公害梨果生产。但应选择坡度在10°以下、土层较厚、向阳缓坡地段，同时，应避开凹地和风口，坡度在6°～15°修筑梯田，做好水土保持和蓄水工程，坡向选择背风向阳的东坡、东南坡或南坡。平原地区应选择在地形平坦、地势较高、有排灌条件、地下水位在1 m以下的沙壤土地段。对于土层厚度不足1 m，下部有沙层、砾石层或黏土层的，应掏石、掏沙换土。有冰雹危害地区应避开冰雹发生带。黄河故道多为冲积沙地，虽然昼夜温差大，有利于提高果实含糖量，但多低洼，地下水位较高，春季多风沙，雨量集中于夏季，易涝、易旱，建园时要建好灌排系统，防旱涝；建防风林，防治风沙。滨海盐碱地区要做好堆土台田、开沟排水、引蓄淡水、淋盐及防风等工作。同时，要求阳光充足、交通便利、无污染源、无农药残留的地区。

3. 土壤改良

（1）沙土和黏土地改良

沙地压黏土、黏土掺沙土可起到疏松土壤、增厚土层、改良土壤、增强蓄水保肥能力的作用，是沙地、黏土地土壤改良的一项有效措施。增施有机肥也是沙地、黏土地改良的有效措施，有利于幼树生长发育。

（2）盐碱地土壤改良

盐碱地可通过引淡水洗盐、修筑台田、种植绿肥、地面覆盖、中耕、增施有机肥等措施进行改良，能够有效改善土壤理化性质，减轻盐碱对幼树的危害。

（3）重茬地土壤改良

重茬地土壤一般连续4～5年种植其他作物，尤其是豆科作物或绿肥，并翻入土中，以恢复土壤肥力。如在短时间内重茬建园，应采取全园消毒或深翻、换土等方法。

（二）园地规划

园地规划包括果园土地和道路系统的规划，品种的选择与配置，果园防护林、果园水利化及水土保持的规划与设计。园地规划与设计应遵循以果为主、适地适栽、节约用地、降低投资、先进合理、便于实施的设计原则。以企业经营为目的的果园，土地规划中应保证生产用地优先地位，并使各项服务于生产的用地保持协调的比例。通常果树栽培面积达到80%～85%，防护林 5%~10%，道路 4%，绿肥基地 3%，办公生产生活用房屋、苗圃、蓄水池、粪池等共 4% 左右。一般小区面积 1~3 hm^2，山地边长与等高线平行。最好在栽植梨树前 1~2 年建造防护林；有条件的地方应配套节水灌溉设施，如滴灌、微喷、渗灌等。

二、栽植

（一）时期

一般在当年 11 月中旬至次年 3 月上旬定植。秋季栽植，夏季开沟；春季栽植，前一年秋季开沟。我国中南部地区秋季栽植，苗木能够在入冬前生根成活。山地、旱地应提前挖好定植沟，促进土壤风化。

（二）苗木选择

选择符合国家 NY 475—2002《梨苗木》标准的一级苗木。无明显病虫害和机械损伤；品种、砧木纯正；地上部健壮，苗木高 1.2 m，粗度 1.2 cm；茎段整形带内有 8 个以上饱满芽；根皮与茎皮无干缩皱皮及根损伤；嫁接口愈合良好，砧桩剪平，根蘖剪除干净，苗木直立，茎倾斜度在 15°以下；根系发达，舒展，须根多，断根少：主根长 25 cm，粗 1.2 cm；侧根长 15 cm，粗 0.4 cm，侧根数量 5 条以上，苗木纯度 100%，无检疫性病虫害的 2 年生实生砧苗。

（三）栽植

1. 整地

我国多数果园土壤有机质含量低于 1%。定植前必须按株行距挖深宽均为 0.8~1.0 m 的栽植沟，沟底填厚 30 cm 左右的作物秸秆。挖出的表土与足量有机肥、磷肥、钾肥混合，回填沟中。待填至低于地面 20 cm 后，灌水浇透，使土沉实，覆上 1 层表土保墒。有机肥应是不含对人体和生态环境有害物质的农家肥料和商品肥料。

2. 栽植方式与规格

根据当地土肥水、气候条件，以及砧木和红梨品种特性，采用窄株距、宽行距、南北行向长方形栽培方式，小冠疏层形、纺锤形、自由纺锤形、细

长圆柱形和棚架扇形栽培模式。栽植株行距为1 m×3.0～1 m×3.5 m，或者2 m×4～2 m×5 m。

3. 授粉树配置及栽植技术要点

红梨配置授粉树，可提高其品质和产量。红梨规模化栽培采用行列式配置授粉品种，要求授粉品种与主栽品种花期一致，可育花粉量大，授粉效果好，并有较高的经济价值，果大、形好、色美、质优。红梨主栽品种及其适宜授粉品种见表4-2。主栽品种与授粉品种比例为4∶1～5∶1；面积较小红梨园可采用中心式配置授粉树，配置比例是8∶1。沟栽法，采用挖掘机2次开沟。第1次挖沟深30 cm，挖出的表土放一边；第2次继续挖沟深50 cm，挖出的心土放另一边。沟底填入厚30 cm的玉米秸秆，撒1层厚0.5 cm的过磷酸钙，回填表土与腐熟有机肥的混合物30～50 kg/株，填至距地表30 cm时，灌水沉实。定植前苗木根部用3%～5%的石硫合剂，或1（$CuSO_4$）∶1（CaO）∶200（H_2O）波尔多液浸苗10～20 min，再用清水洗根部后蘸泥浆。将苗木放入栽植沟，舒展根系，填入与腐熟有机肥混合均匀的表土，边填土边摇动苗木，并随土踏实，心土放在最上层，根颈部与地面相平。栽后灌1次透水，栽后以苗木为中心堆高30 cm土堆。萌芽前，灌水松土后，顺行向覆盖宽1 m的地膜，可起到增湿保墒、促进根系发育、提高成活率，加快苗木生长的作用。4月上旬揭膜。采用该法建园，挖沟质量高，封土也采用挖掘机，减少了人力成本，且前3年基本不用再施肥，可极大降低投资成本。

表4-2　红梨主栽品种及其适宜授粉品种

主栽品种	授粉品种
红巴梨	红考密斯、伏茄、金廿世纪、八月红、红太阳
红香酥	满天红、红酥脆
满天红	红酥脆、红太阳
红酥脆	红香酥、美人酥
红太阳	八月红、美人酥
库尔勒香梨	满天红、红霄梨
红茄梨	红考密斯
红考密斯	红南果、红霄梨

三、栽后管理

（一）定干

定干是指 1 年生果树苗木，栽植后剪去顶端不充实的一段枝条，使主干有一定的高度。定干后剪口涂油漆、凡士林或套袋等。也可通过摘心、拉枝弯头等方法定干。定干应“秋栽秋定，春栽春定，栽后就定”。红梨定干后，苗木上端根据各类苗木等级要求，保留一定数目饱满芽。幼树定干高度要根据品种干性、饱满芽位置、苗木质量、土壤等条件灵活掌握。一般定干高度是 110～120 cm。定干后，苗木顶端有饱满芽的一段中心干是选留主枝的部位，称为整形带。在春、夏季节，多风地区要十分注意剪口下留芽的方位，可把剪口下第 3、第 4 芽留在迎风面上。

（二）适时灌水

红梨除定植当天要灌透水外，第 3～4 d 后还要浇 1 次水。待苗木萌芽且气温升高后，灌水少量多次，7～10 d 1 次，直至雨季来临。覆膜果园可适当少浇，严防频繁灌水。进入 9 月控制灌水。入冬前饱灌越冬水。无灌溉条件地区，应覆盖保墒。

（三）覆膜套袋

覆膜套袋是旱地建园不可缺少的措施，有灌溉条件的地方也应推广应用。新栽幼树连续覆盖 2 年效果更好。覆盖地膜应根据栽植密度而定，采用成行连株覆盖。覆膜前将树盘浅锄 1 遍，打碎土块，整成四周高而中间稍低的浅盘形。覆膜时，将地膜中心打 1 直径 3.5～4.0 cm 的小孔后从树干套下，平展地铺在树盘上。紧靠树干培一拳头大的小土堆，地膜四周用细土压实。地膜表面保持干净，细心清理下雨冲积泥土，破损处及时用土压封。进入 6 月后，在地膜上再覆 1 层秸秆或杂草，也可覆土 5 cm 左右。寒冷、干旱、多风地区，在苗干上套一细长塑料袋。细长塑料用塑料薄膜做成，直径 3～5 cm，长 70～90 cm。将其从苗木上部套下，基部用细绳绑扎。树干周围用土堆成小丘。幼树发芽时，将苗木基部土堆扒开，剪开塑料袋顶端，下部适当打孔，暂不取下。发芽 3～5 d 后，在下午将塑料袋取掉。

（四）补苗与抹芽

红梨幼树发芽展叶后及时检查成活情况。发现死亡幼树应分析原因，采取有效措施补救。为保持园貌一致，缺株应立即用预备苗补栽。苗干部分抽干的，剪截到正常部位。夏季发生死苗、缺株时，于秋季及早补苗。最好选用同龄而树体接近的假植苗，全根带土移栽。同时注意抹除整形带以下的萌芽。

（五）追施肥料

红梨幼树萌芽后，新梢长到15～20 cm时，追施尿素50 g/株，距树干30 cm左右，挖深5～10 cm环状沟均匀施入。新梢长到30～40 cm时，再追尿素50 g/株。7月下旬，追施N、P、K三元复合肥50～80 g/株。同时，结合喷药防治病虫，在生长前期喷施0.3%～0.5%的尿素，7月下旬以后喷0.3%～0.5%的磷酸二氢钾（KH_2PO_4）。

（六）夏季修剪

红梨苗萌芽后，及时抹除靠近地面萌蘖。新梢长达30 cm左右时，中心干上旺盛新梢不足4个，对顶端延长枝留25 cm左右摘心，当年选好所需主枝数，加速整形。摘心在7月以前进行。留作主枝的枝条若生长直立、角度小，可用牙签等刺入主枝撑开角度。进入秋季后，拉枝纠正主枝角度和方向。除主枝外，其余枝条若有空间，超过1 m皆拉至90°以下作为辅养枝。

（七）越冬防寒

1. 树干刷白

在霜冻来临前，用生石灰10 kg、硫黄粉1 kg、食盐0.2 kg，加水30～40 kg搅拌均匀，调成糊状，涂刷主干。

2. 冻前灌水

冻前浇水或灌水，灌后即排。浇水结合施用人粪尿，效果更好。但应注意冻后不要再灌水。

3. 熏烟

在寒流来临前，果园备好谷壳、锯木屑、草皮等易燃烟物，每堆隔10 m（易燃烟物渗少量废柴油），在寒流来临前当夜10时后，点燃易燃烟物。

4. 覆盖

冬季树盘周围用绿肥、秸秆、芦苇等材料覆盖 10 ~ 20 cm，或用地膜覆盖。

5. 冻后急救措施

(1) 摇去积雪

树冠上积雪及时摇去或用长棍扫去，以防积雪压断枝条。

(2) 喷水洗霜

霜冻后，应抓紧在化霜前用粗喷头喷雾器喷水冲洗凝结在叶上的霜。

(3) 清除枯叶

叶片受伤后，应及时打落或剪除冻枯的叶片。

(4) 及时灌溉

土壤解冻后及时灌水，1 次性灌足灌透。

(八) 病虫害防治

幼树萌芽初期主要防治金龟子和象鼻虫等为害。可在为害期内利用废旧尼龙纱网作袋，套在树干上。此外，应注意防治蚜虫、卷叶虫、红蜘蛛、浮尘子等害虫及早期落叶病、白粉病和锈病等侵染性病害。具体参照前文第三章中的表 3-1 内容进行防治。

思考题

1. 红梨栽植要把握哪些技术要点?
2. 红梨栽植后如何进行管理?

第五章　红梨土肥水管理技术

一、土壤管理

红梨土壤管理就是为其根系生长创造良好的环境条件，进而为其优质丰产打下良好的基础。

（一）管理方法

1. 深翻与耕翻

红梨幼树根系生长快，随着根系逐年扩大，原有定植沟不能满足根系生长发育的需要。通过深翻，可加深根系分布层，使根系向土壤深处发展，减少“上浮根”，提高梨树抗旱能力和吸收能力，对复壮树势、提高产量和质量有显著效果。但梨树深翻伤根后又恢复较慢，生产上应重点做好建园前的深翻改土和幼树扩穴深翻。成龄梨园深翻最好在树势健壮条件下进行，并配合良好的土肥水管理。对建园时未进行深翻改土的梨园，定植穴以外土壤紧实，底土熟化程度低，不利于根系生长，应在栽后第 2 年开始，逐年向外扩沟，栽后 5 年翻完全园。成龄梨园深翻部位在行间，采用隔行深翻。扩穴深翻时期一般在秋季至土壤结冻前，最好是秋季采果后立即结合秋施基肥进行，在定植穴（沟）外挖环状沟或条沟，沟宽 0.4 m，深 0.8～1.0 m。将表土与有机肥混合后回填，表土不够时利用行间表土，然后充分灌水，使根、土密接。深翻时尽量不伤及直径 1 cm 以上的粗根。

土壤深翻以落叶前后进行为宜，耕翻深度 10～20 cm。耕翻后不耙以利于土壤风化和冬季积雪，盐碱地耕翻有防止返盐的作用，并有利于防止越冬害虫。

2. 翻刨树盘

翻刨树盘在春季土壤解冻后至萌芽前和秋季采果后至土壤结冻前 2 个时期进行。翻刨树盘可改善树盘内土壤理化性状，加深根系分布，促发新根；

秋季翻刨树盘还可将在浅层土中越冬的病虫体暴露出来，利用冬季低温进行杀灭。翻刨深度一般为 10～20 cm。近树干处浅，远树干处宜深。矮化密植园深度应浅。

3. 中耕除草

中耕除草多用于以清耕为主的梨园。树盘内保持疏松无草状态。可增加土壤通气性能，减少养分和水分的消耗。中耕多在降雨和灌水后进行，深 6～10 cm，以防地面板结，影响保墒和土壤通透性。雨季过后至采收前不再进行中耕，使地面生草，以利于吸收多余水分和养分，提高果实质量。除草每年进行 2～3 次，在杂草出苗期和结籽期除草效果好。

4. 盐碱地改良

我国北方干旱和半干旱地区碱性土壤分布普遍。当土壤含盐量在 0.20%～0.25% 时，梨树不能正常生长和结果。盐碱地改良最有效的方法是引淡水排碱洗盐，最好在建园前进行。具体方法是在果园内开排水沟，每隔 20～40 cm 开 1 条排水沟，沟深 1 m、上宽 1.5 m、下宽 0.5～1.0 m，排水沟与外界排水渠连通，定期引水浇灌，降低地下水位，通过渗漏将盐碱排到耕作层之外。同时，配合中耕、地面覆盖、增施有机肥、种植绿肥，以及施用酸性肥料如硫酸铵［$(NH_4)_2SO_4$］及钙质化肥如过磷酸钙等，以减少地面过度蒸发，防止盐碱上升或中和碱性。

5. 沙土改良

沙土主要是指我国黄河故道地区和西北地区的风沙土。具体改良方法有 5 种：一是防风固沙。采用设置防风林、果园生草等方法，林草结合，植物固沙。二是引淤压沙。在含有大量泥沙的河流附近的果园，可引水浇灌，使泥沙沉积在沙土表层。三是客土压沙。将黏土或河泥压在果树定植沟内，或在果园深翻时更换沙土。四是多施有机肥，种植绿肥作物。通过翻压绿肥、培肥改良土壤。五是秸秆覆盖。将作物秸秆，如玉米秸、花生秧等或各种绿肥和杂草经过机械粉碎后直接覆盖在梨树行内，以 20 cm 左右厚度为宜。

6. 黏土改良

黏土通透性差，在增施有机肥的基础上，可通过压入秸秆、杂草，春季喷布“免深耕”土壤调理剂，掺沙等方法增加土壤的通气性，提高土壤肥水供应能力。

7. 水稻田改良

水稻田土壤排水性差，空气含量少，土壤板结，耕作层浅，通常只有

30 cm 左右，改种果树后常常生长发育不良。但水稻田土壤有机质和矿物质营养含量较高。可采取深翻、深沟排水、客土和起垄种植等方法进行改良。

（二）管理模式

合理的土壤管理模式可以维持良好的土壤养分和水分供给状态，促进土壤结构的团粒化和有机质含量的提高，防止水土和养分的流失，保持合适的土壤温度。

1. 清耕法

清耕法就是对果园土壤进行精耕细作。在果园内除果树外不种植其他作物，利用犁耕或铲翻的方法，清除地表杂草，深度不少于 20 cm，保持土表疏松和裸露状态。

2. 生草法

生草法是国外果园广泛应用的管理方式。在梨树行间和株间种植禾本科或豆科等绿肥作物。通常在年降雨量 800 ~ 1000 mm 的地区或有灌溉条件的梨园应用最好。密植梨园通常在行间种植多年生绿肥作物，株间树冠下实行清耕。为便于梨园管理，减少绿肥作物对光照的影响，刈割 2 ~ 3 次/年，保持高度 10 ~ 20 cm。果园常用绿肥作物有苕子、箭豌豆、草木樨、紫云英、蚕豆、三叶草、金花菜、肥田萝卜和白三叶等。生草梨园要加强肥水管理，将割下的草覆盖在树盘上。

3. 覆盖法

覆盖法就是利用作物秸秆、杂草、薄膜等对树盘、株间或行间进行覆盖。用作物秸秆、杂草覆盖时，一般厚 20 cm 左右。利用作物秸秆、杂草等覆盖后，其会逐渐腐烂减少，需重新覆盖。最好在覆盖 3 ~ 4 年后，将其埋入土中，再重新覆盖。此外，在早春覆盖地膜，可提高地温，抑制杂草生长；在果实着色期覆盖银色反光膜，可增进果实着色。

4. 清耕覆盖法

清耕覆盖法就是在果树最需肥水的前期保持清耕，在雨水多的季节采用生草法，吸收过剩的水分，防止水土流失。在旱季到来之前割掉杂草或绿肥作物进行覆盖。该法综合了清耕、生草和覆盖的优点，弥补了各自的缺陷，是一种值得大力推广的果园土壤管理模式。

5. 间作法

幼龄梨园行间空地较多，合理间作其他作物可充分利用土地和光照，提高土地利用率，增加果园早期经济效益。在生产上、梨园较为适宜的间作物有花生、白菜、西瓜、甜瓜和草莓等低秆作物，但必须杜绝间作高秆作物玉米、小麦等。间作时，梨树行内留出营养带，其宽度第 1 年为 1 m，2～3 年为 1.5～2.0 m。并对间作物合理灌溉、施肥和轮作倒茬，避免与梨树争肥、争水，造成土壤营养失调及有害物质积累。间作物收获后，秸秆可作为覆盖物或深翻梨园时埋入土中。

在梨园管理方面，最好的形式是行内覆盖行间生草法。

二、施肥管理

梨树施肥能促进根系生长，提高根系的吸收能力。根的生长活动与碳水化合物的供应密切相关，如果前一年贮存的碳水化合物不足，根的生长活动下降，则对枝叶生长、开花坐果不利。施肥以有机肥为主，氮、磷、钾配合施用，保持或增加土壤肥力及土壤微生物活性。所施肥料不得对果园环境和果实品质产生不良影响。

（一）梨树需肥特点

梨树对矿物质营养的吸收与器官生长规律一致，即器官生长高峰就是需肥高峰；对氮和钾的需求量高。前期氮肥吸收量最大，后期氮素吸收水平显著降低，钾吸收量仍保持很高水平；对磷的需求相对较低，且各个时期变化不大。氮、磷、钾三元素吸收比例为 1∶0.5∶1。

梨的新梢和叶片形成早而集中，同时，开花、坐果、花芽分化都需要大量营养，但梨的根系分布稀疏，肥效表现慢，仅靠临时追肥常不能满足需要。因此，梨树施肥提倡秋施基肥，早春追肥。梨是深根性果树，根系发达，主根入土深，侧根分布宽。因此，肥料要深施和分散施用。施在树冠外 50～100 cm、深 30～50 cm 的四周土层内，不宜浅施和集中施用。

（二）梨树年生长周期需肥规律

春季是梨树器官生长和建造的时期，根、枝、叶、花的生长发育随着气温上升而加快。开花、受精、坐果和幼果发育需要的氮素多。此期若氮素不足，会造成果实细胞分裂慢、停止早，果个小。树体吸收氮、钾的第 1 个高峰均在 5 月。5 月末果实中开始积累碳水化合物，6 月大部分叶片定型，新

梢逐渐停止生长，对氮需求显著下降，但果皮细胞的分裂、叶绿素的更新、叶中维持叶蛋白含量水平、枝芽充实、果实膨大等仍需要相当数量的氮素，为促使新梢及时停长，氮素不宜过多。8 月初氮素对果实大小无明显影响，如再供氮，会造成果实风味下降。土壤中含氮量与有机质含量呈正相关，随着土温上升，有机质分解，土壤中有效性氮增加。梨树对磷的需要量不如氮和钾多，全年变动不大。磷对果实大小影响不大，但对后期果实糖分积累、花芽分化、根的生长有间接影响。磷最大吸收期在 5—6 月，7 月以后降低，养分吸收与新生器官生长相联系，新梢生长、幼果发育和根系生长高峰正是磷的吸收高峰期。梨树对钾的需要前期和后期均较多。7 月中旬是钾的第 2 个吸收高峰，吸收量远高于氮，此时正处于梨果迅速膨大期。钾对果实膨大和糖分积累有促进作用，因此，钾停用越早，果实越小，风味越差，钾以一直供应为好，直至采果后。

梨树施肥的时期、深度、广度和肥料种类，既要依据土壤肥力特点、梨树对营养元素的需求规律，又要考虑到根系生长、分布特点，综合确定。梨树在年生长周期内的显著特点是前期需肥量大，供需矛盾突出。其中，萌芽开花期对养分的需要量较大，但主要利用树体上年贮存的养分；新梢旺盛生长期氮、磷、钾的吸收量最大，尤其对氮的吸收量最多；花芽分化和果实迅速膨大期钾的吸收量最大；果实采收后至落叶期主要是养分积累回流，以有机营养的形式贮藏在树体内。

（三）梨树生命周期需肥规律

在生命周期中，梨幼树阶段以营养生长为主，主要是树冠和根系发育，氮肥需求量最多，需要适当补充钾肥和磷肥，以促进枝条成熟和安全越冬。结果期树从以营养生长为主转入以生殖生长为主，氮肥不仅是不可缺少的营养元素，且随着结果量的增加而增加；钾肥对果实发育具有明显的促进作用，钾肥施用量也随着结果的增加而增加；磷与果实品质关系密切，为提高果实品质，应注意增加磷肥使用。

（四）施肥原则

梨树所施用肥料不能对果园环境和果实品质产生不良影响，而且应是农业行政部门登记或免予登记的肥料。允许施用的肥料种类有：有机肥料、微生物肥料、无机肥料。有机肥料包括堆肥、沤肥、厩肥、沼气肥、绿肥、作物秸秆肥、泥炭肥、饼肥、腐殖酸类肥、人畜废弃物加工而成的肥料等；微生物肥料包括微生物制剂和微生物加工肥料等；无机肥料包括氮肥、磷肥、钾肥、硫肥、钙肥、镁肥及复合（混）肥等。能进行叶面喷施的肥料包括大量元素类、微量元素类、氨基酸类、腐殖酸类肥料；限制使用的肥料有含氯化肥和含氯复合（混）肥；禁止使用的肥料包括未经无害化处理的城市垃圾，含有金属、橡胶和有害物质的垃圾，硝态氮肥，未经腐熟的人粪尿及未获批准登记的肥料产品。

（五）梨树所需营养及其功能

1. 大量元素

大量元素是梨树生长发育中需要量很多的元素。植物所需要的化学元素有40多种，其中需要量较多的是氮、磷、钾3种。氮素是叶绿素、蛋白质的组成部分，是梨树营养生长的重要元素。氮素缺乏直接影响叶片的光合作用和碳水化合物、蛋白质的形成，造成叶片小而薄，色泽变黄，枝叶量减少，新梢生长势弱，果实变小，容易落花落果；氮素过多，枝叶旺长，花芽不易形成，果实品质变差，枝条不充实，容易遭受低温危害。磷素也是构成蛋白质的重要元素，特别是构成细胞核的核酸所必需的，有促进花芽分化、果实发育、种子成熟、根系生长的作用；磷素不足，枝梢发育不充实，容易引起早期落叶，花芽发育不良，降低果实品质，降低抗寒、抗旱能力。钾素的主要功能是促进酶的转化和运转，促进枝条组织成熟，有利于枝条加粗生长，增强抗逆性；钾素不足而引起碳水化合物和氮的代谢功能紊乱，蛋白质合成受阻，导致营养生长不良，枝条生长变弱，果实品质变差，枝条抗寒性降低。

2. 微量元素

微量元素是梨树生长发育中需要量很少的元素，在梨树生理及代谢过程中不可缺少。缺少微量元素，梨树会发生生理病害。梨树所需要的微量元素有钙、镁、铁、硼、锌等。其中，钙在梨树体内起平衡生理活动的作用，促进铵态氮的吸收，保证细胞正常分裂。梨树叶片钙的含量应在1.08%～2.80%。缺少钙时，叶片小，个别枝条枯死，有的花朵萎缩，降低果实品质。镁是叶绿素的重要组成部分，参与磷化物的生物合成，促进磷的吸收同化。缺镁时，影响叶绿素的形成，基部叶片叶脉间出现黄绿或黄白色斑点，逐渐变成褐斑，严重时早期脱落。铁能促进某些酶的活性，与叶绿素的形成

有关。一般需铁的临界浓度是 20 ~ 30 mg/L。缺铁常发生失绿症，幼叶失绿，叶肉变黄绿色，叶脉为绿色。随着病情加重，叶脉也变黄色，接着叶片出现褐色枯斑或枯边现象，最后叶片脱落，影响梨树的生长发育。硼有促进花粉发芽的作用，可提高果实维生素 C 和糖的含量。花期喷硼可减少落花落果。缺硼可使梨树发育不良，影响花粉发芽，果肉出现木栓化，降低果实的品质。锌是某些酶的组成部分。缺锌时，新梢变细，顶端叶片变小，常出现丛生叶，称为小叶病，严重时树体变弱，影响花芽分化，果实发育不良。

（六）梨树树体需肥量

树体当年新生器官所需营养和器官质量的增加即为当年树体所需的营养总量。梨树每生产 100 kg 新根需氮 0.63 kg、磷（五氧化二磷）0.1 kg、钾（氧化钾）0.17 kg；每生产 100 kg 新梢需氮 0.98 kg、磷 0.2 kg、钾 0.31 kg；每生产 100 kg 鲜叶需氮 1.63 kg、磷 0.18 kg、钾 0.69 kg；每生产 100 kg 果实需氮 0.23 ~0.45 kg、磷 0.20 ~0.32 kg、钾 0.28 ~0.40 kg。

（七）施肥量和配方施肥

1. 施肥量

梨树树体健壮与否、产量高低和果实优劣与土壤有机质含量高低有密切关系。施用有机肥较多的梨园，土壤有机质含量高，树体健壮，产量高，果实品质好。

矿物质元素是梨树生长发育中不可缺少的，其施用量受品种、砧木、树龄、树势、土壤类型和结构、土壤有机质含量、土壤管理制度及梨树本身的年需要量等的影响。梨树在确定施肥量时应根据多种因素综合考虑。梨树生长所需要的矿物质元素主要是通过根系从土壤中吸收的，土壤中矿物质元素的含量直接关系到树体生长发育状况。不同地区、不同地带及不同果园土壤矿物质元素含量差异很大。华北平原土壤中矿物质元素含量相对较低。不同营养物质含量有不同的划分标准，具体见表 5–1。

表 5–1　华北平原土壤主要营养物质含量划分标准

元素种类与状态	高	较高	中等	低	极低
有机质	—	>1.5%	1.0%~1.5%	0.6%~1.0%	<0.6%

续表

元素种类与状态		高	较高	中等	低	极低
氮	全氮	>0. 15%	0. 10%~0. 15%	0. 05%~0. 10%	<0. 05%	
	碱解氮/(mg/kg)	>150	90~150	60~90	30~60	<30
磷	全磷	>0. 25%	0. 15%~0. 25%	0. 06%~0. 15%	<0. 06%	
	速效磷/(mg/kg)	>17. 45	8. 72~17. 45	2. 15~8. 72	1. 31~2. 15	<1. 31
钾	全钾	>3. 320%	2. 490%~3. 320%	1. 660%~2. 490%	0. 332%~1. 660%	<0. 332%
	速效钾/(mg/kg)	>124. 48	82. 99~124. 48	41. 49~82. 99	24. 90~41. 49	<24. 90

土壤 pH 值影响着土壤矿物质元素的有效性，梨树吸收利用的是土壤中有效性矿物质元素，即使某种元素土壤含量高，但由于其有效含量低，梨树也会表现该元素的缺素症。铁、锰、锌、硼等微量元素的盈亏多用有效性含量来表示，见表 5–2。不同的土壤矿物质元素都有其最大限度可利用的 pH 值范围，具体见表 5–3。

表 5–2　土壤中有效性铁、锰、锌、硼的盈亏指标

单位：mg/kg

矿物质元素	不足	临界值	充足	浸体方法
铁	<0. 5	0. 5~1. 0	>1. 0	DTPA 法浸提
锰	<2. 5	2. 5~4. 5	>4. 5	DTPA 法浸提
锌	<1. 0	1. 0	>1. 0	DTPA 法浸提
硼		0. 5		热水浸提

表 5–3　土壤中不同矿物质元素最大可利用的 pH 值范围

矿物质元素	最大可利用的 pH 值范围
氮	5. 8~8. 0
磷	6. 5~7. 5

续表

矿物质元素	最大可利用的 pH 值范围
钾	6.0～7.5
钙、镁	7.0～8.5
铁	4.0～6.0
锰	5.0～6.5
铜、锌	5.0～7.0
硼	5.0～7.0

梨树树体的各个器官中，叶片的矿物质元素含量最高，多种矿物质元素的盈亏首先表现在叶片上，对叶片进行分析能及时准确地反映树体矿物质元素营养状况。在广泛调查分析不同红梨园产量、果实品质与叶片矿物质元素含量的基础上，提出其叶片诊断标准值，对于不同红梨园可通过比较分析确定树体矿物质元素的含量状况。与叶片标准值相适应的诊断方法是“盈亏指数”诊断法。该方法是以标准值理论为基础，用样品中某元素的含量（x）占标准值中该元素（X）的比例表示，即某元素的盈亏指数 $Y=(x/X)\times 100\%$。其中，$Y=100\%$，表示既不缺少也不过剩；$Y>100\%$ 表示过剩，数值越大过剩越严重；$Y<100\%$ 表示缺乏，数值越小缺乏越严重。需要说明的是，盈亏指数法只能判断单个元素的营养状况。

不同的红梨品种、树龄和树势，要求的施肥量均不同。一般情况下，生长较旺幼树，应少施氮肥，多施磷、钾肥，以控制枝条旺长，促进枝芽成熟，增强抗逆性，提早进入结果期。生长较弱的盛果期树应适当增加氮肥和钾肥用量，使氮、磷、钾比例适当，保证大量结果和生长发育的需要。进入衰老期大树，应多施氮肥，以复壮树势，延长结果年限。

梨树理论施肥量的计算公式是：理论施肥量＝(吸收量－土壤供给量)/肥料利用率。施肥比例按氮：磷：钾＝2：1：2 计；土壤天然供肥量一般氮按树体吸收量的 1/3 计，磷、钾按树体吸收量的 1/2 计；肥料利用率氮按 50% 计，磷按 30% 计，钾按 40% 计。最后除以肥料的元素有效含量百分比，即得出每公顷实际施入化肥的数量。

2. 配方施肥

一种元素在土壤中过多或施用过多会对其他元素产生拮抗现象，对树体生长发育不利。氮、磷、钾施用不合理，不利于果树的优质丰产。在梨的区域化栽培中，规定了砧木和品种的搭配，及时掌握不同地区的土壤和叶分析情况，并及时供应适宜的专用复合肥，很少发生施肥不合理现象。因此，根据土壤和叶分析，进行配方施肥很有必要。以营养平衡原理为基础，Beaufile 经过多年研究，提出了叶片营养元素的“综合诊断法”，简称 DRIS，其诊断公式为：

$$F(X/A)=100\left(\frac{X/A}{x/a}-1\right)\times\frac{10}{c.v.}(X/A\geqslant x/a);\qquad(5\text{-}1)$$

$$F(X/A)=100\left(\frac{X/A}{x/a}-1\right)\times\frac{10}{c.v.}(X/A<x/a)。\qquad(5\text{-}2)$$

式中，X/A 为样品中两元素之比，x/a 为诊断标准中相对应的两元素之比，$c.v.$ 为变异系数。当 $X/A>x/a$ 时，函数为正值；当 $X/A<x/a$ 时，函数为负值。计算 DRIS 指数的通式为：

$$X_{指数}=\frac{f(X/A)+f(X/B)+\cdots-f(F/X)-f(G/X)\cdots}{n-1}。\qquad(5\text{-}3)$$

式中，X 表示某一元素，A，B，…，F，G，…表示与 X 组成比例的其他元素。当 X 为分子时，函数为正值；当 X 为分母时，函数为负值。n 为被诊断元素的个数。根据上述公式“综合诊断法”原理，可得出氮（N）、磷（P）、钾（K）、钙（Ca）、镁（Mg）、铁（Fe）、锰（Mn）、铜（Cu）、锌（Zn）、硼（B）等元素便于计算机编制程序的“综合诊断指数”公式：

$$N_{指数}=\frac{f(N/P)+f(N/K)+\cdots-f(N/B)\cdots}{10-1};\qquad(5\text{-}4)$$

$$P_{指数}=\frac{f(P/K)+\cdots+f(P/B)-f(N/P)}{10-1};\qquad(5\text{-}5)$$

$$K_{指数}=\frac{f(K/Ca)+\cdots+f(K/B)-f(N/K)-\cdots-f(P/K)}{10-1};\qquad(5\text{-}6)$$

$$Ca_{指数}=\frac{f(Ca/Mg)+\cdots+f(Ca/B)-f(N/Ca)-\cdots-f(K/Ca)}{10-1};\qquad(5\text{-}7)$$

$$Mg_{指数}=\frac{f(Mg/Fe)+\cdots+f(Mg/B)-f(N/Mg)-\cdots-f(Ca/Mg)}{10-1};\qquad(5\text{-}8)$$

$$Fe_{指数}=\frac{f(Fe/Mn)+\cdots+f(Fe/B)+\cdots-f(N/Fe)-\cdots-f(Mg/Fe)}{10-1};\qquad(5\text{-}9)$$

$$\text{Mn}_{\text{指数}}=\frac{f(Mn/Cu)+\cdots+f(Mn/B)-f(N/Mn)-\cdots-f(Fe/Mn)}{10-1};\tag{5-10}$$

$$\text{Cu}_{\text{指数}}=\frac{f(Cu/Zn)+\cdots+f(Cu/b)-f(N/Cu)-\cdots-f(Mn/Cu)}{10-1};\tag{5-11}$$

$$\text{Zn}_{\text{指数}}=\frac{f(Zn/B)-f(N/Zn)-\cdots-f(Cu/Zn)}{10-1};\tag{5-12}$$

$$\text{B}_{\text{指数}}=\frac{-f(N/B)-f(P/B)-\cdots-f(Zn/B)}{10-1}。\tag{5-13}$$

当“综合诊断指数”为负值时，说明该元素缺乏，负值的绝对值越大，缺乏越严重；相反，为正值时，说明该元素过剩，正值越大，过剩越严重；如果为0，表明不缺乏也不过剩。

（八）施肥种类

1. 基肥

（1）基肥的种类及有效成分含量

基肥种类及有效成分含量见表5-4。基肥应以有机肥为主，配合适量磷肥。如需施用易被土壤固定的铁肥、锌肥等，可与有机肥混合后施入。

表5-4　基肥种类及有效成分含量

种类		有效成分含量			
		有机质	氮	磷	钾
人粪尿	人粪	20.00%	1.00%	0.50%	0.37%
	人尿	3.00%	0.50%	0.13%	0.19%
厩肥	猪厩肥	11.50%	0.45%	0.19%	0.60%
	马厩肥	19.00%	0.58%	0.28%	0.63%
	牛厩肥	11.00%	0.45%	0.23%	0.50%
	羊厩肥	28.00%	0.83%	0.23%	0.63%
	鸡粪	25.50%	1.63%	1.54%	0.85%
堆肥	青草堆肥	28.20%	0.25%	0.19%	0.45%
	麦秸堆肥	81.10%	0.18%	0.29%	0.52%

续表

种类		有效成分含量			
		有机质	氮	磷	钾
堆肥	玉米秸堆肥	80.50%	0.12%	0.16%	0.84%
	稻秸堆肥	78.60%	0.92%	0.29%	1.74%
绿肥	苜蓿	—	0.56%	0.18%	0.31%
	毛叶苕子	—	0.56%	0.13%	0.43%
	草木樨	—	0.52%	0.04%	0.19%
	田箐	—	0.52%	0.70%	0.17%
饼肥	大豆饼	78.40%	7.00%	1.32%	2.13%
	棉籽饼	82.20%	3.80%	1.45%	1.09%
	花生饼	85.63%	6.40%	1.25%	1.50%
	菜籽饼	83.00%	4.60%	2.48%	1.40%

（2）施肥时期和方法

基肥施用时期以果实采收后至落叶前的秋季施用最好，最好结合土壤深翻进行。通过施基肥深翻土壤，可加强叶的功能，增进树体的营养积累，有利于次年坐果和营养生长。秋季施肥越早越好，有利于施肥中切断的根系伤口的恢复和新根的生长。基肥的施用方法有4种：一是环状施肥法。在树冠外20～30 cm处挖深30～40 cm的环状沟施肥，该法适于幼树、成年树，通过环状施基肥，逐年外移，达到全面改善土壤结构的目的。二是放射状施肥法。该法多用于成年大树，以树干为中心向树冠外围挖5～6条放射状沟，内深25 cm，向外逐步加深到40 cm。三是条状沟施肥法。在树冠两侧各挖1条深30～40 cm的沟，施入基肥，多用于密植梨园。四是全园施肥法。对于梨根系已相互交接的老梨园或密植梨园，可采用全园撒施法，但要注意防止根系上移。老梨园可和放射状施肥法隔年交替应用，密植园可和条状沟施肥法交替应用。

（3）施肥量

梨树高产优质的基础是提高施肥水平，增加基肥用量。施肥量应根据达到的产量指标、土壤肥力、品种、肥料种类而定。一般确定基肥施肥量有4种方法：一是按每产100 kg梨果需纯肥量和氮、磷、钾比例确定施肥量。

二是以叶片含氮量作为高产稳产的施肥用量指标。三是按土壤供给氮、磷、钾的实际吸收量，其余由施肥量补足，即根据梨树对施入肥料的吸收利用率，确定梨施肥量标准。四是按斤果斤肥施用基肥，该法简单易行，若要求果实产量达到3000～4000 kg/亩，则施基肥量就为3000～4000 kg/亩。一般施肥量应达到全年用量的50%。幼树施有机肥25～50 kg/株，初结果树按每生产1 kg梨果施有机肥1.5～2.0 kg的比例施用，盛果期梨园要施到3000 kg/亩以上，并施入少量的速效氮肥和全年所需磷肥。

2. 土壤追肥

梨树不同物候期对各种肥料的需求不同。在最需要养分的物候期，用速效肥料追肥，对梨树生长发育和高产稳产有很大作用。具体追肥次数、时期和用量应根据土壤、气候、树势、结果量等确定。高温多雨地区和沙质土壤，肥料易流失，追肥应少量多次；反之，施肥次数可适当减少。基肥充足，土壤肥力高，土壤追肥次数和施肥量可减少。幼树追肥次数宜少，随着树龄增大，结果量增多，树势衰弱，追肥次数和施肥量应有所增加。在一般情况下，幼树每年追肥2～3次，成龄树每年追肥3～4次。

（1）花前追肥

花前追肥一般在3—4月，即花前20 d进行。花前芽萌动、雄蕊形成、雌蕊生长发育、开花、受精、卵发育及抽枝、发叶都需要大量养分，该期营养主要靠树体内贮藏积累的养分，但远远不能满足需要，特别是氮素，如不足，不仅影响坐果，也影响枝叶的生长发育。花前追肥应以速效氮肥为主，配合适量的磷肥。一般在萌芽前10 d左右施入。初果期施含氮46%的尿素0.15～0.20 kg/株，成龄梨树施同样尿素0.5～0.8 kg/株。如果前一年秋施基肥量大时，此期可不追肥。

（2）花后追肥

花后追肥也叫幼果生长发育期追肥，一般在5月花后新梢生长展叶亮叶期进行。开花后新梢旺盛生长和大量坐果，需要养分，此期追肥可调节枝、叶生长与果实发育对养分的竞争，减少生理落果，促进枝叶生长，并为花芽分化创造条件。以氮、磷为主，氮、磷、钾混合施用。一般梨树初果期施尿素0.15～0.20 kg/株，成龄梨树施尿素0.5～1.0 kg/株，氮、磷、钾按重量比1.0∶1.0∶0.5施入。

（3）果实膨大期追肥

新梢停止生长后进入果实膨大期，也称为花芽分化期，两者均需要足够的养分。一般在6—7月进行，此期追肥可增大果个，提高果实含糖量，促进果实着色和花芽分化。应以速效性钾肥为主，配合适量的磷肥和氮肥。但氮肥用量不宜过多，否则降低果实风味。一般施氮磷钾复合肥30～40 kg/亩。

（4）果实生长后期追肥

在结果量很多的梨树上，为保证果实符合质量标准要求和提高花芽形成质量，可在此期追肥1次。以钾肥为主，氮、磷、钾配合施用比例是0.3：1.0：1.5。主要针对中熟品种，一般在8—9月进行。追肥量根据土壤、品种、树龄确定。一般追施尿素0.5～1.0 kg/100 kg或硫酸铵1～2 kg/100 kg，过磷酸钙1～2 kg/100 kg，草木灰3～5 kg/100 kg。幼树施尿素0.2～0.5 kg/株，初果期追肥总量0.3～0.4 kg/株，成龄树追肥总量1.0～1.5 kg/株。一般采用放射状、条状、环状沟施或穴施，深10 cm左右，追肥结合梨园灌水效果最好。

（5）采果后追肥

采果后追肥可促进根系的生长发育，延缓叶片衰老，恢复和增强树势，提高树体营养贮藏水平，充实枝芽，增强植株越冬能力。以速效性磷肥和钾肥为主，配合适量氮肥。一般主要针对中晚熟品种，在10—11月进行，一般施氮磷钾复合肥50～60 kg/亩。

成龄梨树追肥宜在树盘内采用放射沟和穴状施肥法。氮肥在土壤中移动性强，可浅施；钾肥和磷肥移动性差，应施在根系集中分布区。含有易被土壤固定元素的肥料，如磷肥、铁肥、锌肥等，以及迟效性肥料，如骨粉等，最好与有机肥混合后施用。

红梨规模化栽培可将速效性肥料结合喷灌、滴灌等技术进行灌溉式施肥，可提高肥料利用率，不伤根系，肥分分布均匀，也可节省施肥用工。

3. 根外追肥

根外追肥又称叶面喷肥。叶片气孔和叶角质层都能吸收无机营养。叶面喷肥具有用量少、肥效快、避免某些元素被土壤固定的优点。一般喷后15 min～2 h就可吸收，硝态氮15 min吸入叶肉，铵态氮2 h吸入叶肉。叶背比叶表吸收快，用叶面喷肥补充土壤追肥不足，对于提高叶片质量和寿命、增强光合效能有很重要的作用。当前，叶面喷肥应用最多的肥料是单元素和二元素肥料（表5-5）。适于梨树叶面喷肥的肥料还有稀土微肥、黄腐酸类肥料、氨基酸类肥料及多元素复合叶肥。其中，氨基酸液肥是一种以氨

基酸为主要成分与多种微量元素复配而成的可被植物吸收利用的新型速效肥料（王中林，2005），具有高肥效、无公害、无污染等特点（王淑红，2005）。张传来等（2009）以“红酥脆”为试材，周瑞金等（2003）以“满天红”为试材，分别研究了喷施氨基酸液肥对红梨果实水分、干物质、可溶性固形物、总酸含量，平均单果重及产量的影响，结果均表明，喷施氨基酸液肥后，果实可溶性固形物含量极显著提高，平均单果重和果实干物质含量有所增加，水分和总酸含量有所下降，增产效果明显。张传来等（2010）以“美人酥”和“满天红”为试材，研究了喷施氨基酸液肥对新西兰红梨果实糖、酸、维生素C、游离氨基酸和蛋白质含量的影响，结果表明，喷施氨基酸液肥能显著或极显著地增加2个品种果实中可溶性总糖和还原糖含量，糖酸比提高，游离氨基酸含量显著增加；喷施100、300、500、700倍液氨基酸液肥，“满天红”和“美人酥”果实中可溶性总糖分别增加2.54%、2.24%、1.99%、1.35%和2.78%、1.66%、1.41%、0.39%，还原糖含量分别增加1.84%、1.66%、1.48%、1.18%和2.17%、1.10%、0.96%、0.64%，糖酸比分别提高11.9、9.7、8.9、5.8和31.7、22.2、15.4、4.6，游离氨基酸含量分别增加1.611、1.246、0.813、0.726 g/kg和2.341、2.128、1.236、1.045 g/kg；非还原糖、总酸、维生素C和蛋白质含量各处理间均无显著差异；蛋白质含量也显著增加，且在不同处理间，蛋白质含量的高低顺序与游离氨基酸含量的高低顺序相一致。河北农业大学研制出的梨平衡叶肥含有6种营养元素，石家庄农业大学研制出的多效素含有13种营养元素，用这些肥料喷施后可提高叶片质量，增强光合作用，增进果实品质。

表5–5 梨树叶面喷肥应用的肥料及喷施情况

肥料名称	喷施浓度	喷施时期	喷施次数/次
尿素	0.3%~0.5%	花后至采果后	2~4
尿素	1%~2%	落叶前1个月	1~2
硫酸铵	0.4%~0.5%	花后至采果后	2~4
过磷酸钙浸出液	0.5%~1.0%	花后至采果前	3~4
硫酸钾	0.3%~0.5%	花后至采果前	3~4
硝酸钾	0.3%~0.5%	花后至采果前	2~3

续表

肥料名称	喷施浓度	喷施时期	喷施次数/次
磷酸二氢钾	0.3%～0.5%	花后至采果前	2～4
草木灰浸出液	10%～20%	6月至采果前	2～3
氯化钙、硝酸钙	0.3%～0.5%	花后4～5周	2～4
硫酸镁、硝酸镁	0.2%～0.3%	花后至采果前	2～4
硫酸亚铁	0.2%～0.3%	花后至采果前	2～3
硫酸亚铁	2%～4%	休眠期	1
螯合铁	0.05%～0.10%	花后至采果前	2～3
硫酸锰	0.2%～0.3%	花后	1
硫酸铜	0.05%	花后至6月	1
硫酸锌	0.2%～0.3%	花后至采果前	1
硼酸、硼砂	0.2%～0.5%	花期前后	1
钼酸铵、钼酸钠	0.2%～0.4%	花后	1～3

在梨树年生长周期中，需进行4次根外追肥。第1次在花芽萌动前，对枝干喷施1次高效有机液肥或3%～5%尿素+3%硼砂+1%硫酸亚铁配成的多元素液肥，以促进花芽饱满。第2次是展叶期，在展叶后25～30 d喷施叶面宝或0.3%～0.5%尿素，以促进新梢、叶片果实发育和花芽分化。第3次是果实迅速生长期，结合6—7月第3次追肥，叶面喷施0.5%磷酸二氢钾1～2次，间隔期10 d，促进果实发育，改善果实品质。第4次在果实采收后，叶面喷施0.3%尿素+0.3%磷酸二氢钾2～3次，间隔期15 d，以提高叶片光合功能，防止叶片早衰。结合防病治虫，可掺入尿素、硼砂、磷酸二氢钾等叶面肥进行喷施。要注意配比浓度，根据外界气温掌握好浓度、用量和喷施部位。喷布时间避开高温期，在傍晚较好，喷布吸收快，肥效高。

为解决因缺乏微量元素而产生的缺素症等生理病害，也可在花期喷0.2%～0.5%的硼酸溶液，不仅可治疗缺硼症，还能提高坐果率。对缺铁引起的黄叶病，也可用0.2% $ZnSO_4$ +0.2% $FeSO_4$ +0.1%尿素溶液，用水化开配制而成。为提高防治效果，降低碱性，提高药效，可在水中加入200～300 g食用醋。要求随配随喷施，一般间隔7～10 d，连喷2～3次可有效防治梨树黄叶病危害。

（九）专用控释 BB 肥

在红梨栽培中，也可采用专用控释 BB 肥（Bulk Blending Fertilizer）进行施肥。专用控释 BB 肥是一种氮、磷、钾 3 种养分中至少有 2 种养分标明含量，由干混方法制成的颗粒状肥料。张兰伟等（2010）研究了专用控释 BB 肥作基肥、追肥对红梨产量和品质的影响，结果表明，专用控释 BB 肥 1 次施肥技术在减少肥料用量和施肥次数后比常规施肥具有显著的增产效益，增产 6.0 kg/株，增产幅度达 12.2%。施用专用控释 BB 肥果实横径增加 4.77%、纵径增加 6.11%，果形指数增加 1.94%，单果重增加 10.86%。梨果变大、产量增加，但果型基本不变，维持原有外观特征。红梨内在品质还原糖含量增加 3.24%，有机酸含量下降 3.13%，糖酸比增加 6.64%。红梨果的酸度下降，甜味增加，口感更加适宜。控释氮肥缓慢释放养分而长期持续供肥，比常规的 2 次施肥更能提高梨树对氮的利用率，同时减少磷肥用量，提高钾肥用量，优化氮磷钾供肥比例，是提高梨果产量、改善梨果品质的一个重要途径。在红梨栽培中采用专用控释 BB 肥，既能增加产量，提高果实品质，又能减少肥料用量和劳力成本，应用前景非常广阔，可在生产上大量推广应用。

（十）新型肥料蓓达丰系列产品

1. 蓓达根高钙型透气肥

蓓达根高钙型透气肥是以豆粕、玉米浆、淀粉、蔗糖、鱼骨粉、蓖麻油为原料的微生物发酵副产物、活菌代谢物。肥料含有机质 80%、粗蛋白 30%、生物活性钙 3%、生物磷 3%、氨基酸 10%、SLMRE-1 + 胶原蛋白肽 0.5%、有益菌 2 亿/g，还含有中微量元素及维生素。产品为粉剂，规格为 40 kg/袋。

（1）作用

蓓达根高钙型透气肥能够促进土壤团粒结构形成，提高土壤供肥能力，促进根系生长，有效阻止和干扰病原微生物在植物上定植与侵染，抑制病原菌生长和繁殖，改善果树生存环境。能有效防治梨树重茬病、根腐病等病害的发生，对梨树黄化也有很好的治疗作用。其高度浓缩全营养，使果树生长旺盛，激活土壤固化的氮磷钾及中微量元素，可提高梨树产量。同时，提升果实口感和外观品质，使梨果更耐贮藏和运输，能够促进梨树花芽分化，减少生理性落花落果，保花保果效果显著。对土壤板结、盐渍化、盐碱酸化等，有彻底修复功能。能够使果树根系得到足够营养，让根系自由呼吸，从而促进根系主根粗壮，侧根多而密，毛细根浓密发达。

（2）施用方法

蓓达根高钙型透气肥可做基肥、追肥，进行穴施、沟施和撒施。做基肥使用，1～3 年生梨树施 1～2 kg/株，3 年及以上梨树施 2～4 kg/株，与复合肥一起施到环状沟内，与土混匀，浇水覆盖即可。做追肥使用，在每次追肥时，可加入本品 40～60 kg/亩，施后浇水。

（3）有关说明

该产品可与大多数农药、肥料混合施用。密封条件下，存放于阴凉、通风室内背光处。长期存放会出现白色菌丝体，不影响施用效果。保质期 24 个月。符合中华人民共和国农业农村部有害物质限量标准：汞（Hg）≤5 mg/kg；砷（As）≤10 mg/kg；镉（Cd）≤10 mg/kg；铅（Pb）≤50 mg/kg，铬（Cr）≤50 mg/kg。

2. 蓓达果－大量元素水溶肥

蓓达果－大量元素水溶肥为粉剂，规格为 5 kg×4 袋/箱。分为高钾型和平衡型 2 种。高钾型能膨大果实，促进梨果着色，增加糖分，提高口感；平衡型可促根壮苗，保花保果，植株健壮，叶绿肥厚。蓓达果－大量元素水溶肥全营养、全水溶、全吸收，可应用于滴灌、喷灌、冲施、喷施等各种方法。特别是添加了甲壳素及植物内源激素，能缓解土壤板结，提高果树抗旱、抗再植、抗盐碱、抗病害的能力。可提高肥料利用率，增产显著。

（1）施用方法

蓓达果－大量元素水溶肥冲施使用量 5～10 kg/亩，10～15 d 使用 1 次；滴灌使用量 5～8 kg/亩，同样 5～15 d 使用 1 次，喷雾浓度 500～1000 倍，间隔 5～10 d。在温度相对较低的傍晚或阴天使用。

（2）注意事项

蓓达果－大量元素水溶肥需存放于阴凉干燥、儿童触及不到之处。避免与强碱性农药混施，久置易潮解，结块不影响品质。

3. 蓓达叶－果树专用肥

蓓达叶－果树专用肥通用名为含氨基酸水溶肥，规格 550 g。

（1）作用

蓓达叶－果树专用肥对梨树具有抗病抗逆、膨果着色、治疗黄化、提高

品质的功效。此外，还能改良土壤，破除地块板结，解磷、解钾、解除草剂药害、有机磷药害、生理性病害。能增加梨果耐贮存性，使果皮硬而脆，口感甜美，不易腐烂。

（2）施用方法

用蓓达叶－果树专用肥进行叶面喷施前，兑水稀释500～1000倍液，可替代追肥，喷在梨树正背叶面，间隔期7 d以上。喷施时间秋季在下午4时，夏季在下午6时后，喷施后浇水；在冬季结晶不影响质量，喷施3 h后遇雨要补喷。

4. 蓓达丰－蓓达叶－纯肽鱼蛋白

蓓达丰－蓓达叶－纯肽鱼蛋白源自海洋鱼虾蟹类动物胶原蛋白，经先进的酶解工艺制得富含甘氨酸、组氨酸、脯氨酸、羟基脯氨酸、天门冬氨酸、丙氨酸等18种氨基酸，小分子肽，以及天然活性壳聚寡糖、天然鱼料钙质等多功能组分的纯天然生物激活制剂。通过激活植物潜能，提高作物对营养的吸收能力；提高光合速率，增加碳吸收量；补充微量元素，提高作物抗病能力；提高作物在高温、低温、干旱、霜冻、盐碱等逆境中的生存能力；对药害、肥害有很好的缓解作用；健壮植株，刺激作物发挥最大增产潜能。

（1）作用

蓓达丰－蓓达叶－纯肽鱼蛋白能打破休眠，促进生长，生根养根；修复土壤，消除板结，抗重茬，营养全面，彻底解决黄化；能提高叶绿素含量，增强光合作用，促进合成纤维素；为纯天然提取，无任何添加剂，使用安全；能提高梨果营养物质含量，增糖着色，膨果着色鲜艳。

（2）用法

将蓓达丰－蓓达叶－纯肽鱼蛋白兑水稀释300～500倍液，进行叶面喷施。间隔7～15 d喷施1次。

（3）注意事项

蓓达丰－蓓达叶－纯肽鱼蛋白可与大多数杀菌剂、杀虫剂（碱性药剂除外）混合使用，并有相互增效作用。施用时间在上午10时前，下午4时后，喷施50 min，遇雨无须重喷；要存放于阴凉通风、儿童触及不到之处。

5. 蓓达叶－中微量元素－钙镁硼

蓓达叶－中微量元素－钙镁硼通用名是中微量元素水溶肥，为悬乳剂，是采用糖醇螯合技术生产的钙镁硼肥，主要技术指标铁（Fe）+锌（Zn）+硼（B）≥100 g/L，内含高效渗透剂，全水溶，无残渣，易吸收，安全性高。

（1）作用

蓓达叶－中微量元素－钙镁硼可以促进作物生长，壮根养根，促进光合作用，有效防治叶片黄化等症状。能快速纠正梨树因缺素引起的水心病、苦痘病等，并可延长梨果保鲜期；能促进梨花芽分化，刺激花粉管伸长，减少落花落果；可以改善果实品质，促进果实膨大，促进维生素 C 形成，增甜，增强抗逆性及抗病虫能力。

（2）施用方法

蓓达叶－中微量元素－钙镁硼兑水稀释 500～1000 倍液，进行叶面喷施，喷雾均匀，叶面正背面喷透。在梨树盛花期进行叶面喷施，7～15 d/次，连喷 2～3 次。

（3）注意事项

蓓达叶－中微量元素－钙镁硼应在阴凉干燥处保存。在贮存中若有少许沉淀，摇匀后使用不影响效果。不要与含硫酸根、强碱性的农药及肥料混用。喷施时间在上午 10 时前或下午 4 时后，阴天可全天进行喷施，喷后 3 h 遇雨要补喷。

三、水分管理

（一）需水特点

梨是需水较多的果树，对水分反应较为敏感。我国北方地区大多较为干旱，西北地区更为突出，在西北及北方地区除要选用抗寒耐旱砧木与品种外，特别要注意灌水保墒工作。华北、山东及黄河故道地区降水量足够，但由于降水季节集中于 7—8 月，故春、秋、冬季仍干旱，要注意及时灌水。春夏干旱，影响梨树生长结实，秋季干旱易引起早落叶，冬季少雪严寒，树易受冻害。据研究测定，梨树每生产 1 kg 干物质需水 300～500 kg，生产 30 t/hm^2，全年需水 360～600 t，相当于 360～600 mm 降水量。凡降水不足地区和出现干旱时均应及时灌水，并加强保墒工作。

（二）需水规律

梨树需水状况首先由自身发育所决定，同时也受气候条件和降雨量的影

响。降雨量大于600 mm的地区，灌水是季节调整的辅助方法，而降雨量低于360 mm地区则必须灌水。梨树全年需水规律是前多、中少、后又多。因此，梨树上灌水应掌握灌、控、灌的原则，达到促、控、促的目的。

（三）灌水方法

梨树传统的灌水方法有沟灌、畦灌、盘灌、穴灌等。采用漫灌，耗水量大，易使肥料流失，盐碱地易引起返碱。早春漫灌，降低地温，对萌芽开花不利。梨园省力规模化栽培易采用喷灌、滴灌、微喷灌和渗灌，或者采用开沟渗灌。盐碱地宜浅灌，不宜深灌和大水漫灌。

（四）需水量和灌水量

梨树和其他植物一样，要靠叶片蒸腾水分来调节树体内的温度，使无机养分随水分一起输送到枝、干和叶片。一般叶片蒸腾水40 mL/(m^2·h)。叶片中有足够的水分，才能进行光合作用。据试验，形成光合产物需水分150~400 mL/g，每形成1 g干物质，所蒸腾的水量称为需水量。梨树灌水量可采用2种方法。一是根据不同土壤持水量、土壤湿度、土壤容重、浸湿深度计算灌水量。其公式是：灌水量=灌溉面积×土壤浸湿深度×土壤容重×(田间持水量－灌前土壤湿度)。二是根据需水量和蒸腾量确定每亩灌水量。其公式是：每亩灌水量=[果实重量×干物质（%）+枝、叶、茎、根生长量×干物质（%）]×需水量。灌水量以渗透根系集中分布层50~60 cm为宜，1次灌透。在夏秋干旱无雨时，对易裂果品种，灌水量1次不易过大，以防裂果。

（五）合理灌水

梨树具有较强的抗旱能力，又是需水量较大的树种。如果想要实现梨树优质丰产，必须满足其对水分的需求。梨树合理灌水，应根据天气状况、土壤持水量和树体特征综合考虑。土壤持水量是指土壤能保持的最大含水量。当土壤含水量达到田间最大持水量的60%~80%时，是梨树最适土壤含水量；当土壤含水量低于最大持水量的60%时，应进行灌溉。不同土壤种类持水量存在差异：风壤土为19%，沙壤土为25%，壤土为26%，黏壤土为28%，黏土为30%。土壤含水量可用土壤水分张力计测定，从而确定何时灌溉。无条件测定的可凭经验法测定，用手将壤土或沙土紧握成团，松开手后土团不易破碎，说明土壤含水量达到土壤持水量的50%以上，暂时不必进行灌溉；如松开手后土团散开，说明土壤含水量过低，应进行灌溉。黏性土握成团后，轻轻挤压便出现裂缝，说明土壤含水量低，应进行灌溉。干旱时树体主要表现为梢尖弯垂、叶片萎蔫。当中午观察发现树上的叶片发生萎蔫，经过一整个晚上，第2天仍不能恢复原状时，说明土壤已严重缺水，应立即灌水。

（六）灌水时期

根据梨树需水规律，结合各物候期生长发育特点，生产上应掌握5个关键灌水时期。

1. 萌芽前

梨树春季萌芽前需消耗大量水分，而北方正值干旱多风时期，适量灌水可促进根系生长和花芽分化，有利于萌芽开花，提高坐果率，加速新梢生长，为当年丰产打下基础，如“红香酥梨”在河南省周口市川汇区应在3月下旬进行灌水。

2. 幼果膨大期

梨树幼果膨大期生理机能旺盛，新梢生长和幼果膨大同时进行，是梨树需水临界期，灌水可加速新梢生长，减少生理落果，促进花芽形成，如“红香酥梨”在河南省周口市川汇区应在4月下旬或5月上中旬进行灌水。

3. 果实迅速膨大期

果实迅速膨大期梨果生长迅速，但往往天气干旱，是梨树需水量最大的时期，灌水可促进果个增大，提高品质，增加产量，促进花芽形成，如“红香酥梨”在河南省周口市川汇区应在6—7月进行灌水。

4. 果实采收后

梨大量结果后树体处于“亏空”状态，结合秋施基肥灌足水分，有利于叶片功能迅速恢复，如“红香酥梨”在河南省周口市川汇区应在9月下旬或10月上旬进行灌水。

5. 土壤封冻前

土壤封冻前灌水可提高梨树抗寒、抗旱能力，有利于树体安全越冬，也为次年生长发育打下良好基础，如“红香酥”梨在河南省周口市川汇区应在10月下旬或11月上旬进行灌水。此期浇水可疏松土壤，预防虫害发生，有利于树体营养积累，提高树体抗冻能力。具体根据地温和气温决定，5 cm

地温达到 5 ℃时，日温 3～4 ℃，夜温 -3～-2 ℃，夜冻日消，要求墒情差浇小水，墒情好可不浇，干旱保墒差的要大水漫灌。浇水量掌握在距土壤根系主要分布层 40～60 cm 土壤含水量达 60%～80%。树势差，营养跟不上，可在封冻水中加入氨基酸类、海藻酸类和腐殖酸类肥料。

每次灌水后应及时松土。水源缺乏的梨园应用作物秸秆、绿肥等覆盖树盘，以利保墒。提倡采用滴灌、渗灌、微喷等节水灌溉技术。

（七）及时排水

梨树虽较耐涝，但长期淹水会造成土壤缺氧并产生有害物质，容易发生烂根、早落叶，严重时枝条枯死。因此，梨园也应设置完善的排水工程体系，做到能灌能排，保证雨季排涝顺畅。排水系统要根据气候条件、梨园立地条件和种植密度而设置。在降雨量大、地下水位高的地区，梨园内除浅排水沟外，还应设深排水沟，排除地下水。低洼地采用起垄栽培，将种植带筑高。山地梨园应在园外高处挖拦洪水沟，防止洪水进入梨园。

（八）旱地水分调控技术

1. 建贮水窖

在干旱少雨的北方，雨水大多集中在 6—8 月，这时可将多余的水分贮存起来，具体可采用建贮水窖的方法。建蓄水窖应选在梨园附近，地势低、易积水的地方，大小可根据降雨量和梨园面积而定，窖底和四壁要保持不渗水。干旱时可用窖水浇灌。

2. 改良土壤

采取深翻土壤、多施有机肥的方法，可改良土壤结构，提高土壤的贮水能力。

3. 覆盖保水

覆盖保水是采用作物秸秆（如玉米秸、麦秸等）、地膜、绿肥等进行地膜覆盖，以减少土壤水分蒸发，提高土壤肥力，提高地温，减少杂草生长。

4. 使用保水剂

保水剂是一种高分子树脂化工产品，遇到水分后能在极短时间内吸水膨胀 350～8000 倍，吸水后形成胶体，即使施加压力也不会把水挤出来。保水剂以 500～700 倍的比例渗入土壤中，降雨时贮存水分，干旱时释放水分，持续不断地供给梨树吸收。保水剂在土壤中反复吸水，可连续使用 3～5 年。

思考题

1. 红梨土壤管理的方法和模式有哪些?
2. 梨树需肥规律和施肥原则是什么?
3. 红梨如何做到科学合理施肥?
4. 红梨如何做到合理灌水?
5. 红梨生产上关键灌水时期是什么?

第六章　红梨花果管理技术

一、花前复剪（以库尔勒香梨为例）

（一）时间

花前复剪在从花芽萌动到花蕾膨大的3月下旬至4月上旬进行。

（二）方法要点

剪除残次花、多余花。每20～25 cm空间留1.5个花芽，疏除密枝、弱枝、长枝上的多余花芽，保留饱满的优质花芽。短果枝成串的枝留2～3个花芽回缩，腋花芽1年生枝留3个花短截，果枝群注意经常疏除瘪花、下垂花、密集弱花芽，每亩保留花芽5万～6万个，一般为2500～3000个/株，密植树1500～2000个/株，稀植树2500～3000个/株。

二、预防晚霜危害

在北方梨产区，梨树开花期多在终霜期以前，花期遭受晚霜危害较大。花期受冻的临界值分别为：现蕾期－4.5 ℃，花序分离期－3.0 ℃，开花前1～2 d为－1.1～1.6 ℃，开花当天－1.1 ℃，开花后1 d以上耐低温能力有所提高，为－1.5～2.0 ℃。在不同的花器官中，雌蕊最不耐寒，因此，花期如遇霜冻发生，雌蕊最先受冻。雌蕊受冻的花虽然能正常开放，但不能结果。霜冻严重时，整个花器均会受冻，致使枯死脱落。北方梨产区在梨树花期应注意当地的天气预报，当气温有可能降至1 ℃及以下时，应做好预防霜冻的准备工作。目前，生产上预防花期霜冻的措施主要有以下5种。

（一）加强综合管理，提高抵御能力

加强综合管理，增施有机肥，严防病虫危害，防止徒长，提高树体贮藏营养水平，充实枝芽，以增强树体的抵抗能力。

（二）延迟发芽，避开晚霜危害

萌芽前至开花前，土壤灌水或对树体喷水，全树或树干、主枝涂白均可减缓树温上升，推迟萌芽或开花期。上一年秋季对树体喷布 50～100 mg/kg 的 GA_3，也可推迟花期 8～10 d。

（三）果园熏烟

熏烟材料主要有树叶、锯末、杂草、作物秸秆、麦糠、稻糠等。当预报将有霜冻发生时，堆放熏烟材料 3～4 堆/亩，果园气温降至接近 0 ℃时，及时点燃，点火后防止产生火苗，使其冒出浓烟。

（四）果园吹风

辐射霜冻多发生在无风的天气下，利用大型吹风机对果园吹风，可以加快空气流通，阻止冷空气下沉并吹散冷空气，起到防霜效果。

（五）喷布防冻剂

目前，生产上应用的防冻剂有天达 2116 和甲克丰，于花期进行喷雾，天达 2116 使用浓度为 500～600 倍，甲克丰使用浓度为 600～800 倍。但喷布上述两种防冻剂还可使果实提早成熟 7～10 d，应根据具体情况实施。

三、促花措施

（一）环剥

对强旺辅养枝和大枝组，基部环剥 1 周，保留形成层。过旺树或强旺不结果的树也可实行环剥。时间在 5 月上中旬，宽度为枝粗的 1/20～1/10，以利形成花芽。

（二）环割

环割在 5 月中旬进行，连续环割 3 ~ 5 道，深达木质部。

（三）开张角度

开张角度就是将辅养枝、结果枝拉成 80° ~ 90°。

（四）弯枝

弯枝就是对竞争枝和背上枝进行拿枝。要求基部不弯弓，梢部不下垂，不成草把，成水平状，在生长季进行。

（五）扭梢

扭梢在 5 月中旬至 6 月中旬进行，对当年旺枝在基部 3 ~ 5 cm 处扭至 180°，用以减缓主枝和辅养枝背上新梢的营养生长，促进花芽形成。

（六）摘心

摘心在当年新梢长到 10 ~ 15 cm 时进行，留 3 ~ 5 片叶。

四、促进授粉

梨多数品种自花不孕，即使配置了授粉树，树体贮藏营养充足，果园管理正常，当花期遇到大风、干热风、连阴、花期低温、晚霜等不良天气时，影响传粉昆虫活动，或花器官不能正常授粉受精，都会造成落花落果、坐果率降低、果实畸形等问题。因此，梨园除配置好授粉树外，应采用蜜蜂或壁蜂传粉，以及人工辅助授粉确保产量，提高单果重和果实的整齐度。

（一）花期放蜂

在梨树开花前 2 ~ 3 d，将蜜蜂引入梨园内。待梨花开放时，蜜蜂通过采蜜飞访花朵，完成传粉。利用蜜蜂传粉时，0.5 hm^2 梨园需 1500 ~ 2000 头/箱。该法适用于授粉树配置合理而昆虫少的梨园。采用凹唇壁蜂、紫壁蜂和角额壁蜂进行传粉的效果更好，且不需要人工饲养。

（二）人工辅助授粉

1. 花粉采集

采花粉选择与主栽品种亲和力强的品种，选择采摘当天刚开或第 2 天将开的花朵。采摘时间在晴天或阴天早上露水干后至中午 12 时前，1 个花序留 1～2 朵边花。采花量根据授粉量而定，一般每 25 kg 鲜花能制干花粉 0.5 kg，可供 1～2 hm^2 盛果期树授粉用。注意刚采下的花粉不能堆放，亦不能装在塑料袋内，要及时在室内将花蕾倒入细铁丝筛中，用手轻轻揉搓，将花药搓掉后用簸箕簸一遍，去掉杂质。将花药摊晾在干燥、通风、温暖而又洁净的室内白纸光面，温度保持在 22～25 ℃，1～2 d 后花药即裂开散粉，将花粉过细筛，去除杂物。制粉后，将花粉装在暗色瓶内，密封后放在冰箱内备用。

2. 花粉贮藏

梨花粉在自然条件下贮放 10～15 d，仍然有生命力。短期贮藏，可用蜡纸或小瓶装好，贴上品种标签，置于 5 ℃左右的干燥黑暗环境中，待用时提前 1 d 取出。长期贮藏，可适当干燥，在冰箱中冷藏 5～7 d 后再置于 −18 ℃以下冷冻保存，待需要时取出。有关红梨花粉贮藏，任秋萍等（2008）以“红酥脆”“满天红”为例的研究结果表明：4 ℃、−20 ℃下分别保存 60 d，花粉生活力仍然在 74%、80% 以上，−20 ℃保存花粉的生活力较 4 ℃稍强。花粉使用前首先测定其发芽率，花粉发芽率在 80% 以上时才能使用。

3. 人工辅助授粉

（1）授粉时期

授粉时期在梨初花期（单株有 5% 的花开放时期）和盛花期（单株有 50% 的花开放时期），选择晴天进行授粉，效果以当日或次日最好。花期如遇连续阴雨，应在雨停数小时的间歇点授，且应增加花朵授粉数量。

（2）花粉填充剂

为了降低授粉成本，人工授粉前一般在花粉中加入一定量的填充剂。常用的梨花粉填充剂有石松子粉、滑石粉和失效梨花粉，以失效梨花粉和石松子粉效果最好。

（3）人工点授

人工点授结合疏花采集花朵取粉。一般鲜花 4000～5000 朵/kg，可采集

纯干花粉 10 g，可供生产 5000 kg 梨果花朵授粉。花药置于阴凉、干燥、不透光条件下保存。为节省花粉，在花粉内可加入 2 ~ 4 倍滑石粉或淀粉做填充剂，过 3 ~ 4 次细筛，除去杂质，使其充分混合，然后分装小瓶，备用。花粉人工点授工具可选用毛笔、软鸡毛、带橡皮的铅笔等。点授时，蘸取少量花粉，在花的柱头轻轻一点即可，每蘸 1 次花粉点授花朵 5 ~ 7 朵。点授时期与坐果率有直接关系。一般在初花期突击采花粉，盛花初期（单株开花 25%）转入大面积点授，争取在 3 ~ 4 d 内完成授粉工作，第 5 ~ 6 d 进行扫尾，点授晚开的花朵。点授花朵数量应根据每株树开花数量决定。一般树上开花枝占 30% ~ 40% 时，点授花朵 1 ~ 2 个/花序，即可满足生产需要；花量少的树，可点授 2 ~ 3 个/花序；开花枝占 50% ~ 60% 的花量大的树，每隔 15 ~ 20 cm 点授 1 个花序，点授 1 ~ 2 个/花序。

（4）纱布袋震粉授粉

纱布袋震粉授粉就是将稀释过的花粉（加入填充剂 50 倍）装入有 2 ~ 3 层纱布的袋中，用细绳把袋口扎紧，系在长竹竿上。将袋子高举到树冠上和树冠内，轻敲竹竿，花粉即可由袋中散出进行授粉。

（5）鸡毛掸子滚动授粉

鸡毛掸子滚动授粉就是将鸡毛掸子用白酒洗去鸡毛上的油脂，干后将掸子绑在木棍上，当花朵大量开放时，先在授粉树花多处反复滚蘸花粉，然后移到要授粉的主栽品种上，上下内外滚动授粉。此法适于密植且栽植授粉树的梨园，效果较好。

（6）机器授粉

机器授粉就是采用电动采粉授粉器授粉。使用时开启采粉授粉器开关，将采粉授粉器靠近已开放的花朵，将收集到的花粉取出，添加 50 ~ 250 倍的花粉添加剂后放回贮粉瓶中。开动授粉器，花粉可通过贮粉瓶中的送粉装置均匀喷出，进行授粉。

（7）喷花粉液

喷花粉液前先制作花粉液。先将白糖 500 g、含氮 46% 的尿素 30 g、水 10 kg 配成混合液，临喷雾前再加入 25 g 干花粉和 10 g 硼砂，用 2 ~ 3 层纱布滤出杂质。花粉水溶液要随配随用，要在 2 h 内喷完。

（三）花期喷硼 + 赤霉素

在盛花期喷 350 ~ 400 倍硼砂液加赤霉素 15 ~ 20 mg/L，可提高坐果率

25%～30%，喷施时间以上午10时前或下午4时后为宜；或喷施蓓达叶－中微量元素－钙镁硼等，对促进受精和提高坐果率均有良好作用。

（四）高接授粉树

对授粉树配置不合理和缺少授粉树的梨园，应按授粉树配置比例高接授粉品种。高接时，每株树选上部1～2枝，或在全园均匀选几棵树、几行树进行全部高接。前者效果较好，后者便于管理。

（五）插花枝

梨树上插花枝是一种临时性措施，可在开花初期剪取授粉品种的花枝，插在水罐或广口瓶中，挂在需要授粉的树上。如果开花期天气晴朗，蜜蜂、壁蜂等传粉昆虫较多，一般有较好的授粉效果。挂花枝罐应经常调换位置，有利于全树坐果均匀。为经济利用花粉，可把剪来的花枝先绑在长约3 m的竹竿顶端，高举花枝，伸到树膛内或树冠上，并轻轻敲打竹竿，将花粉振落飞散，进行授粉，然后再插入水罐内，挂在树上。但是，该法由于每年剪取花枝，影响授粉树生长，因此不适宜大面积采用。

五、疏花疏果

（一）合理负载量确定

确定合理负载量受品种、树龄、树势、栽培密度、枝叶量、树冠大小、气候条件及当年管理情况等多种因素影响。适宜的负载量应满足3个条件：一是保证当年对果实品质、产量和经济效益的要求；二是保证当年能形成足够数量的饱满花芽；三是保证当年树体健壮，并有较高的贮藏营养水平。目前，生产上广泛采用果间距法，即根据果型大小使果实之间间隔一定距离的方法。该法简单易行，容易掌握，效果明显。一般大果型品种果间距25～30 cm，中型果品种果间距20～25 cm，小果型品种果间距15～20 cm。每个花序仅留单果，疏除多余的花序和花果。

（二）疏花

当梨树的花枝超过总枝量的50%时，可在花期采用疏花技术，疏花后

留下的花枝占总枝量的30%~40%。疏花时，叶片未展开或展开不多，与疏果相比，操作方便，效率高，效果也较好。但疏花技术只能在具有良好授粉条件的梨园和花期气候稳定的地区应用；花期常有晚霜、阴雨、低温和大风的地区，易造成授粉不良，不宜使用。

1. 疏花时期

疏花时期从花蕾分离期至落花前进行，且越早越好。花期仅十几天，时间较短，因此，应组织好劳力集中突击。

2. 疏花方法

（1）疏花序

疏花序一定要早，尽早疏去过多、过密的花序和弱花、晚花，减少树体营养损耗。疏花序的时间在花序刚分离时进行，宜早不宜迟。疏花序时先疏去顶头花、腋花芽和小花、弱花，再根据各品种的留果量每隔25~35 cm留1花序。大型果留稀些，中型果适当留密些。原则上留壮花序，疏弱花序；留结果枝的斜背上花序，疏背上、背下花序；留结果后不易发生枝摩叶扫位置的花序，疏枝杈及距枝干太近的花序。疏花序要求在花朵小球前完成。

（2）疏花朵

疏花朵就是疏去过多的花朵，减少树体营养损失，为生产优质果奠定基础。同1花序从边花到中心，1~3位花坐的果最大、果形最端正。疏完花序后，花序已分离，要及时疏花朵。疏花朵时一定要疏去大部分中心花，留边花2~3朵/花序。最好在初花前完成，最晚在盛花时完成。

（三）疏果

1. 疏果时期

为保证适宜坐果，一般在盛花后4周开始疏果，即落果高峰过后、花芽分化开始前进行。对坐果率高、落果极少品种，可在盛花后2周进行。当幼果能够分出大小、歪正、优劣时，疏果越早，效果越好。在生产实践上应考虑品种的自然坐果率（自然坐果率高的品种早进行，自然坐果率低的品种晚进行）、品种成熟期（早熟品种早进行，中晚熟品种可适当推迟）、气候条件，以及配套技术，如套袋等。

2. 疏果方法

疏果方法根据留果量的多少，分1~3次进行。将病虫果、畸形果、小果、圆形果疏除，将大果、长形果、端正果留下。疏果时，用剪刀在果柄处剪掉即可；最终保留合适的树体负载量，使保留在树上的幼果合理分布。一般纵径长的幼果细胞数量较多，有形成大果的基础，应留纵径长的果，疏掉纵径短的果。留长果枝中、后部的果，疏枝头果、前部果。通常在1个花序上，自下而上留第2～第4序位的果实，留1个果/花序，若花芽量不足可留双果。为减少结果果台比例，使多余花芽变成空果台，以利于在空果台的果台枝上再形成花芽，疏果时要尽量将1个花序上的幼果全部疏掉。在保证合理负载的基础上，应遵循壮枝多留果，弱枝少留果；临时枝多留果，永久枝少留果；直立枝多留果，下垂枝少留果；树冠上部、外围多留果，树冠下层、内膛少留果的原则。

六、植物生长调节剂及叶面肥的应用

在梨果生产中应用的植物生长调节剂主要有赤霉素、细胞分裂素类及延缓生长、促进成花的物质等。允许有限度地使用能够改善树体结构、对提高果实品质和产量有显著作用的植物生长调节剂，禁止使用对环境造成污染和对人体健康有危害的植物生长调节剂。

在梨树栽培中，允许使用的植物生长调节剂主要种类有苄基腺嘌呤、赤霉素类、乙烯利、矮壮素等。要求严格按照规定的浓度和时期使用，每年最多使用1次，安全间隔期在20 d以上。禁止使用的植物生长调节剂有比九（B_9）、萘乙酸（NAA）、2，4－二氯苯氧乙酸（2，4-D）等。

（一）单一生长调节剂

红梨普遍存在采前落果现象。张传来等（2006）研究了“红酥脆梨”“满天红梨”“美人酥梨”在采果前1个月（8月19日）喷施2，4-D、GA_3和NAA对其采前落果的影响，结果均表明，10～30 mg/L 2，4-D、50～200 mg/L GA_3和10～40 mg/L NAA对防止3个红梨品种采前落果均具有极显著作用。在不同浓度处理中，2，4-D和NAA均以20 mg/L的处理效果最好。其中，“红酥脆梨”坐果率分别较对照喷清水提高了14.4和18.9个百分点；“满天红梨”坐果率较对照提高了13.7和16.8个百分点；“美人酥梨”坐果率分别较对照提高了17.2和20.1个百分点。GA_3对3个红梨品种均以100 mg/L的处理效果最好。其中，“红酥脆梨”坐果率较对照提高了17.0个百分点；“满天红梨”坐果率较对照提高了14.8个百分点；“美人酥

梨”坐果率较对照提高了 18.2 个百分点。但 3 个红梨品种间 2，4-D、GA_3 和 NAA 提高坐果率的效果存在一定差异，NAA 提高坐果率最高，2，4-D 提高坐果率最低。但在生产上，GA_3 来源方便、易购买，可在生产上推广应用。对“红香酥梨”7 月下旬喷施 1 次 15 mg/L GA_3，8 月下旬至 9 月上旬喷施 1 次 15 mg/L CEPA（乙烯利），同样可防止采前落果。

杨玉琼等（2006）5 月下旬在“库尔勒香梨”幼果期喷施 0.1% 的稀土 1 次，具有一定的增产、增糖作用。但应注意稀土的溶解需要在酸性条件下，同时，不能和其他农药、肥料混用。在盛花期初期，“库尔勒香梨”叶面喷施 15% 的多效唑可湿性粉剂 500 倍液，可有效增加脱萼果率，但在生长季不易使用。于“库尔勒香梨”幼果期的 5 月底 6 月初和果实膨大期的 8 月初在叶面喷施 300 倍的有机络合微肥，可使果树生长健壮，加速花芽分化，促进果实发育，有效提高其产量和品质。

（二）混合生长调节剂

王尚堃等（2017）发明了一种提高果树坐果率的方法，在沙壤土（或其他土壤，如黏土等）上，果树进入盛果期后，选择果树生长势比较均一的地点，划分为 7 个大区，将其中 1 个大区划分为 5 个小区，其他每个大区均划分为 4 个小区，共计 29 个小区，其中每个小区有 1 个单株。以当天开放的花为处理花，每个小区处理 40 朵花。采用 7 因素 4 水平正交旋转回归设计，将各因素进行编码，按旋转组合编号进行排列，制定出旋转组合的试验设计。7 个因素包括 2，4 - 二氯苯氧乙酸（2，4-D）、赤霉素（GA_3）、萘乙酸（NAA）、6 - 苄基腺膘呤或称细胞分裂素（6-BA）、多效唑（PP_{333}）、亚精胺（Spd）和单氰胺。其旋转组合的试验设计如表 6-1 所示。按照旋转组合的试验设计喷施相应的因素水平组合，30 d 后调查坐果数，计算坐果率；对坐果率数据通过计算机建立数学模型，进行分析，得到提高果树坐果率的各因素施肥方法，按照各因素施肥方法进行施肥，即可提高果树坐果率。

表 6-1　旋转组合的试验设计

单位：mg/L

因素	编号	水平			
		-2	-1	1	2
2，4 - D	X_1	5	7	9	12

续表

因素	编号	水平			
		-2	-1	1	2
GA_3	X_2	20	30	50	80
NAA	X_3	10	15	20	25
6-BA	X_4	10	20	30	40
PP_{333}	X_5	10	20	30	40
Spd	X_6	58.08	87.12	116.16	145.20
单氰胺	X_7	200	220	230	250

所采取的具体做法是：一是建立数学模型。对 29 个小区的坐果率进行统计，进行显著性检验，得到 $F=3.121$，达到显著标准，建立坐果率对试验因子的响应回归方程：坐果率 $Y=28.121-3.154X_1+0.008X_2+1.012X_3+1.001X_4-3.457X_5+1.784X_6-0.145X_7+3.897X_1X_2-2.123X_1X_3+2.132X_1X_4-3.162X_1X_5-2.334X_1X_6+1.112X_1X_7-8.124X_2X_3+6.145X_2X_4+4.789X_2X_5-8.634X_2X_6-0.746X_2X_7-0.012X_3X_4+0.369X_3X_5+0.978X_3X_6-0.983X_3X_7+1.457X_4X_5+3.045X_4X_6-4.178X_4X_7-0.123X_5X_6-0.789X_5X_7+1.456X_6X_7-2.465X_1^2-1.961X_2^2-1.456X_3^2+1.012X_4^2+0.956X_5^2-2.457X_6^2-0.665X_7^2$。二是模型优化。采用降维法固定（$p-1$）个因子为零水平，获得某个因子与目标表现关系的数学模型，考察该因子取不同水平时目标表现的变化规律；数学模型中各偏回归平方和的大小反映了该项变异来源对试验结果影响的大小，而偏向回归系数的符号则表示该项变异来源对试验结果影响的性质是正效应还是负效应。为充分利用模型中蕴藏的信息，有效预测和提高坐果率，针对坐果率函数模型讨论模型的最优解，采用模拟试验的方法，对花朵坐果率目标函数中的 7 个因素在 -2～2 的 4 个水平上的不同组合进行计算机模拟试验，通过计算机筛选取优。三是频数分析。采用频数分析法进行分析，得到在基础管理良好的基础上，7 个因素的使用浓度分别为 2，4-D 5～7 mg/L、GA_3 35～45 mg/L、NAA 21～22 mg/L、6-BA 30～33 mg/L、PP_{333} 13～15 mg/L、Spd 90～110 mg/L、单氰胺 220～225 mg/L。四是单因素效应分析。进行无量纲线性编码代换，采用偏回归系数判断因素对坐果率影响的重要程度，直接评定结果。结合采用“降维法”导出偏回归解析子模式，求出

所做的第1组单因素试验所得的理论坐果率和“增高速率”，最后根据坐果率的变幅值综合评定各因素对坐果率的影响程度。将3个自变量固定取零水平，研究另一自变量水平变动时对坐果率的影响，以此类推，求出4个子模式，并用一元二次函数求极值的方法得出函数曲线的驻点。五是二因素互作效应分析。试验中4个自变量共有8种两两之间交互的组合，仅对坐果率相对较高的互作项进行分析。对于二元问题，同样采用降维法，固定3个因子水平的零水平，得出另外2个因子的解析子模式。六是三因素互作效应分析。试验中5个自变量共有15种三三之间交互的组合，仅对坐果率相对较高的互作项进行分析，具体操作与二因素互作效应相同。七是通过计算机模拟仿真筛选出提高果树坐果率的综合决策方案。得到提高坐果率的各因素施肥方法是：2，4-D、GA_3、PP_{333}的浓度水平较低，为10～40 mg/L时，NAA、6-BA、Spd、单氰胺的浓度在一定范围内（100～220 mg/L）越高，果树坐果率能从0提高到50%；2，4-D、GA_3、NAA的浓度水平较低，为10～25 mg/L时，PP_{333}、6-BA、Spd、单氰胺的浓度在一定范围内（145～250 mg/L）越高，果树坐果率能从0提高到30%。

（三）PBO在红梨上的应用

PBO是一种多功能新型叶面肥，其主要成分有细胞分裂素（CTK）、生长衍生物（ORE）、延缓剂等（李含坤 等，2007），具有能够克服大小年、提高坐果率、提高果实品质和产量、增强抗病性等功效。李含坤等（2007）研究了PBO在花前250倍、盛花末期250倍、盛花末期300倍喷施对“满天红梨”“美人酥梨”的影响。结果表明，2个品种喷施PBO可使枝条增粗，节间变短，叶片增厚、增大、增重、增绿，有利于光合作用；果实内在品质和外观质量提高，可溶性固形物含量增加2%左右，着色果率和全红果率增加；果实有提前成熟趋势，但是套袋果不明显；2个品种喷施PBO后，脱萼率大大提高；“满天红梨”品种于盛花末期喷施250倍液，“美人酥梨”品种于盛花末期喷施300倍液较好；2个品种喷施PBO后，果实硬度增加，耐贮性提高；“美人酥梨”果实变圆，更加美观。

七、果实套袋

果实套袋可防止病虫危害果实，改善果实外观品质，减少石细胞数量，降低果实中农药残留。张传来等（2006）研究了套袋对“红酥脆梨”“红香蜜梨”果实品质的影响，结果表明，套2层纸袋和3层纸袋，均能明显改善红梨果实外观品质，增加果实硬度，但果实重量和果实可溶性固形物含量均有下降趋势。阮班录（2008）研究了不同类型果袋及不同时期套袋对“满天红梨”的影响，结果表明，套袋可显著减少红梨果锈，增加果实硬度，但可溶性固形物含量有所下降。套袋过早，单果重减少明显，裂果、果锈及日灼发生显著增加；套袋过晚，膜袋黑点病极显著增加。套塑膜袋，果锈极显著增加，底色绿，着色不良；套塑膜袋、纸+膜袋和3色袋，贮藏中失水显著；套条黑和双黑袋，耐贮性好。综合考虑，以盛花后30~35 d的5月中旬套条黑袋最好。沙守峰等（2009）选择5种不同类型的果袋［外灰里红2层袋、复合内红2层袋、复合单层袋、1-LP（外灰里红）2层袋、1-KK（外黄里黄）2层袋］对新西兰红梨果实进行套袋处理，研究了套袋对果实品质的影响。结果表明，套袋可改善新西兰红梨果实外观品质，单果质量增加，果面光亮、洁净、着色好，果点变小且不明显；但套袋也会使新西兰红梨果实的可滴定酸含量有所降低，不同类型果袋使果实硬度、可溶性固形物含量、可溶性总糖含量、维生素C含量降低或提高。在5种果袋中，复合内红2层袋、1-LP（外灰里红）2层袋处理的果实综合品质最佳。周焕新等（2007）研究了6种不同色袋（单层白色、2层白色、单层黄色、单层红色、单层绿蓝色、单层蓝色）对红梨果实品质的影响，结果表明，套袋可防止果锈，提高果面光洁度，使果实避免锈斑的发生，同时控制果点的扩大和减少果实表面突起的生成，避免日灼对果实的影响，减少农药在果实上的残留，且套袋果的花青素含量较低，叶绿素含量较高。不同颜色的膜袋间，果实的叶绿素含量基本一致，只是花青素含量有着明显的差别。孙蕊等（2005）研究了不同时间脱袋对“满天红梨”果实着色的影响，结果表明，“满天红梨”的最适脱袋时期为采收前15~20 d，脱袋时间过早，着色不鲜亮；脱袋过晚，果实上色面积小，且颜色浅。果实从脱袋至开始着色需4~7 d，光照时数越长，昼夜温差越大，上色越快。申仲妹等（2011）采用内红双光涂蜡袋（红袋）和膜+纸袋（膜袋）2种套袋材料研究的结果表明，套袋使红梨多数品种果实的质量和可溶性固形物含量有所下降，其中“满天红梨”适宜套红袋。苏成军等（2008）系统研究了套袋对“满天红梨”“美人酥梨”果实中糖、酸、维生素C、氨基酸和蛋白质含量的影响，结果表明，套袋后2个品种果实的总糖、非还原糖和总酸含量显著降低，氨基酸

含量显著增加，糖酸比有所增加，蛋白质含量各处理间均无显著变化；套袋对“满天红梨”果实维生素 C 含量无显著影响。“美人酥梨”套 2 层纸袋与对照和套 3 层纸袋的维生素 C 含量均无显著性差异，而套 3 层纸袋与对照相比，维生素 C 含量显著下降。

“美人酥梨”“红酥脆梨”为防果锈，需套 2 次袋：第 1 次套 1 层蜡纸小袋，第 2 次套 2 层或 3 层纸袋。小蜡袋多为 1 层，规格为 73 mm × 106 mm；纸袋有 1 层、2 层和 3 层之分。生产高档红梨果宜采用外黄内浅黄的纸袋。小蜡袋黏合处密封要好，纸袋缝合处针脚要小且密，不透光，以免药液接触果面或在果面上形成花斑。纸袋抗水性差，内层纸袋对果面刺激性大的不宜使用，否则易使果面产生果锈。纸袋两侧的扎丝强度应适宜，过强易损伤果柄，太弱绑扎不牢，易进水、进药，造成果面产生水锈、药锈。

（一）套袋前管理

认真做好疏花疏果工作。一般用作套袋的果位通常为内膛中外部下垂果，因此，应按照疏果方法，合理留好果位。在此基础上，为防止套袋后病虫侵入果实，套袋前 5 ~ 7 d 应喷布杀虫杀菌药剂。通常用 70% 的甲基托布津可湿性粉剂 800 倍液，或 800 倍大生 M-45，或 600 ~ 800 倍液（高温期要增加水量）的 50% 多菌灵 + 5% 阿维菌素乳油 4000 倍液。如果喷药 7 d 后套袋工作仍未完成，对未套袋树要补喷 1 次药。

（二）纸袋种类和选择

纸袋通常选择 2 层袋。根据品种不同和果实着色情况，应选择抗风吹雨淋、透气性强的优质梨果专用纸袋。

（三）套袋时期

套袋一般在落花后 30 ~ 35 d 进行，在疏果后越早越好。由于果点形成期在落花后 15 d 即开始，如套袋过晚，果点已经形成，则套袋防锈及使果点浅小的效果就会降低。果实套袋较晚，如在落花后 45 ~ 60 d 才套袋，此时虽较不套袋果实果面洁净，但果点较大且深。晚套袋虽有一定作用，但不能达到最佳效果。为充分发挥套袋最佳效果，一定要适时套袋。1 d 内套袋时间以上午 8—12 时、下午 15—17 时为宜。在晨露未干、傍晚返潮，以及中午高温、阳光最强时不宜套袋，在雨天、雾天也不宜套袋。

（四）套袋方法

在全树彻底疏果、喷药的基础上，按照树冠上、树冠内、树冠下、树冠外的顺序进行套袋。为使纸袋变得柔韧，便于使用，同时为了防止害虫进袋，在前 1 天晚上用 70% 甲基托布津可湿性粉剂 500 倍和 40.7% 乐斯本（毒死蜱）乳油 1000 倍浸袋口 2 ~ 3 s 即可。套袋时，先撑开袋口，托起袋底，使两底角的通气和放水口张开，使袋体膨起。然后手握袋口下 2 ~ 3 cm 处，套上果实，从中间向两侧依次按“折扇”方式折叠袋口，从袋口上方连接点处将捆扎丝反转 90°，沿袋口旋转 1 周扎紧袋口，并将果柄封在中间，使袋口缠绕在果柄上。套袋时应注意 5 个方面：一是切不可将捆扎丝拉下；二是捆扎位置宜在袋口上沿下方 2.5 cm 处；三是应使袋口尽量靠上，接近果台位置，果实在袋内悬空，防止袋体磨擦果面；四是扎袋口不宜太紧，避免伤害果柄，也不宜太松，以免害虫、病菌、雨水、农药进入果袋；五是切不可将叶片等杂物套入袋内。

（五）套袋后管理

在干旱或多雨年份，经常检查袋的通气孔，保证其通畅，以防止黑点病和日灼发生。每隔 10 d 左右，打开纸袋进行抽查。若发现有黑点、日灼等症状，应打开通气孔，或用剪刀在袋底部剪几个小口。6 月初开始，对树冠喷布 2 次氨基酸钙等钙肥，防止苦痘病发生。

（六）去袋

孙蕊等（2006）研究表明：“满天红梨”从去袋到开始着色需 4 ~ 7 d，着色最佳时期在去袋后的 14 ~ 20 d。去袋过早，果面底色由去袋初期的淡绿色变为暗黄色，所着颜色亦由粉红或鲜红色变为暗红色，有的甚至褪色；去袋过晚，着色期短，着色面积小，颜色浅且不鲜艳。其他红梨的果实在采收前 20 ~ 25 d 去袋。去袋应在上午 10 时至下午 4 时进行。去袋时先去外袋，后去内袋。摘除外袋时一手托住果实，一手解袋口扎丝，然后从上到下撕掉外袋。外袋除后 5 ~ 7 d 再去内袋。

八、促进红梨果实着色技术

（一）摘叶、转果

采果前6周，结合去袋摘除果实周围的折光叶和贴果叶。但1次摘叶不能过多，应分批摘除，以免引起日灼。果实向阳面着色后，进行分次转果，促使整个果面全面着色。转果时动作要轻柔，1次转果角度不宜太大，以免造成落果。

（二）树下铺反光膜

红梨果着色期在树冠下铺设银色反光膜，增加树体受光量，可明显促进树冠内膛和下部果实着色。铺膜前疏除过密枝和过低枝，平整土地，铺膜后经常保持膜面干净，维持其较强的反光能力，提高果实的着色效果。

（三）喷布增色剂

采果前30~40 d，喷布稀土500 mg/L 1~2次，以利于果实着色，喷布30~40 mg/L萘乙酸（NAA）1~2次，不仅可防止采前落果，而且可增大果实着色面积。采果前40 d内，每隔10 d喷1次1500~2000倍液的增红剂1号，可明显增加果实含糖量，促使梨果提前着色，提高着色指数。

（四）采后喷水增色

红梨果实采果后，选背阴通风处，在地面上铺10~20 cm厚的湿细沙，将果实的果柄向下摆放在湿沙上，果与果之间留有空隙，每天早、晚对果实喷布清水，处理20 d后可明显促进果实着色。

思考题

1. 如何预防红梨晚霜危害？
2. 红梨促花措施有哪些？
3. 红梨如何进行人工辅助授粉？

4. 如何防治红梨采前落果？
5. 红梨如何进行套袋？应注意什么？
6. 怎样促进红梨果实着色？

第七章　红梨整形修剪技术

一、整形修剪原则、依据和总体要求

（一）整形修剪原则

红梨整形修剪的原则是：因树修剪，随枝做形，有形不死，无形不乱，主枝不要多，小枝要多，上小下大，上细下粗，上不压下，前不挡后，左不挤右。

（二）整形修剪依据

1. 整形

（1）自然条件和管理水平

土层深厚、土壤肥沃、光照好、管理水平较高的梨园，可将梨树整成疏散分层形或小冠疏层形的树形；反之，宜整成开心形等易采光、结构简单的树形。

（2）栽植密度

栽植密度大，树形由“高、大、圆”向“矮、小、扁”方向发展，不用疏散分层形，采用小冠疏层形、纺锤形、“Y”形和折叠式扇形，这些树形矮、小、扁，有利于管理及密植，便于管理操作。

（3）品种

生长势强旺的红梨品种，一般栽植密度小，可采用疏散分层形或折叠式扇形树形，控制中心干过旺生长；生长势中庸、成花结果早的红梨品种，可采用小冠疏层形、纺锤形、细长纺锤形、“Y”形等树形。

2. 修剪依据

（1）品种特性

大多数红梨品种干性、极性均强，顶端优势明显，萌芽率高，成枝力低，将其整成有中心干的疏散分层形和小冠疏层形时，如果不注意控制，容易造成树体上强下弱和前强后弱现象，在修剪上常采用基部多留枝、多疏前部大枝、骨干枝弯曲延伸等方法，控制上强和前强现象出现。针对红梨不同品种的萌芽力和成枝力，在修剪上要分别采用不同的修剪方法。

（2）树龄、树势

红梨幼树期一般生长旺，易形成树体上强下弱现象，而大量结果后树势缓和，甚至衰弱。修剪时，幼树期和树势强时，以轻剪缓放为主，少短截，采用中心干弯曲上升和基部多留枝，控制上强。盛花期后和树势弱时，适当加重短截程度，注意回缩更新复壮。

（3）修剪反应

果树修剪反应就是果树修剪后的表现，如树势变化、发枝、结果量等。其最能直观表现修剪的正确与否，如短截修剪的轻重会发生什么样的结果，可观察上年的剪口，来判断短截的效果。

（4）养分流动原理

养分流动是指根系吸收的无机养分在不加以控制时垂直上升，表现为较强的顶端优势。采用拉枝、拿枝等变形措施，可改变养分流动的方向，变直流为平流，有利于成花坐果。

（三）总体要求

主枝分布均匀，主次分明，中心干强，主枝上不能有大侧枝，促控得当，弱树要促长，强旺树要控长。要南不留上，北不留下，东不留高，西不留低，去粗留细，去直留斜，控制高度，年年落头，通风透光，无花缓放，有花再剪。

二、修剪作用

（一）培养结构合理、骨架牢固的树形

梨树放任生长，必然会出现树体高大、树冠抱合、郁闭，内膛空虚、结果部位外移，大小年结果等现象，导致果实品质下降。通过修剪可以有目的地培养结构合理、骨架牢固、层次分明的树形。

（二）延长寿命，增加产量

通过修剪，不仅能培养结果枝，促进开花结果，还能使衰弱的枝条更新复壮，提高结果能力，延长结果寿命；使修剪后结果枝分布合理，结果部位不断增加，提高单株和单位面积产量。幼树通过修剪，控制先端优势、开张角度，轻剪密留，加强肥水管理，可使其早结果。

（三）有利于克服大小年

果树修剪具有调节作用。通过合理修剪，能调节生长与结果的关系，优化结果枝与成长枝的比例，克服或减轻大小年现象，达到高产、稳产。

（四）合理密植，便于管理

修剪可以控制高度，使树冠整齐一致，可减轻风害，合理密植，提高单位面积产量，便于施肥、灌水、中耕除草、喷药、修剪及采收等各项田间作业，节省劳力，提高工效。

三、生长结果特性及修剪特点

梨树树体高大，极性强，角度小，萌芽力高，成枝力低，干性强，层性明显；树冠稀疏，透光好；短枝比例大，易早结果，新梢停止生长早，顶芽、侧芽发育充实饱满；潜伏芽寿命长，生命力强，耐更新。这些生长结果特性是梨树整形修剪的主要依据。

（一）乔冠与控冠

大多数梨树品种是高大的乔冠树体。树冠过高过大，修剪、打药、疏果、收果等树上管理十分不便，费工、费力、效率低，管理不得当，难以获得高产优质的商品果实。冠高径大，不透阳光，冠内缺光，无效冠区大，仅树顶和外围表面结果，因此，结果前扩冠、结果后控冠是梨树整形修剪的重要特点之一。特别是密植梨树，控冠特别重要，密度越大，越要早控冠。控制不及时、不得当，会造成全园郁闭，不但产量、质量迅速下降，甚至造成密植的失败。因此，应根据栽植密度选择冠形。红梨规模化优质丰产栽培，应选用小冠形树形，如小冠疏层形、单层高位开心形、圆柱形、细长圆柱形、自由纺锤形、棚架扇形。此外，还要按株行距允许的范围进行控冠。一般树高要小于行距，树高为行距的80%，行间不能封死，要有1.5～2.0 m的光道，株间可有10%～20%的交接。超高要落头，超宽要回缩，用“放放缩缩”的修剪方法把树冠控制在应占的范围内。早期采用促花早果措施，以果压冠。

（二）极性强与开张角度

红梨多数品种极性很强，分枝角度小，枝条直立生长，位置处于高处。但也存在生长势强、枝条开张的品种。极性也叫顶端优势，即1棵树或1个枝中，处于顶端（最高点）的枝或芽生长势最强，向下依次递减。极性与枝、芽的角度及所处位置有关，角度小则直立，直立则处于高点，高则极性强。

极性在修剪中有利弊双重作用。有利方面：在幼树期，可利用极性促进快长树、快扩冠、快成形。通过加大主枝角度使树冠横向扩展，以占领更大空间，争夺更多光能，为早产、丰产打下基础。衰弱树或枝可抬高角度，在高位点的向上枝芽处缩截，促其更新复壮，延长结果寿命。不利方面：极性过强易造成中心干和主枝间、主枝和侧枝间生长势差异太大，产生干强主弱、主强侧弱、上强下弱、前强后弱等弊病，只利于长树，不利于结果。解决这些问题的方法是采取转移极性的修剪方法，如变角、变位、变高、变向、分散等（图7–1）。

1. 防止和克服中心干过粗过强、上强下弱

防止和克服中心干过粗过强、上强下弱，可多留下层主枝、把门侧枝和层下空间辅养枝，使中心干处于多枝轮生，截留水分和养分。同时，对中心干上部的强盛枝及时疏缩，抑上促下，或者采取中心干多曲上升树形，超高时落头开心，把势力压到下部枝上。

2. 克服主强侧弱和主枝前强后弱

克服主强侧弱和主枝前强后弱的主要办法是加大主枝角度，降低枝头高度，用弱枝、弱芽、外枝、外芽当头。开张主枝角度从幼树1～2年生枝龄做起，用拉、弯、别、剥、压、坠枝等方法变位变角。枝龄大、粗硬时，用棍支撑，有条件的转主换头，用外生枝作头。

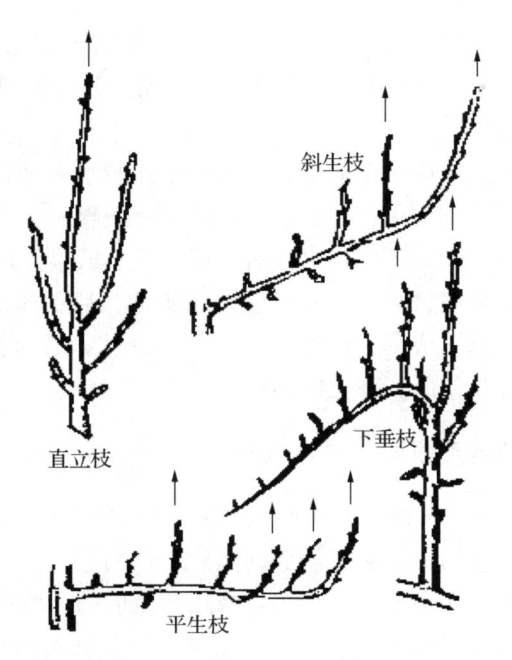

图 7-1　顶端直立优势和优势转移示意

（三）成枝力低与骨干枝选留

成枝力就是 1 年生枝萌发长枝（枝条长度大于 30 cm）的能力。发长枝多为成枝力强，少为弱。红梨多数品种成枝力弱，一般只发长枝 1～2 个，个别发 3 个。针对这种特性，在整形修剪中要做到 3 个方面：一是成枝力低，树冠稀疏，主侧枝可适当多留，为促进多发枝，可在整形期于中心干需发枝的芽上方 0.3～0.5 cm 处刻芽，深度为枝条粗度的 1/10～1/7，长度为枝条周长的 1/3～1/2。二是注意延长枝头剪口第 3、第 4 芽，留在两侧，同时刻芽，促发侧枝。三是由于成枝力低，加大主枝角度后，树冠宽松空荡，因此，梨树整形原则是轻剪多留枝，要多留辅养枝和各类小枝。前 4 年基本不疏枝，结果后渐渐为骨干枝让路，疏去或疏剪成大小枝组。

（四）萌芽力高与长放长留

1. 萌芽率高

萌芽力也叫萌发力，即 1 年生枝条萌芽的百分比。红梨多数品种萌芽力高，但成枝力低，短枝比例大，定植后 3～4 年就可形成相当多的短枝花芽，这是梨树能早结果早丰产的基础。修剪上，应促进增生短枝，提高结果。

2. 长放长留

梨树枝条对长放反应效果非常好，特别是在肥水条件好或把直立强旺枝经过弯枝，拉、坠、剥、压、变向后，再配合叶面喷肥，很容易成花。在轻剪多留枝的原则下，长放长留、先放后缩或先放后截是梨树培养结果枝组的重要方法。由于梨树成枝力低，常常呈单轴延伸，后部是成串短果枝结果，连放几年结果后，易造成早衰和结果部位迅速外移，甚至披散下垂。因此，长放到一定长度和年限时，要及时回缩复壮。

（五）短果枝群结果与枝组年轻化

成年梨树 80%～90% 的果实是在短果枝和短果枝群结果的。做好短果枝和短果枝群的细致修剪，是梨树修剪的重要特点之一。短果枝是由壮长枝条缓放后，当年或第 2 年形成的一长串短枝花芽组成的，或由长、中果枝顶花芽结果后，下部形成短果枝。对这 2 类已具备短枝花芽的枝进行截缩修剪，只留后部 2～3 个花芽结果，即成为小型短果枝组。短果枝组上的果台枝或果台芽连续或隔 1 年成花结果，经 3～5 年即形成短果枝群。对短果枝群，要疏去过多花芽，去前留后，去远留近，使之经常保持年轻化状态，做到树老枝不老、高产稳产。枝组年轻化就是通过整形修剪，整体上达到“树幼组不幼”“树老组不老”。

（六）潜伏芽寿命长与更新复壮

潜伏芽寿命长，有利于梨树更新复壮。即使几十年甚至百年老树，在后部光秃无枝的情况下进行重回缩，并配合地下肥水管理，仍可发出徒长枝，更新 2～3 年后又可形成新的树冠结果，这对弱枝弱树更新复壮很有利。

四、修剪基本方法及运用

梨树修剪按照时期可分为冬剪和夏剪两大类。冬剪即落叶后至萌芽前休眠期的修剪；夏剪实际上包括春剪、夏剪和秋剪，就是生长季节带叶期的修剪。修剪时期不同，方法和作用也不同。冬、夏修剪相互不可代替，但有互补作用。生产上采用冬夏剪相结合，各有侧重，取长补短，比只用单一剪法

效果好。

梨树冬剪目的：一是整形，调节或维持树形骨架结构，培养各级骨干枝，扩大树冠体积。二是培养安排各类结果枝组，维持其合理状态和更新复壮。三是疏除害枝，回缩过长、过弱、过高的枝，使树冠在株行距限定的范围内正常生长结果。夏剪是针对某种单一目的进行促或控，如为提高坐果率，进行花前堵花复剪，或盛花期环剥；为削弱旺树势力，进行发芽后晚剪或2次剪；为促花在五、六月环剥、环割等；为促进秋季叶片光合作用，进行秋季拉枝和疏除旺枝，打开光路等。梨树冬剪和夏剪可概括为“冬剪长树，夏剪结果”。

（一）冬季修剪主要方法与运用

冬季修剪简称冬剪，所使用的基本方法有4种，即短截、回缩、疏枝和甩放。每种剪法对树的整体和局部枝条的生长和结果都会产生不同的影响，而且这种影响都是有规律的。只有掌握每种修剪方法和剪后作用效果，特别是修剪对局部枝的作用规律，并能正确运用这些规律，才能使修剪达到预想的效果。

1. 短截

短截是剪去1年生枝条的一部分，留下另一部分的剪法，只在1年生枝条上应用。按照剪去枝条的长短，可将短截分为轻、中、重3种。轻截就是轻短截，轻轻截去枝上一小段，在枝条顶芽下短截，一般剪去枝条长度的1/4～1/3；中截就是中短截，在枝条中上部饱满芽附近剪截，剪去枝条长度的1/3～1/2；重截就是重短截，在枝条中下部的半饱满芽处短截，一般剪去枝条长度的2/3～3/4。随着修剪的细化，又分为“戴帽”和“留橛”。戴帽也叫打盲节，就是在春、秋梢交界或2年生交界的秕芽处剪截；留橛也叫极重短截，就是几乎把全枝剪掉，只留基部有皱纹的瞎芽部位。

短截最主要的作用是对被截的枝剪口下芽有刺激萌发和抽生长枝的促长作用。产生这种刺激作用的生理原因有2个：一是芽的异质性。在1年生枝条上，处在不同部位的芽子质量（饱满程度）是不同的。枝条中部的芽最饱满，所以在饱满芽处进行中短截，能发出较好的壮长枝；枝条下部、基部芽最不饱满，在枝下部秕芽处重截或极重截发枝最弱；枝条上端多为半饱满芽或秋梢芽，在该处轻截后，发枝中等，不过长或过弱。二是顶端优势。也叫极性，即处于高处的枝或芽比低处的枝或芽能优先得到较多水分，生长势强旺。短截后剪口芽处于该段枝条的顶端，因此，剪口下第 1 芽最为优势，能发出长枝，其次是剪口下第 2 芽，向下依次递减。

短截是将枝条截去一段，使养分集中给留下的少数芽，这也是对剪口下芽起到刺激作用的原因，其刺激作用与短截后剪口下芽发壮长枝的数量、长度及下部芽的萌发率有关。

短截具体运用在 3 个方面：一是中短截发长枝最多最强，其下部还能萌发数量较多的中、短枝。所以，为促进生长，扩大树冠，在整形期间对中心干枝头和主侧枝头进行中短截。二是轻短截及“戴帽”，发枝中等，不过长，发出中短枝多而壮，利于成花。为缓和树势、枝势，增加中短枝比例，促进多成花，对辅养枝和结果枝组可多用轻短截或“戴帽”等缓势剪法。三是重短截后只发 1 ~ 2 个较弱的中枝，为控制强条生长或培养短壮小结果枝组，如竞争枝、背上直立枝，在有空间及想要培养枝组时，可行重短截或极重短截。若再发强条，下年去强留弱，去直留平斜，控制长势，或留橛上橛。

2. 回缩

回缩也叫缩剪，就是对长放多年的过长枝、交叉枝，结果多年的过弱枝、下垂枝等，在多年生的适当部位（2 年或几年生处）剪去或锯除一部分，留下另一部分，是在多年生枝上使用的一种剪法。缩剪是对多年生枝，而短截是对 1 年生枝。

缩剪对全树和本枝有减少生长量的作用，而对剪锯口以下留的分枝有局部促进生长的作用，其作用大小程度与回缩轻重、去枝伤口大小有关。回缩越重，去枝伤口越大，刺激作用越明显。特别是伤口下第 2 个分枝比靠近伤口的第 1 个分枝作用明显，在伤口较大的情况下更为突出。

缩剪常用于 7 个方面：一是对老树及长弱枝组更新复壮；二是串花枝的堵花修剪，提高坐果率，增大果个；三是枝头直立主枝转主换头，加大角度和改变伸展方向；四是中心干枝头的落头；五是辅养枝的控制改造，由大变小，由强变弱，由长变短，改造成果枝组；六是交叉重叠枝关系的调整归位；七是超过高度、宽度的树冠控制，调节光照和树势等。这些进入结果期出现的问题，可用缩剪法来解决，但要注意程度适当。因缩剪法具有双重作用，实际运用中往往强调了局部的正向作用，而忽视了对整体的副向作用。要根据具体情况决定回缩程度的轻重。刚进入结果期的树，回缩枝组不要全部堵缩，不给出路，以免造成返旺，破坏树势稳定。要有缩有放，分年分次

进行。对老树弱枝更新时应加重回缩程度，但要配合地下肥水。

3. 疏枝

疏枝就是把部分 1 年生或多年生枝从基部剪（或锯）掉的剪法。疏枝具有双重作用，一是疏掉一些枝叶和造成伤口，对全树或母枝有削弱或缓势的作用。其削弱和缓势程度强弱与去枝大小、强弱及伤口大小成正比，去枝子越大、越强、量越多，对全树和母枝的削弱和缓势程度越明显，反之则越小。疏枝过量过急，易打破地上、地下平衡关系，造成返旺徒长。二是对局部有抑前促后作用。疏枝后，对伤口上部，特别是同侧的枝有削弱作用（抑前）。伤口越大，越靠近伤口的分枝削弱作用越明显。而对伤口以下的分枝（同侧）有助长作用（促后），伤口越大，越靠近伤口的分枝促长作用越明显，伤口下部常促发出徒长枝。离伤口较远的分枝，抑和促的作用均逐渐减少。

疏枝对象是过密过挤辅养枝、串膛的徒长枝、直立枝与骨干枝头势均力敌的竞争枝、拖地歇荫的寄生枝、纤细的无效枝、病虫枝等，可改善光照，减少养分消耗，使旺树转化成中等树，能促进多成花和平衡枝与枝之间的势力，起到良好作用。疏枝要防止过急，掌握适量、适度、适时，正确运用。

4. 甩放

甩放又叫放条、长放、缓放，就是对 1 年生枝条不剪截。不剪并不是全树的枝条都不剪，而是指某一部分的枝条不剪。甩放的单枝，由于没有受到剪截的刺激，是用顶芽延伸的，因此延伸能力弱，不易发强枝，发短枝量较多，增加了全树中短枝的比例，停止生长早，养分积累多，成花多。尤其对萌芽力高的品种，甩放促花效果十分明显。

甩放枝条要有选择，而且不同枝条有不同做法。在有空间的情况下，对中等斜生、水平、下垂枝进行甩放，很容易放出短枝和花芽。对直立、强旺枝甚至竞争枝甩放培养结果枝组时，必须弯倒、压平，或配合扭、拿、伤、环等伤枝手法，才能收到效果。否则，任其直立甩放，就会长成“枝上枝”“树上树”，破坏树冠枝间的关系和树形。

幼旺树多用甩放，可缓和树势，增加早期枝叶量，加粗快，成花多，是快长树、早结果的重要修剪措施。大年树易多甩放，能多形成花芽，下年结果多，使小年不小。但弱树和小年树不易多甩放。甩放与回缩要配合使用，在 1 年中每棵树的每个大枝上要有放有缩。甩放几年后，枝过长、过弱了，就要及时缩回来归位，更新复壮，出了新枝后再次甩放。放与缩不可分开。

（二）夏季修剪主要方法与运用

夏季修剪简称夏剪，包含春、夏、秋剪。广义的夏剪除用剪子、锯外，还包括刀割、绳拉、棍撑、手拿、伤、坠、别、压各种方法。夏剪的特点表现为4个方面：一是有明确的目的性，就是为了促进早结果、早丰产；二是有专一的针对性，主要针对长势过强的枝条；三是有严格的时间性，是指在规定的时间内处理相应的枝条；四是有灵活的技巧性，是指针对各类枝的实际情况，采取灵活的处理方法。夏剪方法可归纳为伤、变2类。伤包括环割、环剥、目伤、多道刻芽、绞缢、大扒皮、倒贴皮、异皮接、折枝、摘心、抹芽、晚春剪、秋剪、扭梢、拧枝、拿枝、“连三锯”开角等，都是在干、枝、皮、芽上造成不同方式的伤害，暂时阻碍养分的输导，促进枝芽局部养分积累，以达到控长、增枝、促花或提高坐果率的目的；变包括拉枝、撑枝、别枝、压枝、“挑扁担”、坠枝、圈枝、反弓背弯枝等，这类做法基本不伤枝，只改变枝子原来的自然生长姿态，多用于旺、立、直、大的枝及方向、位置不当，角度小的枝子上。利用极性转位的原理，使其按照整形的要求，改变角度、方向、方位，形成合理的树体结构，达到透光、缓势、增枝、促花、坐果的目的。

1. 拉枝、拿枝

拉枝就是在生长季用麻袋线绳（不要撕裂膜绳）把1~2年生壮长枝条按树形和树冠结构的合理方向、方位、角度，向四面八方插空拉开。主枝角度70°左右，辅养枝80°以下，越是粗、强大的临时枝，角度越应大些。时间虽无限制，但7—8月最好。该期拉枝后，背上不冒条，枝条软不易折断，又可利用叶子的重量，易于形成开张角度。拉枝要把主枝基角拉成70°~90°，避免拉成“拉弓射箭”状，要做到“基部不弯弓，梢部不下垂”。要做到一推、二扭、三转、四固定，一推是向枝条生长的相反方向推；二扭是从距离基部5 cm处进行扭转90°~180°，使其平伸到与地面水平；三转是将枝转到有空间的位置；四固定是将枝固定到适当的位置上。

拉枝要注意5个方面：一是绑绳不能过紧，防止当年加粗生长后夹进枝内。二是拉枝必须从幼树做起，主要用于1~4年生幼树整形期的1~2年生枝。枝条粗大后，角度拉不开，绳易断，枝易折，费工费力。整形期把主要枝子方位角度固定后，以后就无大问题。三是对于枝子基角小于30°或上部最后两个对生大枝，用反弓弯拉枝法，即向相反方向拉，不易劈裂，又稳势

结果。四是拉枝要从基部张开角度，不能基角不变，在枝子腰部拉成大弯弓形。五是最好在拉枝前先进行拿枝软化，即从枝子开角的着力点部位，用手把枝拿软，可听到响声，伤筋动骨不伤皮，然后再拉，以减少绳的撑拉力，不易断，要拉成多大角度，变换什么方位都易办到。拉枝与拿枝配合使用，是幼树整形修剪的重要措施。

2. 环割、环剥

环割、环剥只在生长过旺、不结果的树或枝上使用，弱树、弱枝上不用。环剥就是在枝或干上某个部位，用钝刀割透树皮 2 道，深至木质部，切透皮而不伤木质部，剥去 2 刀之间的树皮。剥口宽度为枝干直径的 1/10。环剥时期依目的而定：提高坐果率，可在盛花期环剥；为促进成花，可在花芽分化前（华北地区 5 月下旬至 6 月上旬）环剥；为兼顾两者的效果，可在落花当日至 5 d 内环剥完。

环剥要注意 3 点：一是环剥刀口去皮要利落，不能用手涂抹剥口的黏液（形成层细胞）。剥皮后用纸或塑料薄膜保护不晒干。二是剥口在 20 d 内不抹波尔多液、福美砷等杀菌药。三是视枝干粗度和长势决定环剥宽度和次数，一般剥口 25 ~ 30 d 愈合。如果 1 次仍控制不住旺长，可在 1 个月后剥或割第 2 次。环割部位和时间与环剥相似，但只割透树皮，而不剥皮。割后 20 多天即可愈合，一般割 1 次达不到效果，可割 2 ~ 3 次。但要 1 次 1 道，不可 2 ~ 3 道同时进行，特别是在主干上，1 次多道易出问题。环剥和环割对梨树促花是最可靠的措施之一。

3. 春抹芽，秋疏枝

拉枝后背上突起处冒出的直立枝、“骑马枝”及锯口处长出的徒长枝，长势很猛，不但耗去大量养分，使被拉的母枝长不好，又扰乱树形。因此，在萌芽初期刚冒出小红芽时，应及时抹除，1 周内绕树巡视 3 ~ 4 次，及时除萌。以后随时检查漏掉的和后发的徒长枝，对旺树，秋季认真疏除遗漏徒长枝。抹芽、疏枝不要背上一律疏除，在有空间的缺枝部位，或要求培养预备枝更新的部位，有计划地留 1 ~ 2 个，但要在 7 月按要求伸展的方向，将其拉倒、压平。尤其对成枝力低的红梨品种，要留心选留。

4. 目伤、多道刻芽

红梨多数品种成枝力弱，栽植当年定干后很少能发出 3 ~ 5 个长枝，一般只发 2 ~ 3 个，不够整形需要的下层枝数目。在定干后，对剪口下 3 ~ 5 芽，在芽上方用剪刃目伤 2 道，促发长枝，作为下层主枝用。

在幼树整形期，对发枝少和长放后易出现光杆枝的品种和粗壮枝条（粗 1 cm 以上，长 70 cm 以上），于萌芽前做多道刻芽，每 15 cm 刻割 1 道，深至木质部，可促发大量中短枝，当年成花。工具可用裁衣的剪子，也可用废钢锯条。

在具体修剪一棵树时，要多种剪法配合交叉使用，即冬剪时疏、截、缩、放配合，夏剪时拉、拿、刻、环、抹配合，冬剪和夏剪配合，相对各有侧重。一棵树或一个枝修剪后的作用，是多种剪法综合作用的效果。符合修剪目的的作用叫正作用，反之叫副作用。两种作用同时存在，有时正正相加，则正作用最明显；有时负负相加，则副作用最明显；有时正负相减或相抵，则作用不明显。

修剪反应是决定修剪程度与方法的主要依据。不会判断和预测修剪的效果，就不能做出正确的修剪。常说的修剪水平就是能针对树（枝）的具体情况，按照预想目标，采取对症的修剪方法和修剪程度。

观察不同修剪方法的修剪效果，不能仅从一枝一芽着眼，要注意整体和局部的辩证关系。例如，对全树整体轻剪缓放，而对局部枝条虽剪截较重，也不一定能促发旺枝；反之，如对整体采用多截重剪，而对局部枝条甩放，同样达不到减缓树势的效果。一种剪法局部（某一枝条）的效果，在一定条件下起主导作用，而其他修剪方法也有一定的影响。如采用环剥可促进成花，但在环剥前，若先行拉枝开角度，或环剥后配合叶面喷肥，改善剥口以上叶子的碳氮比（C/N），则环剥效果更好。当回缩 1 个多年生枝组时，目的是使其复壮，但又从枝组中疏去了一些枝条，减弱了缩剪效果，则更新效果不明显。若在良好的地下肥水及树上保叶基础上进行修剪，会得到加倍的效果。

五、红梨栽培树形及整形过程

梨树根据栽植密度不同，选用不同树形，单株面积大于 24 m^2 的稀植园，采用主干疏层形。单株面积在 12 ~ 24 m^2 的中密度果园，采用小冠疏层形或开心形，但梨的开心形与苹果不同，梨的开心形无中心干，由树干顶端分生 3 ~ 4 个主枝，每主枝呈 30° ~ 35° 延伸。这种树形冠内光照好，整形容易。单株面积小于 12 m^2 的高密度果园，采用纺锤形，日韩梨多采用棚架“V”形树形。适合红梨规模化栽培的树形有小冠疏层形、倒伞形、纺锤形、

自由纺锤形、细长圆柱形和棚架扇形等。

（一）小冠疏层形

1. 树形结构参数

小冠疏层形（图 7－2）树形成形后树高 3.0～3.5 m，主干高 50～60 cm，冠幅约 2.5 m，全树 5～6 个主枝，分 3 层排列。第 1 层 3 个主枝，邻近或邻接分布，层内距 10～20 cm，开张角度 70°～90°，方位角 120°，每个主枝上留 2 个侧枝，梅花形排布，第 1 侧枝距中心干 20～40 cm，第 2 侧枝在第 1 侧枝对面，与第 1 侧枝相距 50 cm；第 2 层在第 1 层上方 70～80 cm 处，配置 2 个主枝；第 3 层在第 2 层上方 50～60 cm，配置 1 个主枝。第 2、第 3 层上不留侧枝，只留各类枝组。生产上为通风透光和便于操作，多数只留 2 层主枝，第 1 层 3 个，第 2 层 2 个，层间距 80～100 cm，层内距 20～30 cm。该树形的优点是架牢固、产量高、寿命长、透光性好，缺点是有效的结果体积较小。

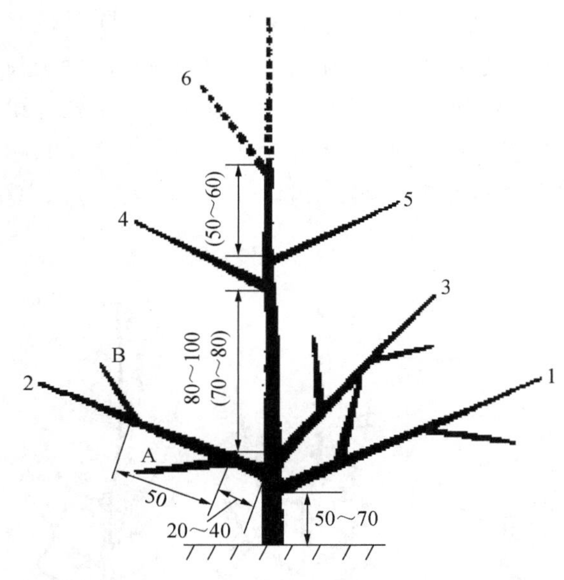

1～6—主枝顺序；A～B—侧枝顺序；虚线及括号内数值为第 6 主枝时的模式。

图 7-2　小冠疏层形模式（单位：cm）

2. 整形修剪过程

定植后在距地面 70～80 cm 处定干，剪口下 10～20 cm 为整形带。萌芽

前在整形带内选择方位合适的芽进行刻伤。萌芽后，及时抹除主干上近地面40 cm以下的萌芽，不够定干高度的苗剪到饱满芽处，下年定干。夏季选择位置居中、生长健壮的直立新梢作为中心干延长枝，对竞争枝扭梢，同时培养方向、角度、长势合适的新梢，留作基部主枝。秋季主枝新梢拉枝，使开张角度达到60°左右，同时调整方位角达120°。冬剪时，中心干剪留80～90 cm，各主枝剪留40～50 cm，未选足主枝或中心干生长过弱时，中心干延长枝剪留30 cm，在第2年选出（图7–3）。第2年春季萌芽前，主枝上选位置合适的芽进行刻伤。萌芽后及生长期内继续抹除主干上近地面40 cm以内的萌芽、嫩梢，并抹除主枝基部背上萌芽，夏季采用扭梢、重摘心和疏剪方法，处理各骨干枝上竞争梢。秋季按要求拉开主枝角度，拉平70～100 cm的辅养枝，年生长量不足1 m的主枝长放不拉。冬剪时，中心干延长枝剪留50～60 cm，基层主枝头剪留40～50 cm。按奇偶相间的顺序选留侧枝。第2层主枝头在饱满芽处短截。在第1层至第2层主枝间配备几个辅养枝或大枝组（图7–4）。第3～5年夏剪时，除按上年方法进行外，还要进行扭梢、摘心、环剥、环割等措施处理辅养枝，同时疏除密生枝、徒长枝。冬剪时，3年生及4年生树的中心干和主、侧枝的延长头分别剪留50～60 cm、40～50 cm、40 cm。选留第3层主枝和基层主枝上第2侧枝。辅养枝仍采取轻剪长放多留拉平剪法。5年生树，树高达3 m以上，树冠大小符合要求时，基层主枝不短截。继续培养第2、第3层主枝，采用先放后缩法培养枝组（图7–5）。

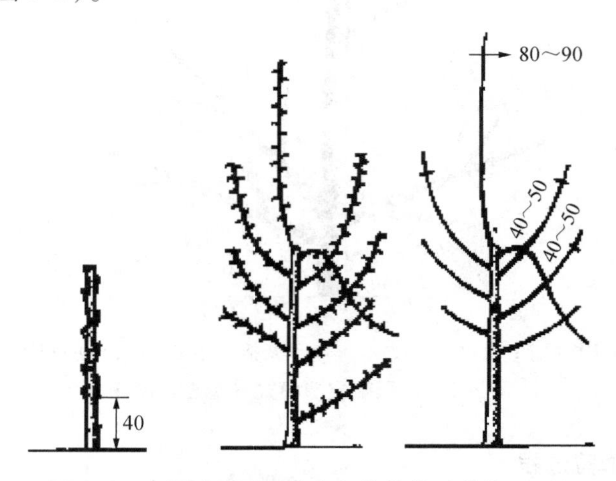

图7–3　小冠疏层形栽植当年的修剪（单位：cm）

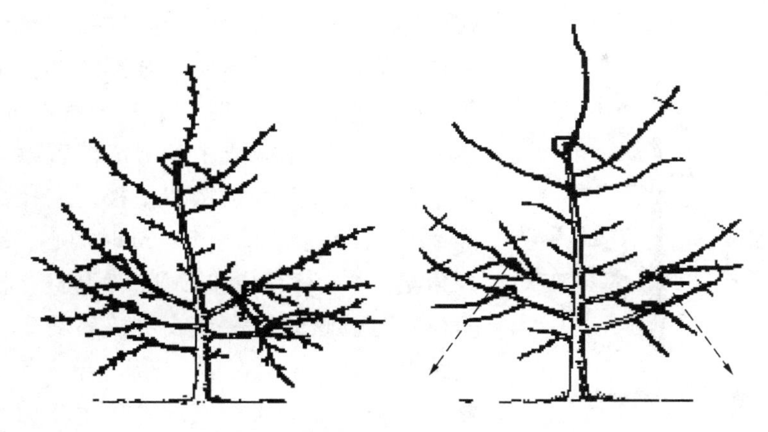

图 7-4　小冠疏层形栽后第 2 年的修剪

图 7-5　小冠疏层形栽后第 5 年的修剪

（二）纺锤形

1. 树形结构参数

纺锤形（图 7-6）树形成形后树高 2. 5 ~ 2. 8 m，主干高 50 ~ 70 cm，小主枝 10 ~ 15 个，围绕中心干螺旋式排列，小主枝间隔 20 cm，与中心干夹角 75° ~ 85°，在小主枝上配置结果枝组。该树形优点是修剪简单容易，幼树期修剪量小，投产早，适于密植；缺点是骨架欠牢固，通风透光性稍差，植株寿命较短。

2. 整形修剪过程

苗木定植后，留 80 ~ 90 cm 定干，剪口下 20 ~ 30 cm 为整形带。在整形

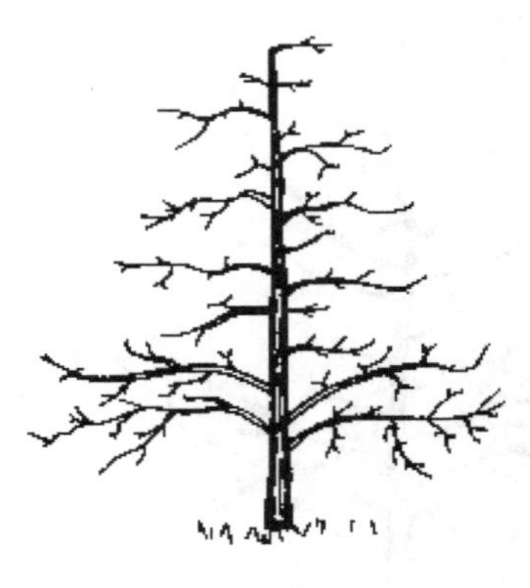
图 7-6　纺锤形

带内选 3 个分布均匀、长势较强的新梢作为主枝，整形带以下的新梢全部疏锄。主枝长 70 cm 时摘心。冬剪时，中心干留 1 m 短截，主枝延长枝轻短截或中截。定植后第 2 年生长季在中心干上继续选留主枝，主枝交错间隔 20 cm，其余新梢长 50 cm 时摘心，或拉枝开角至 75°～85°，同时疏除背上直立枝和竞争枝。对较旺幼树主干或主枝环割 2～3 道，间距 10～15 cm，深达木质部。第 3 年生长季修剪方法与第 2 年相同。第 3 年冬剪时树形基本形成。第 4 年已进入结果期，应及时回缩衰弱的主枝，更新复壮枝组。进入盛果期后，有空间的内膛枝适度短截，并及时回缩衰弱的结果枝组。

（三）自由纺锤形

1. 树形结构参数

自由纺锤形（图 7-7）树形干高 60～70 cm，树高 3 m，冠幅 2.5～3.0 m，中心干上均匀分布 10～15 个小主枝，不分层，插空均匀排列，开张角度 85°～90°，相临主枝间距 15～20 cm，同方向主枝间距 50 cm 以上，下部主枝长约 1.5 cm，越往上主枝越小。主枝上不留侧枝，直接着生中、小枝组，4～5 年成形，6 年后进入盛果期。

2. 整形修剪过程

定植后至萌芽前在距地面 80～100 cm 处定干，整形带内有 8～10 个饱满芽。除第 1、第 2 芽外，对整形带内其他芽均进行刻伤或涂抹抽枝宝，保

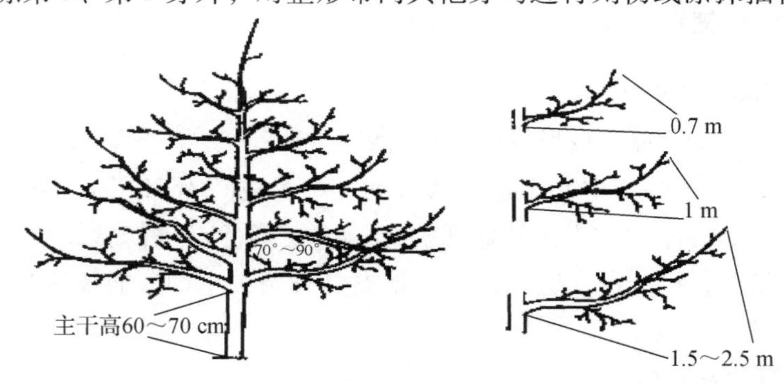

图 7-7　自由纺锤形树体结构

留整形带以下发出的芽。8 月底至 9 月初，对达到一定长度的主枝拉至 85°~90°，并使其分布均匀，辅养枝一律拉平。冬季对中心干延长枝留 50 cm 短截，剪口芽留在上年剪口芽对面。疏除影响主枝和无用的辅养枝，株、行间空间大，主枝轻剪，保持延长，无空间长放。第 2 年春季在中心干延长头上选 3 个方向分布均匀、上下错落着生的芽进行刻伤或涂抹抽枝宝，作为第 2 批主枝。对第 1 批主枝基部 10 cm 至梢部 15 cm 内的外侧芽、背下芽进行刻伤，6 月上中旬基部环割。第 2 批主枝长到 85~90 cm 时拉枝至 85°，冬季中心干延长头留 50 cm 短截，剪口芽留在上年剪口芽的对侧；疏除中心干上密生无用枝和第 1 批主枝上密生直立枝，水平枝长放或齐花缩剪；全部疏除距主干 20 cm 以内的强旺枝。第 3 年春季在中心干延长头上选 3 个方向分布均匀、上下错落着生的芽进行刻伤或涂抹抽枝宝，作为第 3 批主枝，在第 2 批主枝上进行刻芽，方法同前，疏除第 1 批主枝上过多花果。6 月上中旬对第 2 批主枝进行基部环割或环剥，疏除中心干延长头竞争枝。8 月下旬将第 3 批长度达到 80 cm 的主枝的角度拉至 80°。冬季将中心干延长头留 45 cm 短截，对第 1、第 2 主枝上大型分枝及旺长枝进行疏除或扭枝，对已成花枝或枝组，后部有花且有空间的可短截前面的营养枝和长果枝，无空间的去强留弱。对有空间的中庸枝中剪培养枝组，壮枝长放。第 4 年春季在中心干延长头上选 2 个能发出第 4 批主枝的芽进行刻伤，夏季控制其竞争枝。对第 3 批主枝侧芽、下芽刻伤，方法同前。疏除第 1、第 2 批主枝上多余的花芽，对第 3 批主枝用摘心、扭梢、重短截等方法控制其背上直立枝。5 月中旬进行主干倒贴皮促花。冬剪时中心干延长头轻剪或长放，疏除或拉平各级枝上直立旺长枝、密生枝，有空间的中、壮枝中短截，培养枝组，细致修剪各类结果枝组。第 5 年以后，生长季节疏花疏果，保持树体合理负载量。运用各种夏剪方法促进各类枝条成花结果，配合冬剪培养枝组。冬季逐步回缩结果后的弱枝、冗长枝，疏除各级骨干枝上密生枝、旺长枝，逐步回缩、疏除影响主枝生长结果的较大分枝。运用各种方法培养结果枝组，恢复其合理分布。

（四）细长圆柱形

1. 树形结构参数

细长圆柱形（图 7-8）树形成形后树高 3.5 m，干高 60~80 cm，冠径 1.0~1.5 m，中心干上直接着生单轴延伸结果枝组，不分层，结果枝组在中

图 7–8　细长圆柱形

心干上螺旋分布，全树分布 20 ~ 25 个结果枝组，树形外观类似圆桶形。

2. 整形修剪过程

细长圆柱形树形整形修剪主要采用刻芽、拉枝、抹芽。定植后于 60 ~ 80 cm 处短截定干，保证剪口下有 1 ~ 2 个饱满芽。剪口下第 3 ~ 5 芽进行抹芽，促使当年剪口下发出 1 个强旺新枝，使之形成中心干。第 3 年春季发芽前，将中心干整形带内 1. 0 ~ 1. 2 m 的所有芽用小钢锯在芽上 0. 5 cm 处锯一下，深达木质部，促使锯口下芽子萌发出小短枝，培养成结果枝组。随时注意抹去枝条背上萌发芽子，8 月底至 9 月初对生长直立枝条拉枝处理，以促进花芽分化。第 4、第 5 年春季萌芽前重复在中心干上刻芽，抹去枝条背上芽，进入秋季直立枝拉枝，冬季基本不修剪，保持树势中庸健壮。结果 3 ~ 4 年后，对中心干上过旺结果枝组去强留弱，对较细结果枝组去弱留强，保证中心干上结果枝组生长均衡。结果 6 ~ 8 年后冬季回缩或疏除着生角度较小、过密交叉枝组，使之单轴延伸，不着生大的枝组，留 1 个小枝即可。这种整形修剪技术树形结构简单，无主、侧枝之分，前 4 年除定干外基本不动剪，以后只进行疏密、回缩更新处理，修剪量小，每人每天可修剪 3 ~ 5 亩

梨园，实现了“省工、省钱、早果、高产、高效”的目的。

（五）棚架扇形

1. 树形结构参数

棚架扇形（图 7-9）树形成形后树高 2.5 m，主干高 60～70 cm，无中心干，主枝 4～6 个，呈扇形排列于棚架上，各主枝间距 20 cm 左右，主枝粗度为着生部位主干粗度的 1/2 左右。冠幅 4 m×3 m，主枝上着生结果枝组 4～6 个。此树形利于培育高档次梨果。

图 7-9　棚架扇形

2. 整形修剪过程

定植当年于 1 m 处定干，萌芽后选留 4～8 个枝条培养。第 2 年选留 3～4 个作为主枝，每个主枝上选留 2 个结果侧枝，相互错开 20 cm 左右。在梨园上空距地面 1.8～2.0 m 处架设水平铁丝网，将枝条固定在铁丝网上，摆布均匀，轻短截各主枝，促发 1 级枝组，延伸骨架枝。根据树体情况，采用水平形、杯状形或开心形，将主枝倾斜延伸拉至棚架架面，然后将延长枝水平绑缚在棚面上，主枝数量以布满架面为宜。整个年生长周期中，芽萌动时，于缺枝部位在芽上 0.3～0.5 cm 刻芽，长度为枝干周长的 1/3～1/2，深度为枝干粗度的 1/10～1/7。注意抹去剪锯口处萌芽及旺枝背上芽，对跑单条新梢摘心。5—6 月重点解决光照问题，疏除背上枝、下垂枝，回缩延长

枝头和长放营养枝；有位置的新梢及时摘心。6—8 月注意扭梢、拿枝，控制旺长。8 月下旬至 9 月中旬，对幼、旺树主要是疏枝，大量拉枝，回缩长、大枝。拉枝将枝拉展，使枝条中部不弯弓，梢部不下垂。进入 10 月摘去不停长新梢的嫩头。冬剪时注意短截长串结果枝和长营养枝，疏除各骨干枝上部背上直立旺枝。

（六）自然开心形

自然开心形（图 7-10）树形成形后无明显的中心干，在主干上分生 3～4 个主枝，主枝上各分生侧枝 6～8 个，侧枝上再着生结果枝组，树冠中心开心透光。3 主枝基角为 45°～50°，主枝 1 m 以外角度逐渐缩小，即腰角应为 30°。主枝先端的角度，即梢角宜近于直立，植株高约 4 m。此树形优点是通风透光良好，骨架牢固，适于密植，主枝角较小，衰老较慢，适于生长势强、主枝不开张的品种；缺点是幼树修剪较重，进入结果期较晚，主枝直立，侧枝培养较难。

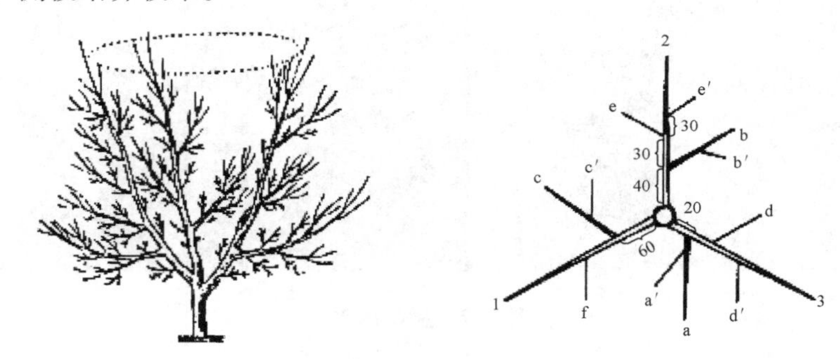

左图虚线表示 3 个主枝大致在同一水平面上；

1～3 为主枝；a～f 为侧枝；a′～d′和 e′为结果枝组。

图 7-10　自然开心形及其骨干枝配置模式（单位：cm）

（七）单层高位开心形

1. 树形结构参数

单层高位开心形（图 7-11）树形成形后干高 60～80 cm，中心干高 1.6～1.8 m，树高 3.0～3.5 m。在中心干上均匀排列几个枝组，基轴长度 30 cm 以下，在中心干上着生 10～12 个健壮结果枝组，基部枝组与中心干夹角 70°，顶部与中心干成 80°。

2. 整形修剪过程

（1）1～3年树修剪要点

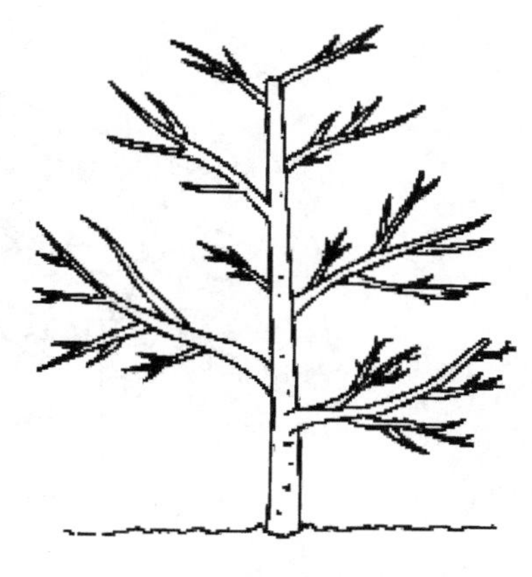

图7-11 单层高位开心形

栽植后定干高度80～100 cm，同一行内剪口下第1芽方向保持一致。主干高度60～80 cm，抹除50 cm以下所有枝条。前2年新梢长度在30 cm以下时不短截；生长至30 cm以上时，留4～6个饱满芽后短截，并对保留芽刻伤4个。长度在30 cm以下的分枝及细弱枝不剪截；30 cm长以上的壮枝，留2～3个饱满芽短截。

（2）3年生树修剪要点

对长度在50 cm以下的顶梢及长细弱枝，回缩到2年生部位；健壮直立枝，保留4～6个芽后短截。长50 cm以上粗壮枝，留4～6个芽后短截。全树100 cm以上的分枝数达10～12个且生长均衡时可全部缓放。短截缺枝部位的枝，并在缺枝部位选芽进行刻伤。5月上旬，环刻长放健壮枝。全树环刻枝数不宜超过长放枝的1/3。对直立长放枝在7月进行拉枝。4～6年后逐渐更新复壮，精细修剪结果枝组，保持树老枝新。

单层高位开心形适合乔砧密植梨园采用，具有成形快，结果早，已管理等特点。

（八）水平棚架形

水平棚架形（图7-12）棚架高2 m，主干高80～100 cm，2～4个主枝，层内距60 cm，均匀分布向行间伸展，主枝在架面上间隔1. 5～2. 0 m，主枝上不配备侧枝，两侧配备大、中、小枝组，大枝组间距80 cm，中枝组间距30～40 cm，小枝组间距10～20 cm，结果枝组均匀布满架面。主枝背上不留大枝组。该树形优点是套袋、喷药、喷肥、采收等日常管理方便；树冠不高，枝条牢固，能减少风害和机械损伤；树体光照良好，结果稳定，品质优良。缺点为架材投资大，管理费工、费时，对肥水条件要求高，幼树期修剪量大。

（九）三裂扇形

三裂扇形，俗称单层一心形，适用于密植的小冠形。植株大量结果后落

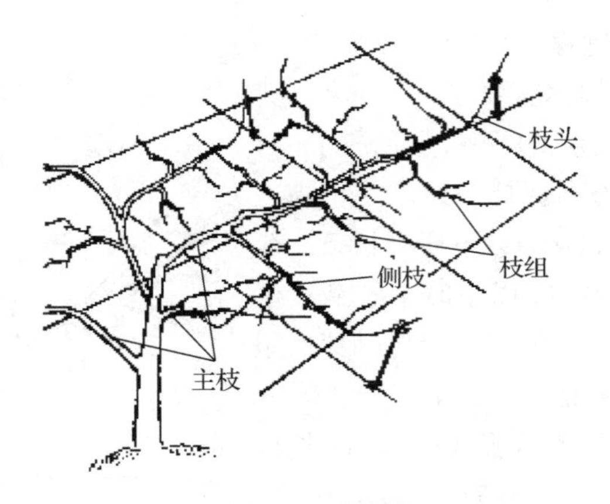

图 7-12　棚架形

头开心，整个叶幕由基层主枝形成的叶幕和中心干结果形成的叶幕组成，从侧面上看好像 1 个三裂的扇形，故得此名。该树形整形容易，便于管理，成形后树冠内光照充足，有利于果实品质提高。

1. 树形结构参数

三裂扇形干高 60 ~ 70 cm。在中心干上错落着生 5 ~ 6 个小主枝，基角 70° ~ 80°，层内距 50 ~ 60 cm，每 1 主枝上着生 2 个大型枝组，其余为中小型枝组。在中心干的上部每隔 20 ~ 30 cm 配置 1 个较大枝组，共 6 ~ 7 个。待大量结果、树势缓和后落头开心，适合 56 ~ 83 株/亩。

2. 整形修剪过程

定植当年定干高度 80 ~ 100 cm，整形带内留足 8 ~ 19 个壮芽。对成枝力弱的红梨品种需进行刻芽。第 2 年在中心干 80 cm 左右处短截，并有选择地（间隔方向 20 cm、着生方向错落）进行刻芽。基部着生的枝条原则上不再进行短截，于萌动后拉成 70° ~ 80°；但生长势弱、长度不足 60 cm 的需适度短截。第 3 年中心干延长枝不再短截。对中心干上第 2 年短截后抽生的枝条长放促花；对生长势强、角度直立的拉枝 70° ~ 80°。配合夏季抹芽、摘心、扭梢等多项工作。

（十）“Y” 形

1. 树形结构参数

“Y” 形（图 7-13）树形成形后树高 2.0 ~ 2.5 m，南北行向，2 个主枝

分别伸向东南方和西北方，呈斜式倒“人”字形。2 主枝夹角 70°～80°，主枝上直接培养中小型单轴延伸的结果枝组，枝干比控制在 1∶3～1∶6。

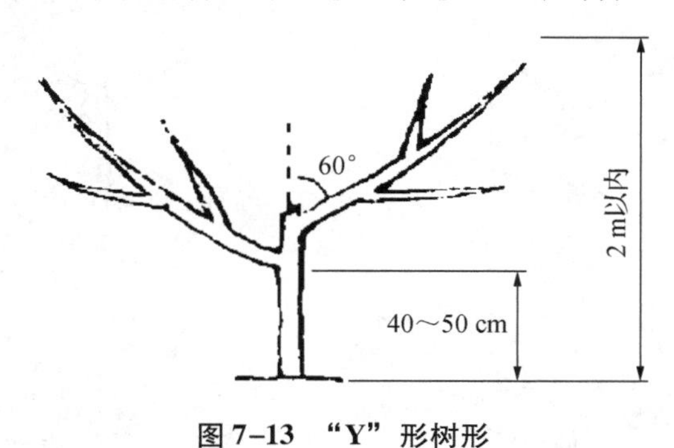

图 7–13　“Y”形树形

2. 整形修剪过程

（1）两大主枝培养

栽大苗、壮苗，要求苗高 1.5 m 以上，基部直径 1 cm 以上。栽植后定干，定干高度 80 cm 左右，选 1 健壮芽当顶，以下 2～3 芽抹除，第 4 芽抽生枝条后培养为另一主枝，其余枝及时抹除。为培养好两大主枝，要控制好主枝上的直立枝，对枝按相对方向绑缚培养为主枝，其余分枝全部抹除。两大主枝背上直立芽在萌发后抹除。主枝延长枝一般不短截，树势较弱时，主枝延长枝轻短截，相邻植株主枝间呈平行状态。主枝延长到规定长度时，去势修剪，留强枝换头，控制主枝不向外延伸。进行夏季摘心，秋季拉枝（图 7–14），采用 2 种方法培养 2 个主枝。

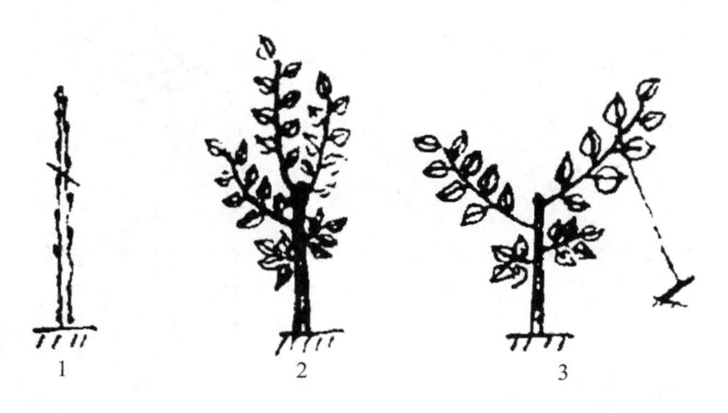

1—定干；2—夏摘心；3—秋拉枝。

图 7–14　定干、夏摘心、秋拉枝

整形方法 1 如图 7–15 所示。

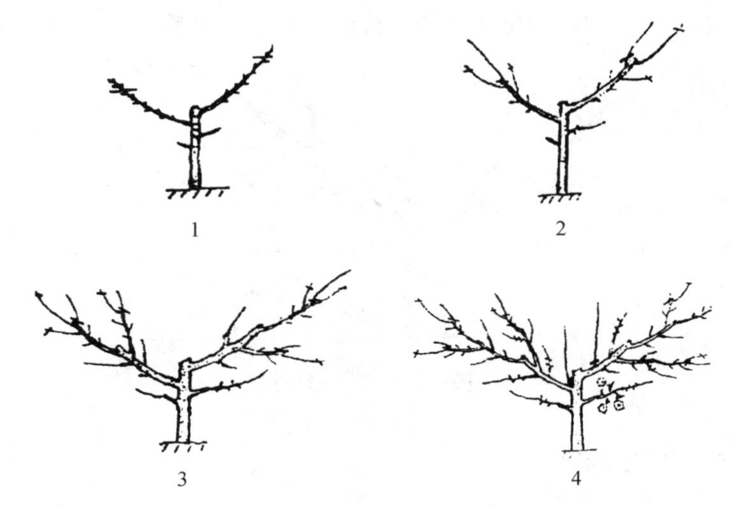

1—第 1 年冬剪；2—第 2 年冬剪；3—第 3 年冬剪；4—第 4、第 5 年冬剪。

图 7–15　方法 1 整形过程

整形方法 2 如图 7–16 所示。

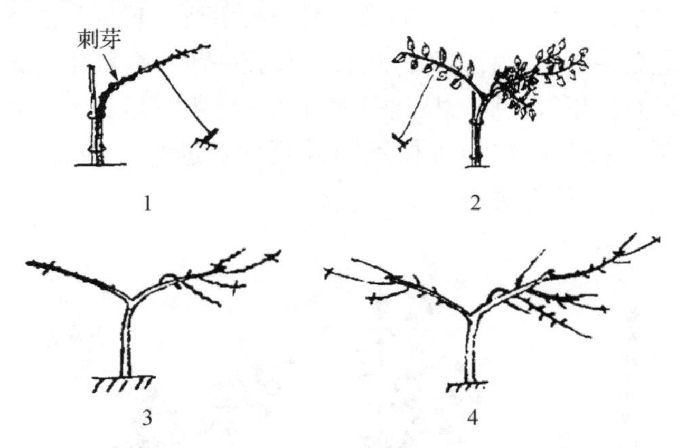

1—定植和处理；2—秋季拉枝；3—第 1 年冬剪；4—第 2 年冬剪。

图 7–16　方法 2 整形过程

（2）结果枝枝组配置

在两大主枝上不培养大型枝组，而培养中小型枝组，以小型枝组为主。小型结果枝组采用先甩放后回缩法，1 年生枝缓放，形成短枝结果后在分枝

处回缩。中型结果枝组则采用先截后放再回缩法培养，枝组间以“多而不挤，疏密适当，上下左右，枝枝见光”为原则，以相互不交叉、不重叠为度，每个主枝上配置小型枝组10～12个。注意对枝组的调整，当侧生枝少时，将较直立枝组下压和下垂枝上抬，增补侧生枝组；当下垂枝组少时，用侧生枝组上压，增补下垂枝组，保持幼树枝组不幼，老树枝组不衰。枝组以回缩方法更新，回缩程度是抽枝多而短，壮而不徒长。结果后枝组内用“三班倒”修剪法，即当年结果枝、形成花芽枝、生长枝各占1/3，使结果、成花、生长三不误，达到连年结果的目的。

（3）延长枝修剪

利用剪口芽调整延伸方向。当主侧枝伸展方向均比较适宜时，一般剪口芽留外芽即可；当主侧枝伸展方向不适当时，利用侧芽进行调整；当主侧枝延长枝角度偏高时，利用“里芽外蹬”开张角度。幼树期主侧枝或中心干延长枝适当短截，以促生分枝，保持生长量和生长势。采用轻短截，剪去顶端芽即可，刺激主枝既有一定的营养生长量，又萌发较多中短枝。一般根据其生长势确定其短截轻重，生长势强的轻短截，生长势弱的重短截（图7–17）。

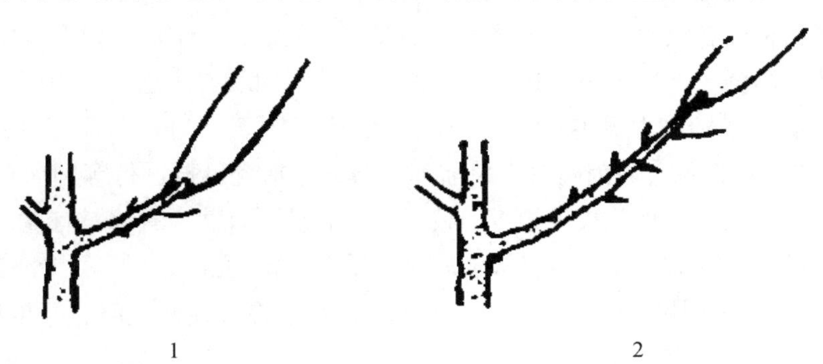

1—重截；2—轻截。

图7–17 重、轻短截

（4）竞争枝处理

梨树竞争枝有3种处理方法（图7–18）：一是疏除；二是拉弯别下培养为结果枝组；三是用生长势较弱的竞争枝代替延长枝，将原延长枝疏除。对主枝采用“里芽外蹬”方法开张角度时，将“蹬”出去的竞争枝留作延长枝。梨树竞争枝一般不采用重截或极重截的改造方法，也不宜将延长枝和竞争枝同时进行较重短截，更不宜将竞争枝缓放不剪。若出现竞争枝长势明显

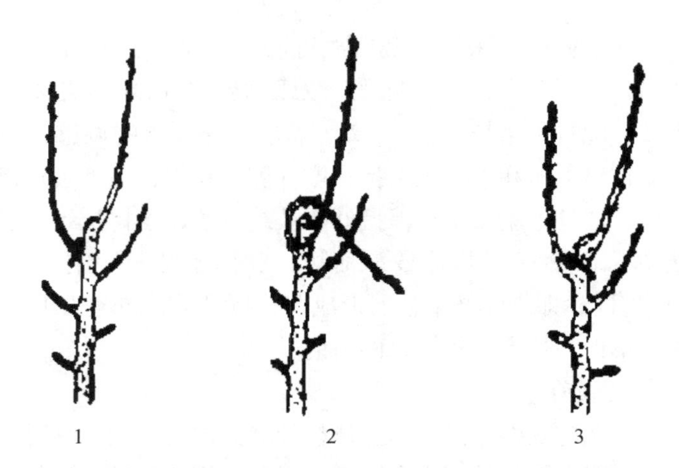

1—疏除；2—拉弯别下培养为结果枝组；3—用生长势较弱的竞争枝代替延长枝。

图 7–18　竞争枝 3 种处理方法

弱于延长枝的情况，竞争枝也可保留。

（5）注意各级次分枝主从关系

果树树体各级次分枝，主枝生长势要强于侧枝；有中心干树形，中心干生长势要略强于下层主枝。这种主从关系从幼树期就要注意培养和调整。幼树期主从不明显最常见的就是主枝多头延伸（图 7–19），形成“弹弓叉”“三叉枝”等现象。原因是对主枝前部枝条，包括竞争枝进行等同剪截。对主枝前部枝条，特别是长势相近的枝条，应有疏、有截、有放、有控，突出延长枝的生长优势。延长枝长势弱时，应采取一定的办法，如适当重截来增强长势。无法扶持时，进行换头。其下附近有长势较强侧枝时，予以控制，压低其角度或予以疏除。

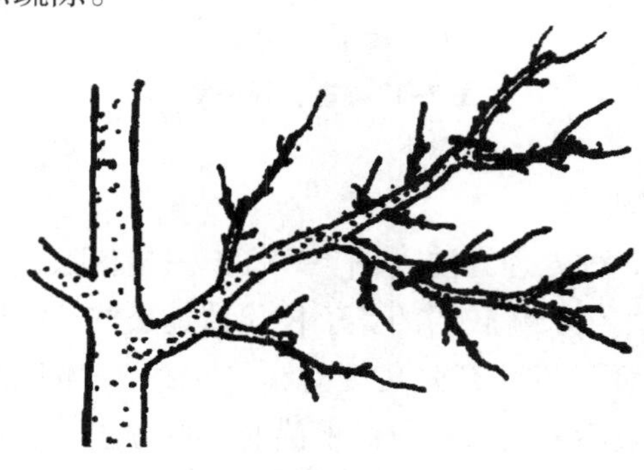

图 7–19　主枝多头延伸

（6）注意平衡树势

梨幼树常出现树体长势不平衡现象，如中心干生长过旺，上强下弱，主枝之间长势不均衡，要早解决，不留到结果期，以免难以处理。出现上强下弱时，要抑上促下。疏去原中心干延长枝，利用长势较弱的竞争枝，甚至剪口下第3枝作为中心干，使中心干弯曲上升。疏去中心干上长势较旺的大枝，减少上部枝量。同时，注意主枝开张角度不要太大，进行基部适当多留枝（图7–20）。

图7–20　梨树上强下弱处理方法

（7）主枝间长势不平衡

对长势较旺主枝进行拉枝处理，加大开张角度；抬高长势较弱的主枝（图7–21）。

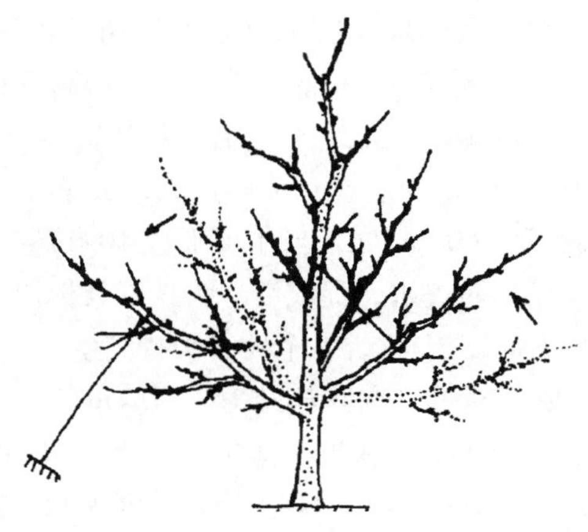

图7–21　主枝长势不平衡调节方法

（8）轻剪缓放多留枝

幼树期树体上萌发的骨干枝以外的枝条，除了将发生部位不适宜、过于扰乱树形的枝条进行疏除，对竞争枝适当处理外，其余的枝条一般尽量保留，有的作为辅养枝，有的用来培养结果枝组，即使是背下枝条，也可于生长季将其拉下，培养成结果枝组。保留枝条轻剪缓放，促进成花。

（十一）主干形

梨树主干形树形结构紧凑，只有1个强壮的中心干作为骨干枝，成形快，结果早，果品质量高，经济效益好，整形修剪技术简单，易操作，便于管理，适宜密植，也更适合机械化和省力化栽培。

1. 树形结构参数

主干形树形成形后树高3 m左右，主干高80～100 cm，中心干自下而上直接着生30～35个直接结果的分枝，分枝长70 cm，分枝基角90°左右，分枝基部与中心干着生部位适宜粗度比为1∶4～1∶5，适宜株行距为1.5 m×4.0 m。

2. 整形修剪过程

主干形树形以甩放幼龄枝，疏除过密无效枝，及时更新过长和过粗枝为主，改冬季1次修剪为春、夏、秋、冬四季修剪。幼树春季以刻芽、拉枝为主，成龄树春剪重在花前复剪，调节生长势和花量，集中营养，提高坐果率，增加果个，抗寒防冻。夏剪幼树以拧梢、拿枝等缓势成花为主，成龄树以疏除直立徒长枝和过密无果枝为主，减少无效消耗，集中营养，促进花芽分化，成花结果两不误。秋季采果后可直观目测树体郁闭情况，及时去大枝。冬剪主要进行个别枝调整。定植后第1年，选用高度在1.5 m以上的优质壮苗，栽植后于1.2 m饱满芽处定干。定干后从剪口下第4芽开始刻芽。用刻芽刀在芽上方0.5 cm处刻痕或对芽体点涂发枝素代替刻芽，每隔2个芽一刻，一直到地面以上60 cm处，当年可形成10个左右分枝，人工用刀刻芽中心干，要套膜筒，防失水，促成活。为扶正梨树树干，保持中心干生长优势，在幼树北侧5 cm左右立绑1个竹竿扶持其生长。定干剪口下第2～3个芽萌发新梢易形成竞争枝，在其长到15～20 cm（5～6片叶）、处于半木质化时，在新梢基部用牙签开基角，基角大于90°，以控制长势；个别旺长的枝，通过扭梢控制。为维持中心干优势，基部夹角小的新梢长到20 cm左右时，用牙签开基角90°左右，控制长势。个别强旺新梢，长到30 cm以

上时，可在上翘拐弯处扭梢式拿枝，8 月中下旬拉枝，控制长势。中心干 60 cm 以下萌芽，尽量不抹除。长势旺的，可通过开大基角或多道拧伤，控制长势，使幼树保持枝多、叶多，养枝壮树。进入休眠期冬剪时，对中心干延长枝前端 2/3 饱满芽处短截促旺。清理中心干 60 cm 以下过矮分枝，疏除 60 cm 以上过密分枝，同方位分枝间距不能小于 50 cm。粗壮分枝在分枝基部下侧用锯割伤，控制长势，其他分枝全部甩放。

第 2 年春季萌芽前对中心干 1 年生枝部分从下向上 8 cm 处开始刻芽，依次向上每隔 2 个芽一刻，一直刻到剪口下第 5 个芽，促发分枝。中心干下部 2 年生部分缺枝处的芽重新进行刻芽，促发分枝补位。随时抹除中心干 60 cm 以下的所有新梢，以促进有效结果部位形成。中心干延长枝强枝带头，连续长放，直到树高达到 3. 5 m 以上时，将其向一侧拉弯，促成花结果。尽量保留梨树中心干 80 cm 以上的分枝，对长势旺的枝仍用牙签开基角 90°左右，通过拧梢、捋（拿）枝等手法，生长过强的于 8 月中下旬拉枝，实现缓势成花。进入休眠期冬剪时，高度达不到 2. 5 m 的梨树，在 1 年生中心干延长枝饱满芽处短截促长，高度超过 2. 5 m 的，中心干延长枝甩放缓势。在中心干直接培养结果枝组，不培养侧生结果枝。根据树体成花情况，花量大的，立即疏除过密、过大和过矮（80 cm）的分枝，花量少的，可适当疏除过密的无花枝，在实现合理负载和以果控冠的同时，达到整体树冠通风透光和多结优质果的目的。

第 3 年树体整形基本完成，开始进入结果期，修剪以局部调整、稳定树势为主。对中心干上萌发的所有新梢都要保留，分枝基部粗度接近中心干着生部位 1/4 的分枝，其基部 20 cm 内萌发的新梢也要保留。通过促、拉、控等手法，培养成预备枝，做到每年有培育，年年有更新。通过开角控势和连续甩放缓势后，注意科学疏花疏果，使树体合理负载，以果压冠，稳定树势。进入休眠期，及时提干。土质薄的果园，树干要提高到 80 cm；土质好的果园，可提干到 1 m 以上。粗度超过中心干 1/4 的分枝疏除，枝干比保持在 1∶4～1∶5。进入盛果期后，树冠下部过大、过长的分枝，基部有预备枝的回缩到预备枝处，没有预备枝的回缩到分枝基部 20 cm 左右处，严防分枝扩冠过快，造成树形紊乱。

（十二）改良主干形

改良主干形树形树冠内中下部主枝无侧枝，上部无大枝（主枝），树冠内通风透光良好。修剪方法简单，采用“三不”修剪法：栽植苗木不定干；冬季修剪幼树中心干和主枝的枝头不短截；主枝开张角度不超过70°，使其呈斜向上生长态势，采用在生长期以处理竞争梢为主要手段的“伴随生长而整形”。

1. 树形结构参数

改良主干形成形树高3.5 m，干高60～70 cm，中心干中下部着生4～5个较大的主枝。主枝间距20 cm左右。主枝基角60°，腰角30°～50°，梢角直立，主枝单轴延伸，其上着生中小结果枝或枝组，主枝与树干的比例控制在0.3∶1～0.5∶1。中心干上半部着生中小结果枝或枝组。

2. 整形修剪过程

（1）栽植苗木不定干

建园定植苗木如果上部有分枝（在苗圃中形成）或破损，则剪去分枝或破损部分（剪口下留饱满芽）；如果是先端无分枝或未破损的壮苗，则不定干。在苗木健壮、叶芽饱满、根系发达完好的情况下，即使栽植苗不定干，除坏死芽和基部几个隐芽不能萌发外，其余所有叶芽都能萌发。一般顶端抽生2～4个较旺枝条，5—6月新梢长到20 cm左右时进行调控，确保中心干枝头生长势绝对优势。当顶芽梢生长势呈明显优势时，疏除第2～4芽梢（竞争梢或夹角狭小的梢）；当顶芽梢生长势呈明显弱势时，以竞争梢代替顶芽梢作为枝头，疏除其下部呈竞争态势和基角小的新梢。对下部萌发的枝梢基角一般自然开张60°以上。苗木定植第1年发梢较多，但生长量不大，当年树高约1.8 m。

（2）冬季修剪不短截

第1年及第2年冬剪（1—2月）时，中心干和主枝的枝头一般都不短截，只疏去主枝上个别侧分枝和确认无用的枝，如果中心干和主枝枝头受到伤害（如虫害等）而发出2次枝，则冬剪时剪去分枝部分，剪口下留饱满芽。除叶芽坏死和基部几个隐芽以外，健壮直立枝即使不短截，发芽率也可达100%。不短截枝条先端可发出几个旺梢（竞争梢），当该新梢长到20 cm左右时（5月）进行调控修剪，疏除竞争梢和生长过旺的枝梢，或利用竞争梢转主换头，保持中心干枝头单独向上生长和主枝单轴延伸生长。苗木定植第2年生长量明显增加，树高平均达2.8 m左右，且部分植株形成花芽。

（3）拉枝

第3年继续整形。经过2年培养，树高已接近3 m，树冠中下部形成几

个较大的主枝。冬季修剪和第3年的夏季整形修剪方法与上年相同，即冬剪时对中心干枝头和主枝枝头一般不短截，5月处理竞争梢。对树冠下部的较大主枝，要使其保持斜向上生长态势（腰角30°~50°），不能将其开张到70°，更不能拉成水平状。对直立乃至向心抱头生长的枝条，要将其腰角调整到30°~50°，主枝和中心干枝头在不短截的前提下，越直立萌芽率越高，但只有先端的1~3个芽易抽生长梢，其他的腋芽均抽生短枝并形成花芽。若将主枝拉平，其背上将抽生一排徒长梢而影响主枝的生长。通过3年的整形修剪，树高可达3.5 m左右，树冠下部培养成3~5个较大主枝，其主枝上分布中、短结果枝，树冠上部的中心干上形成中短枝，树形培养为改良主干形。

（4）结果期修剪

进入结果期，中心干和主枝的枝头以疏枝为主，防止主枝上形成侧枝及中心干长出较大的枝组。主枝数、方位、大小等依据生长与结果的实际需要进行人为调控。结果期树冠扩大生长明显减缓，修剪的主要目的是控制主枝延长生长，使树体增高，更新结果枝和主枝大多采用疏、缩、换的修剪方法。适时落头，将主枝与树干粗度比控制在0.3：1~0.5：1，过粗的主枝要在适当时期回缩，直至疏除。

六、不同年龄时期修剪

梨树整形修剪采用冬剪和夏剪相结合，总的原则是改善通风透光条件，保持营养生长和生殖生长的动态平衡，确保连年高产稳产。冬季修剪方法主要是短截、疏枝、回缩、刻芽等，同时剪除病虫枝，清除病僵果。夏季修剪方法是拉枝、疏枝、摘心、环剥和拿枝等。对于5年生以下幼树，应以夏剪为主。结果初期要保持中心干生长优势，在饱满芽处短截骨干枝延长枝，疏除过密枝、竞争枝、徒长枝，对辅养枝采取摘心、拉枝、环剥等夏剪措施。6年生以上大树，随树体结果量增加，应逐渐加大冬季修剪量。盛果期树调节好生长与结果的关系。花芽量多的树应适当重剪，剪去一部分花枝或花芽；花芽量少的树应轻剪，尽量多留花芽。衰老期树要进行枝组的更新复壮。对骨干枝有计划地进行回缩更新；对于结果枝组，要选择1、2年生枝在饱满芽处进行短截。

（一）幼树期修剪

红梨幼树期整形修剪的中心任务是建立良好的树体结构，重点考虑枝条生长势、方位2个因素，但不要死抠树形参数，只要基本符合要求，就可以确定下来。关键是要对选定枝采用各种修剪技术及时调控，进行定向培养，促其尽量接近树形目标要求。

1. 促发长枝，培养骨架

红梨大多数品种成枝力低，萌生长枝数量少，给骨干枝选择造成困难。应充分利用刻芽、涂抹发枝素、环割等方式促发长枝，既可以处理预留骨干枝的芽，也可以处理方位适宜的短枝，都有较好的效果。应用发枝素有效促进萌芽，可使幼树上定点定向发出新梢，按树形结构选留主枝或侧枝。生产上多在4—8月用火柴棒蘸取少许发枝素原液，均匀地涂在需要发枝的腋芽表面。涂芽数为150～200个/g。

2. 拉枝开角

梨树分枝角度小，往往抱合生长，若任其自然生长，后期再开角比较困难，而且极易劈裂。因此，梨树拉枝从栽上之后就开始进行。拉枝要掌握一推、二转、三固定。在位置上拉平，不在位置上拉下垂。注意控制竞争，不要齐头并进。

3. 适度短截

梨树枝条负荷力弱，结果负重后易变形或劈折。为增加骨干枝坚实度，各级骨干枝延长枝应适度短截，一般剪留1/3～1/2。中心干可重些，主枝稍轻，以控制上强。

4. 调控树体各部分间生长，保持树势均衡

对主枝多的小冠树形，在整形期间应保持中心干生长优势，为此，在选定主枝时除要考虑其与中心干的粗度比外，还要注意开张其角度，并疏除其上过旺枝条。对主干疏层形，则要防止上强下弱，通过控制中心干上强旺枝数量及延长枝长势、调控主枝角度及其结果量等技术来加以调控。

5. 合理利用辅养枝，控制竞争枝

红梨幼树期枝叶量少，应尽量多保留辅养枝，以增加有效枝叶量辅养树体。但应通过长放、摘心、拉枝、揉枝、捋枝等方法缓和长势，促使形成较多中、短枝成花结果。随着时间的推移，当辅养枝影响主、侧枝生长时，应逐年回缩或疏除，打开光路。对有一定空间的辅养枝，也可通过回缩将其改

造成枝组。中心干上竞争枝疏除或拉成反弓形缓放，主枝背上长枝予以疏除。

6. 培养结果枝组

骨干枝中部两侧和背后以配备中、大型枝组为主，两端以小型枝组为主，在背上和中、大型枝组之间安排小型枝组。大型枝组多采用“先放后缩”法培养。具体方法是：将较强长枝缓放，第 2 年去强留弱，再视情况进行短截、回缩，逐年培养；也可采用“先截后放”法培养，就是先将强壮长枝短截，之后视情况进行短截、回缩和缓放。中型枝组可通过对中庸枝采用先缓放再回缩的方法培养。小型枝组可通过对结果枝连年缓放，利用果台副梢形成短果枝群型小枝组；也可对中枝缓放 1～2 年后，进行较重回缩培养而成。

7. 促进花芽形成

在定植后第 3 年，对于花芽形成很少的旺壮树，可在 5 月上旬至 6 月中旬进行环剥或环割，通常仅处理辅养枝和强旺主枝，环剥宽度 2～3 mm，环割应用双环，两环间距约 2 cm。花芽自然形成增多后停止使用。

8. 适时落头

树形完成后，即将进入大量结果期时，为防止树冠过高，应及时落头开心。中冠树在中心干高 3 m 左右、小冠树在 2.5 m 处左右，将中心干回缩。

（二）初果期修剪

红梨初果期树冠仍在较快扩大，结果量迅速增加，修剪时应继续培养各级骨干枝和结果枝组，使树尽快进入盛果期。

1. 进行短截

该期各骨干枝延长枝剪留长度一般比幼树期短，多在春梢中、上部短截。

2. 过高树和过多枝处理

对发枝过高的树，可以在此期留下层 5～7 个主枝“准备落头”或“落头”。对前期保留的辅养枝或过多的骨干枝，根据空间大小，疏除或改造为枝组。

3. 注意结果枝组培养

在初果期要把修剪重点逐渐转移到结果枝组培养上，采用上述方法进行结果枝组培养。

（三）盛果期修剪

梨树盛果期修剪的主要任务是调节生长和结果之间的平衡关系，保持中庸健壮树势，维持树冠结构与枝组健壮，实现高产稳产。具体要求为：树冠外围新梢长度以 30 cm 为好，中短枝健壮；花芽饱满，约占总芽量的 30%；枝组年轻化，中小枝组约占 90%；达到 3 年更新，5 年归位，树老枝幼，并及时落头开心。

1. 保持树势中庸健壮

梨树长势中庸健壮的树相指标是：树冠外围新梢长度 30 cm 左右，比例约为 10%，枝条健壮，花芽饱满紧实。通过枝组轮替复壮和对外围枝短截，继续维持原有树势。每年修剪不宜忽轻忽重。对树势趋向衰弱的树，重短截骨干枝延长枝，连年延长的枝组中度回缩。对短果枝群和中、小枝组细致修剪，剪除弱枝弱芽。

2. 维持树冠结构

维持树冠结构，骨干枝的延长枝要短留，以防延伸过快，骨架软。随着结果量的增加，有些骨干枝会自然开张。选角度较小的枝作为延长枝，也可以对角度过大的骨干枝在背上培养角度小的新头。梨树一生中对骨干枝的新头需多次更换，以保持适宜的角度。

3. 清理过密枝，防止树冠郁闭，保证通风透光

树冠郁闭的原因主要有枝头枝条过多，扫帚头现象严重；中心干上临时性中、大枝过多，造成上、下层叶幕相连；骨干枝上的背上枝或枝组过高、过大，背下枝或枝组角度过大、轴身过长；同一层内中、大枝或枝组过多，枝条交叉、重叠现象严重等。在修剪上，应疏除枝头处的过密枝，尤其是树头、骨干枝头处的过密枝，达到各级小头。对中心干上无空间的临时性大、中枝，在采果后至落叶前，予以回缩或疏除。对骨干枝上过密枝或枝组，视情况分别处理，疏除过旺和过弱的，保留健壮的；对有一定空间的背上枝和枝组，以及过于冗长的背后枝和枝组，通过回缩缩短轴身；回缩、疏间层内的交叉枝和重叠枝，以减少叶幕厚度。

4. 细致修剪枝组，维持生长和结果平衡

保持枝组健壮、维持生长和结果的平衡是盛果期梨树连年丰产、稳产的关键。对生长健壮、有发展空间的枝组，可长放延长枝，逐年扩大范围。对单轴延伸过长、前端生长衰弱的枝组，应及时回缩到壮枝处，并对延长枝进

行短截，以壮芽当头，增强树势。对前强后弱枝组，疏去前端旺枝，用中庸枝或弱枝当头。对过于衰弱、无更新价值的小枝组，可在培养新枝组后，将其疏除。

进入盛果期后，果枝量占总枝量的1/3较为适宜，易维持生长与结果平衡。为避免大小年结果现象，应根据树势和花芽形成量进行调节。在花芽比例过多时，通过短截中、长果枝，剪除腋花芽，回缩枝组和串花枝，破剪短果枝群的部分顶芽，减少花芽量；当花芽比例过少时，冬季修剪时应尽量保留花芽，通过花前复剪进行调整。在具体修剪时，应注意发育枝、育花枝和结果枝的三枝配套。总之，修剪枝组应遵循“轮流结果，截缩结合，以截促壮，以缩更新”的原则。

（四）衰老期修剪

当梨树产量降至不足1000 kg/亩时，应进行更新复壮。要求每年更新1～2个大枝，3年更新完毕，同时做好小枝的更新。梨树衰老期修剪原则是“衰老倒哪里，回缩到哪里”，通过回缩，更新复壮。为了提高更新复壮效果，回缩前应深翻土壤，减少树体负载量，增加树体营养水平。在更新中，除回缩更新骨干枝外，对枝组也应回缩更新，但应分期、分批进行，不能一次回缩太多。对枝组的更新应坚持“先培养，再回缩”原则，即在回缩部位的下部，先让其萌发新梢，选旺枝、壮枝或背上枝培养1～2年，然后再回缩衰老部位。为促使新枝组快速扩展，迅速增加枝叶量，应对其延长枝及其后部的分枝进行短截。更新后，需注意控制树势返旺，待树势稳定后，再按正常结果树进行修剪。

七、修剪技术综合应用

（一）休眠期修剪

萌芽前，按树形结构参数在适宜高度处定干，选直立向上生长的新梢作为中心干，在其上选留主枝。冬剪时，中心干和主枝延长枝适度短截，保持生长优势和产生分枝。已选留的其他主枝和侧枝栽后第1年和第2年尽量多留枝，刻芽增加有效枝量，有空间斜生枝短截培养枝组，加快树冠形成。树冠达到预定大小后，落头开心，主枝采用缩放结合方法维持树冠大小。辅养枝影响主枝生长时，逐年回缩直至疏除。

（二）生长期修剪

生长期及时疏除主枝延长枝的竞争枝和过密枝、重叠枝、直立旺长枝，维持良好通风透光条件，提高光能利用率。有空间处的直立枝长至30～40 cm时，用“弓”形开角器开角，生长旺的斜生枝长至30 cm时摘心。7月对结果较多的下垂枝吊枝。9月将角度小的主枝按树形要求拉枝开角，将辅养枝拉成90°，保其成花结果。

（三）结果枝组修剪

梨大、中、小型枝组要多留早培养。中心干上转主换头的辅养枝，主枝基部、背上背下可多留。在培养过程中分别利用，逐步选留，到必要时再按情况疏除。不扰乱骨干枝，影响主侧枝生长，做到有空间就留，见挤就缩，不能留时再疏除。有空间的大、中枝组，后部不衰弱，不缩剪，采取对其上小枝组局部更新的形式进行复壮；对短果枝群细致修剪，去弱留强，去远留近。

八、红梨冬剪“七看”

（一）看树形

主枝数量在40个左右的树，按主干形树形整形修剪；主枝数量保留在10个左右的树，按纺锤形树形整形修剪；主枝数量保留在6个左右的树，按小冠疏层形树形整形修剪。具体要做到因树修剪，随枝造型，有形不死，无形不乱，达到通风透光、树势中庸健壮、连年丰产即可。

（二）看树势

要求丰产树长、中、短枝比例为1∶2∶7。如果长枝超过10%～15%，即为旺树，要以疏枝、缓放为主，培养结果枝组；对于弱树要适当重短截、缩剪，进行更新复壮。

（三）看花量

区分要修剪的果树是大年或小年。大年树该修剪的枝要1次到位，树体

过高、超过3 m的落头；根据品种，进行短截、疏花芽。小年树要轻剪，即分势，提干、落头要小心，禁止在小年树上去大枝。大年中庸树或弱树，提干、落头同时进行，背上直立徒长枝无空间时坚决去掉；大年树落头、提干做一半；花量不大、树势偏弱树，去掉多余大枝，机械造型。

（四）看平衡

要注意地上树体和地下根系的平衡，骨干枝前、中、后部的平衡。

（五）看风光

通过冬季修剪，最终让树体胸膛迎太阳，达到枝枝见光、果果向阳的目的。

（六）看树龄

修剪时要根据树龄确定修剪思路。小树结果靠枝量，大树结果靠风光。幼树注意拉开枝干比，成年树注意通风透光，老龄树注意枝组更新。初结果树修剪时必须连年缓放。

（七）看肥水

冬剪时，根据果园基肥使用情况及每年浇水情况制定修剪方案。肥水条件不好的，要增强枝条生长势，适当短截；肥水条件好的，要降低枝条生长势，适当疏枝、缓放。

九、红梨冬季修剪应注意的问题

（一）做到3个单轴延伸

梨树冬剪做到3个单轴延伸是指主干、主枝和结果枝组3个单轴延伸。为确保树体通风透光，梨树修剪要遵循“上稀下密”“外稀内密”“大枝稀小枝密”的“三稀三密”原则。

（二）剪锯口封闭保护

为防止腐烂病等枝干病害二次侵染及冬季发生冻伤，梨树冬剪后的剪锯口，尤其是直径2 cm以上的伤口应采用魔立愈人工树皮愈合剂封闭保护。

（三）修剪工具严格消毒

正确区分腐烂病树、枝与健康树、枝。在梨树冬季修剪过程中，可用75%酒精适时对果树剪枝剪和锯进行消毒处理，以减少因冬季修剪而发生腐烂病等枝干病害传播流行。

十、郁闭梨园大树改造

梨树全园郁闭是指梨园覆盖率超过90%，易造成果实品质差，病虫害严重，管理不方便。

（一）提干

提干即提高主干高度，要求提高主干高度到60～80 cm。

（二）落头缩冠

落头缩冠即高变矮。落头要等到树体结果稳定后进行，落头部位要有2个以上分枝，落头后注意夏季对落头部位分枝的控制，采用拉枝、除萌、促花等技术措施，将树高控制在3.0～3.5 m。

（三）圆变扁

圆变扁即树冠由圆球形变为扁平形或扇形，保证每株树光照充足。疏除或重回缩伸向行间的枝条，让一行树成为一堵墙。

（四）疏枝

疏除中心干上过密、过强、重叠、轮生等各种类型的大主枝级辅养枝，改善树冠内膛光照。对竞争枝，无论大枝、小枝、同龄竞争枝均要疏除。带有树杈的双叉枝，实际也是竞争枝没有及时处理的结果，正常条件下，应尽量保持原来的母枝，把其中1个竞争枝疏除。对三叉枝保留原来的母枝，逐年疏除一左一右的侧枝。对密生枝，应该在早期通过抹芽、疏梢等方法除去；成龄大树根据着生方位、花芽数量等间隔疏除，使枝间保持一定的距离。轮生枝中心干只留1个延长头，下边可适当留2个枝，对轮生大枝要坚决疏除。距离较小的重叠枝要进行疏除，要求保持同方向大主枝间距

100 cm 以上，辅养枝间距 40 cm 以上，小主枝间距 20 cm 以上。一旦形成 3 个以上粗细相当、势均力敌的领导头，则尽量保持原来的领导头，逐个疏除其他的竞争枝。如领导头过多，逐年疏除，或逐年压缩变小，直至疏除。疏枝要掌握疏枝总量：大枝重截，小枝轻截，总体不过量。对衰老大枝、中强大枝、三叉枝、双头枝逐年疏除。疏枝改造树体应从大年开始，小年少动。安排好大、中、小枝组之间的距离，使大、中、小枝组间距分别为 60、40、20 cm。

通过上述一系列技术措施，将大树改造成上下两层，间距 120 cm，第 1 层 3 ~4 个主枝，第 2 层 2 ~3 个主枝，一般上边 2 个，下边 3 个，上下两层间距 120 cm 左右。

思考题

1. 红梨栽培的树形有哪些？其幼树、初结果树和盛果期树如何进行修剪？

2. 红梨生长期和休眠期如何进行修剪？

3. 红梨修剪中的“七看”是什么？红梨在修剪中应注意哪些问题？

第八章　红梨病虫害防治技术

一、病害

（一）轮纹病

梨轮纹病（图 8–1）亦称梨轮纹褐腐病、瘤皮病、粗皮病，俗名水烂，是由贝伦格葡萄座腔菌侵染所引起的、发生在梨上的病害。发生普遍，发病严重。主要危害枝干和果实，有时也危害叶片，导致树势衰弱，果实腐烂，田间病果率可达 80% 以上。防治轮纹病的关键是提高树体的抗性，消灭越冬病原。在病原传播和侵入过程中，掌握最佳时期喷药保护尤为重要。梨轮纹病分布遍及全国各梨产区。此病还为害苹果、海棠等果树。

图 8–1　梨轮纹病

1. 病原及症状表现

轮纹病病原菌属子囊菌球壳孢目束孢壳菌，主要为害枝干、叶片和果实。枝干发病，起初以皮孔为中心形成暗褐色水渍状斑，渐扩大，呈圆形或扁圆形，直径0.3～3.0 cm，中心隆起，呈疣状，质地坚硬。以后，病斑周缘凹陷，颜色变青灰至黑褐色，次年产生分生孢子器，出现黑色点粒。随树皮愈伤组织的形成，病斑四周隆起，病健交界处发生裂缝，病斑边缘翘起如马鞍状。数个病斑连在一起，形成不规则大斑。病重树长势衰弱，枝条枯死。果实发病多在近成熟期和贮藏期，初以皮孔为中心形成褐色水渍状斑，渐扩大，呈暗红褐色至浅褐色，具清晰的同心轮纹。病果很快腐烂，发出酸臭味，并渗出茶色黏液。病果渐失水成为黑色僵果，表面布满黑色粒点。叶片发病，形成近圆形或不规则褐色病斑，直径0.5～1.5 cm，后出现轮纹，病部变灰白色，并产生黑色点粒，叶片上发生多个病斑时，病叶往往干枯脱落。

2. 发病规律及特点

枝干病斑中越冬的病菌是主要侵染源。分生孢子次年春天2月底在越冬的分生孢子器内形成，借雨水传播，从枝干的皮孔、气孔及伤口处侵入。梨园空气中3—10月均有分生孢子飞散，3月中下旬不断增加，4月间随风雨大量散出，梅雨季节达最高峰。病菌分生孢子从侵入到发病约15 d，老病斑处的菌丝可存活4～5年。新病斑当年很少形成分生孢子器，病菌侵入树皮后，4月初新病斑开始扩展，5—6月扩展活动旺盛，7月以后扩展减慢，病健交界处出现裂纹，11月下旬至次年2月下旬为停顿期。轮纹病的发生和流行与气候条件有密切关系，温暖、多雨时发病重。

3. 防治方法

（1）农业防治

新建果园时，应进行苗木检验，防止病害传入。苗木出圃时，必须进行严格的检验，防止病害传到新区。秋末冬初清除病源：加强土肥水管理，合理修剪，合理疏花、疏果，幼树修剪时忌用病树枝干做支架；增施有机肥，避免偏施氮肥，一般结果大树施土杂肥200 kg/株，尿素1.5～2.0 kg/株，磷钾肥2.5 kg/株。疏果后用纸袋将果实套上，可以基本防止梨轮纹病的危害，旧报纸袋或羊皮纸袋均可较长时期保护果实不受侵染。田间发现病果后及时摘除并深埋，清除落叶、落果；刮除枝干老皮、病斑，用50倍402抗生素消毒伤口；剪除病梢，集中烧毁。

（2）化学防治

冬剪后在病组织上喷涂杀菌剂，全园树干涂白。果实套袋前先喷 1 次菌立灭 2 号或 1∶2∶200 波尔多液。病斑刮净后，涂抹托布津油膏有明显的治疗效果，即 50% 甲基托布津可湿性粉剂 2 份 + 豆油 5 份；或用多菌灵油膏，即 50% 多菌灵可湿性粉剂 2 份 + 豆油 3 份。另外，用石硫合剂 5 °Bé 涂抹也有较好效果。发芽前喷 1 次 0. 3%～0. 5% 五氯酚钠 + 波美 3～5 °Bé 石硫合剂混合液或单用石硫合剂，可以杀死部分越冬病原，减少分生孢子的形成量。如果先刮老树皮和病斑再喷药，则效果更好。生长期 4 月下旬至 5 月上旬、6 月中下旬、7 月中旬至 8 月上旬，每间隔 10～15 d 喷 1 次 50% 多菌灵可湿性粉剂 800 倍液，70% 甲基托布津可湿性粉剂 1000 倍液，50% 退菌特可湿性粉剂 600 倍液，70% 代森锰锌可湿性粉剂 900～1300 倍液，50% 甲霜灵可湿性粉剂 600 倍液，80% 大生 M－45 可湿性粉剂 600～1000 倍液。

（二）黑星病

梨黑星病（图 8–2）又称疮痂病、黑霉病，是梨树的一种主要病害，在全国各梨产区普遍发生，尤以辽宁、河北、山东、河南、山西、陕西等梨区受害更为严重。病害流行年份，病叶率达 90%，病果率达 50%～70%。

图 8–2　黑星病

1. 症状表现

病菌主要危害新梢、叶片和果实。新梢染病，初生梭形病斑，后期病部皮层开裂呈粗皮状的疮痂。幼果染病，大多早落或病部木质化形成畸形果。

大果染病，形成多个疮痂状凹斑，常发生龟裂，有些病斑呈放射状黑色星点，病斑伤口常被其他腐生菌侵染，致全果腐烂。叶片染病，先在正面发生多角形或近圆形的褪色黄斑，在叶背面产生辐射状霉层，小叶脉上最易着生，病情严重时造成大量落叶。

2. 发病规律及特点

黑星病病菌主要在芽鳞和病梢上越冬，其次是落叶中。在芽鳞处越冬的病菌，翌春首先侵染梨芽，其长出的新梢称“病芽梢”。病芽梢生长缓慢，基部出现 1 层灰黑色霉层，果农称为“乌码子”。在病芽梢上产生大量病菌孢子，借风雨传播，侵染其他叶片。多雨年份，在树冠上常出现围绕病芽梢形成的发病中心。病芽梢大量发生时期，正值新梢、叶片迅速生长期。在落叶中越冬的病菌，一般在梨落花后产生可传播的病菌孢子，借风雨传播，进行侵染。叶片被害后，在叶背沿叶脉或支脉出现黄白色小斑点，以后形成不规则病斑。在适宜条件下，病斑很快出现灰黑色霉状物。病斑组织变硬，生长停滞，随着果实膨大生长，病斑凹陷、龟裂，重病果畸形、味苦、易早落。北方梨区，一般 7—8 月雨季的温湿度适于病害流行，常造成提前落叶和出现大量病果。

3. 防治方法

（1）农业防治

加强栽培管理。改变施肥制度，果园内多施基肥，培养壮树，可以从根本上防止此病发生；合理修剪，改善园内通风透光条件，挖好排水渠道，雨后不使园内积水，这对于南方梨园的防病更为重要。

（2）物理机械防治

清除病原物。秋末冬初，扫除园内落叶、落果，结合修剪剪除病枝、病叶和病果，焚烧或深埋，以消灭传病中心，防止病菌再侵染；也可从发病初期摘除病梢或病菌丝。一般从 4 月上中旬开始，经常查看果园，发现病花丛和病梢时应及早摘除。

（3）化学防治

化学防治抓住 3 个关键时期：第 1 个是梨树发芽直至形成春季第 1 批病梢期，这批病梢是当年梨黑星病再发生侵染和扩展的重要病源；第 2 个是梨落花 80% 时，时间在 4 月下旬左右；第 3 个是落花后至套袋前的幼叶、幼果期。一般要求在套袋前 3 d 内必须喷 1 次高效杀虫、杀菌剂，以免将病虫套入袋中，最好选用高效低残留的菊酯类农药。露蕾始期至开花前 2 d，喷低浓度石硫合剂是防治的关键。此期内用药，浓度开始为 3 °Bé，以后逐渐降低到 1 °Bé，着重喷鳞片包裹的花序和新梢基部的嫩梢。因阴雨或其他原因而未及时进行时，则应于开花前 1 ~ 2 d 喷 50% 多菌灵可湿性粉剂 500 倍液。花谢 70% ~ 80% 时喷 1 次 1 ：2. 5 ：240 波尔多液，每间隔 5 ~ 7 d 再喷一次，以后视天气情况及病情每隔 15 ~ 20 d 喷一次。在 6 月上中旬于梅雨期前重喷 1 次 50% 多菌灵可湿性粉剂 400 ~ 500 倍，可以减少果实因霉菌寄生而产生的黑灰及后期的黑星病危害。用药可选用 40% 杜邦福星乳油 10 000 倍，10% 苯醚甲环唑水乳剂 3000 倍，80% 汉邦多菌灵可湿性粉剂 2000 倍，46% 可杀得 3000 水分散粒剂 2000 倍，以上农药 7 ~ 10 d 喷 1 次，连喷 3 ~ 4 次。要求各种杀菌剂交替使用，以免产生抗药性。雨前及时喷药预防，雨后及时喷药防治，喷药后遇雨及时补喷。

（三）腐烂病

梨腐烂病（图 8–3）又称烂皮病、臭皮病，是由梨黑腐皮壳侵染所引起的、发生在梨树上的病害。在我国各梨产区都有发生，西洋梨发病重，结果大树较幼树发病重，梨树受冻害和管理粗放、树势衰弱的果园发病重。

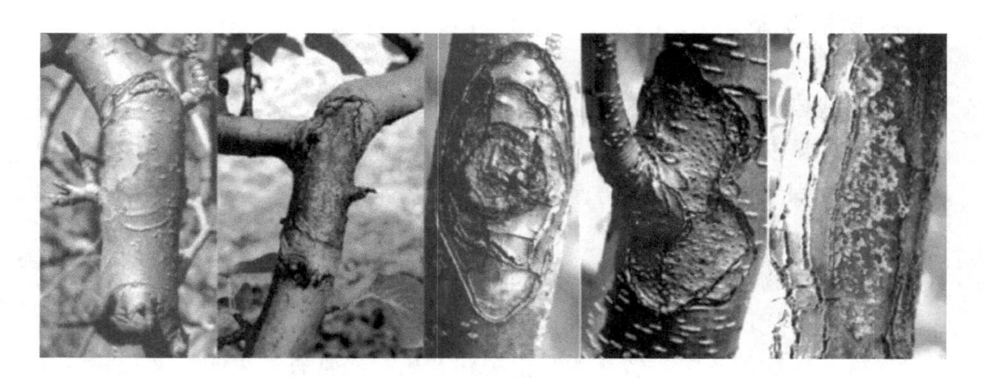

图 8–3　腐烂病

1. 症状表现

梨树腐烂病主要为害主枝、侧枝，主干和小枝发生较少，但是在感病的西洋梨上，主干发病重，小枝也常受害。症状有溃疡型和枝枯型 2 种。溃疡型症状表现是：树皮上初期病斑椭圆形或不规则形，稍隆起，皮层组织变松，呈水渍状湿腐，红褐色至暗褐色。以手压之，病部稍下陷并溢出红褐色

汁液，此时组织解体，易撕裂，并有酒糟味。随后，病斑表面产生疣状突起，渐突破表皮，露出黑色小粒点，大小约 1 mm。当空气潮湿时，从中涌出淡黄色卷须状物。以后病斑逐渐干缩下陷，变深，呈黑褐色至黑色，病健部分交界处发生裂缝，由于愈伤组织形成，四周渐翘起，病斑逐年扩展，一般较慢，很少环绕整个枝干。在衰弱树、衰弱枝上，或在遭受冻害的西洋梨上，病斑可深达木质部，破坏形成层，并迅速扩展，环绕枝干，而使枝干枯死。在愈伤力强的健壮树上，病皮逐渐翘起以至脱落，病皮下形成新皮层而自然愈合。枝枯型症状表现是：多发生在极度衰弱的梨树小枝上，病部不呈水渍状，病斑形状不规则，边缘不明显，扩展迅速，很快包围整个枝干，使枝干枯死，并密生黑色小粒点。病树的树势逐年减弱，生长不良，如不及时防治，可造成全树枯死。腐烂病菌偶尔也可通过伤口侵害果实，初期病斑圆形，褐色至红褐色软腐，后期中部散生黑色小粒点，并使全果腐烂。

2. 发病规律及特点

梨树腐烂病在 3—11 月均可发生，春季发病较多，夏季病害不发展，秋季发生较轻。全年发病盛期在 3—4 月，此时，旧病疤继续扩大，同时产生新病斑，病斑数量最多，发展速度最快。病菌由雨水传播，从伤口侵入寄主组织。11 月以后，病菌停止活动。

3. 防治方法

梨树腐烂病的防治方法主要以农业防治和化学防治为主。首先加强果园栽培管理，改善卫生条件，以增强树势，提高寄主的抗病力，是综合防治的基础。在药剂防治病害上，应加强对现有药剂和防治措施的评价和筛选，以确定高效、低残留的化学农药。

（1）农业防治

选择土层厚、通透好的砂壤土和轻壤土，且含盐量低、有机质含量高的土壤建园，要求地下水位 1.5 m 以下。选用抗病品种，新建果园应因地制宜发展红梨新品种。提高嫁接部位，嫁接部位在 30 cm 以下时冻害重，应将嫁接部位适当提高以减轻冻害。而嫁接部位过高则影响单株产量，通常以 50 cm 左右为宜。此外，对易染病梨树品种进行枝干涂白，防止冻伤和日灼，也能起到一定的作用。营建疏透型防风林带，林带株高 10 m 以上，防风效果好，冻害轻。通常靠近林带的果树花芽和主干防风效果好、冻害轻，而远离林带的防风效果差、冻害重。梨树负载应根据树势的承担能力进行定量修剪和疏花疏果。修剪时枝果比为 3∶1，生长期叶果比 20∶1，均匀结果实，合理负载。加强水肥管理，增强树势，秋季增施有机肥，改善树体的营养状况，提高抗病能力。灌水应根据果树不同的生长季节，适地、适树灌水。化肥氮、磷、钾比例适当，不偏施氮肥。要清除病斑，用刮皮刀刮除病斑，要求刮到病斑以外 0.5～1.0 cm 处，刮面呈梭形且边缘光滑，同时在伤口处涂抹 843 康复剂、甲基托布津、腐必清、甲霜铜等药剂。生产上也可用黄泥涂抹封闭，虽见效迟，但只要早治疗，效果也很好，且取材方便，成本低。日照强的地区，秋后在树干上进行涂白防寒。配比为生石灰 6 份、食盐 1～2 份、水 20 份，配制后涂刷。也可用大蒜治疗，找到病斑后，在树下铺塑料布，用刮刀将坏死组织连同周缘宽 0.5 cm 的健康树皮仔细刮除，深至木质部，再将木质部的变色部分刮净。将病疤周围的皮切成 60°左右的光滑斜茬，然后用大蒜瓣直接涂擦在所刮的伤口上，涂擦要均匀细致，使其均匀附着一层大蒜黏液。7 d 后再涂擦 1 遍。应刮完一块涂擦一块，坚持常年刮治。使用该法治疗腐烂病，效果明显优于福美胂等药物，且无毒无副作用，经济效益高。

（2）化学防治

早春对主干、大枝喷 5% 菌毒清水剂 100 倍液或 40% 福美胂可湿性粉剂 100 倍液，以减少病原菌，预防发病。也可采用药剂治疗病斑：刮去病组织后，用多抗霉素可湿粉 1 份 + 植物油 2.5 份，或 50% 消菌灵可湿性粉剂 1 份 + 植物油 1.5 份混合均匀涂抹病部，对治愈病斑有较好的效果。也可涂抹菌立灭 2 号 50～100 倍液、果康宝 50 倍液或 30% 腐烂敌 30 倍液、农抗 120 水剂 50 倍液等，以防治病疤复发。

（四）梨黑斑病

梨黑斑病是梨的主要病害之一。我国各梨产区都有发生，在长江一带梨区为害严重，近几年在北方梨区为害也有加重趋势。病菌可侵染叶片、新梢、花和果实。在南方梨区为害果实严重，常造成大量裂果或落果，被害果不堪食用。在北方梨区主要为害叶片，受害严重者提前脱落，导致树势衰弱，不但影响当年果品产量和质量，还会影响下年花芽的形成。

1. 症状表现

梨黑斑病（图 8-4）主要危害叶片、果实及新梢，幼嫩叶片最早发病，始发期病斑圆形，针头大小，褐色，6～7 d 后病斑成圆形或不规则形状，中心灰白色，边缘黑褐色，逐渐扩大至直径 1 cm 左右的近圆形，略带有淡

紫色轮纹，湿度大时表面产生黑色霉层（病菌分生孢子和分生孢子梗），病叶畸形易脱浇。果实染病后，抗性差的品种幼果极易感病，初在果面上产生1个或多个黑色小点，随后扩大成圆形或不规则病斑，后逐渐扩大凹陷，病部与健部之间交界处产生裂缝。梨在贮藏期常以果柄基部撕裂的伤口或其他伤口为中心，发生黑褐色至黑色斑点，严重时深达果心深处，造成果实腐烂。

图 8-4　梨黑斑病

2. 发病规律及特点

梨黑斑病属真菌性病害。通常长势旺的梨树较少发病，土壤缺乏有机质、修剪不合理易发病。地势低洼、易积水地块容易发病。一般年份4月下旬至5月上旬，叶片开始出现病斑，5月中旬增加，6月雨季到来时病斑急剧增加；果实于5月上旬开始出现少量病斑，6月上旬病斑较大，6月中下旬果实龟裂，6月下旬病果开始脱落，7月下旬至8月上旬病果脱落最多。梨黑斑病菌以分生孢子和菌丝体在病叶、病枝、病果等病残体上越冬，次年产生分生孢子，侵染来源十分广泛。分生孢子借风雨传播，由表皮、气孔或伤口侵入，病斑产生的分生孢子可多次反复侵染，且在整个生长季节均可发病。在连续阴雨天气，气温达24～28 ℃时，有利于该病的发生与蔓延。侵染嫩叶潜育期很短，接种后1 d即出现病斑；老叶潜育期较长，1个月以上的叶片不易受侵染。气温在30 ℃以上，并有连续晴天时，黑斑病病害停止扩展。管理粗放，缺肥少水，或地势低洼，排水不良，果园郁闭，通风透光不良，有利于发病。高温多雨易造成病害流行。

3. 防治方法

（1）选择抗病品种

新建梨园时，选择抗性较强的品种，不引种抗病较弱的品种。

（2）冬季清园消毒

入冬至次年2月中旬，将梨园的枯枝落叶清除干净，集中烧毁或深埋，翻耕梨园和行带，然后用五氯酚钠200～300倍液＋3～5 °Bé石硫合剂对树冠树干进行全面的喷雾杀菌消毒。

（3）果实套袋

套袋可以起到隔离作用，保护果实免受病菌侵害。由于黑斑病病菌芽管能穿透纸袋侵害果实，所以用旧报纸做纸袋，防治效果不佳，最好选用专业厂家生产供应的专用纸袋套袋。

（4）药剂防治

梨树谢花后喷1次62.25%的寄生药剂600倍液，过15 d后再喷1次，以毒杀越冬病原及分生孢子。4月下旬至8月上旬喷药保护。喷药间隔期10 d左右。可选用50%异菌脲（扑海因）可湿性粉剂1000～1500倍液，75%百菌清可湿性粉剂800倍液、65%代森锌可湿性粉剂600～800倍液、1∶2∶240波尔多液等。交替使用上述药剂，以延缓病菌抗药性的产生。在梨树发芽前，喷1次0.35%～0.50%五氯酚钠＋5 °Bé石硫合剂混合液，杀死枝干上的越冬病菌。采收前1个月单用大生M－45可湿性粉剂800～1000倍液，以保护果实不受侵染。

（五）梨锈病

梨锈病（图8–5）又称赤星病、羊胡子，是由梨胶锈菌侵染所引起的、发生在梨上的病害。在我国各梨区都有发生，近几年有发生严重趋势。病菌主要危害梨，还可为害山楂、海棠、榅桲等果树。梨锈病菌转主寄主是桧柏。

1. 症状表现

叶片发病初期，表面出现橙黄色油滴状小斑点，逐渐发展成为直径4～8 mm近圆形病斑，中间出现橘黄色小粒点，并溢出淡黄色黏液，黏液干燥后，小粒点变为黑色，病斑周围呈红褐色，正面凹陷，背部肿大隆起，丛生出灰褐色细管状物，一般为10余条，管状物末端破裂后，散出锈孢子，病斑逐渐干枯。病叶上病斑多时，往往提早脱落。幼果发病症状与病叶相同。

图 8–5　梨锈病

嫩梢感病后，病部凹陷，后期发生龟裂，易折断。

2. 发生规律及特性

梨锈病病菌是以多年生菌丝体在桧柏枝上形成菌瘿越冬，翌春 3 月形成冬孢子角，冬孢子萌发产生大量的担孢子，担孢子随风雨传播到梨树上，侵染梨的叶片等，但不再侵染桧柏。梨树自展叶开始到展叶后 20 d 内最易感病，展叶 25 d 以上，叶片一般不再感染。病菌侵染后经 6 ~ 10 d 的潜育期，即可在叶片正面呈现橙黄色病斑，接着在病斑上长出性孢子器，在性孢子器内产生性孢子。在叶背面形成锈孢子器，并产生锈孢子，锈孢子不再侵染梨树，而借风传播到桧柏等转主寄主的嫩叶和新梢上，萌发侵入危害，并在其上越夏、越冬，到翌春再形成冬孢子角，冬孢子角上的冬孢子萌发产生的担孢子又借风传到梨树上侵染危害，而不能侵染桧柏等。梨锈病病菌无夏孢子阶段，不发生重复侵染，1 年中只有 1 个短时期内产生担孢子侵染梨树。担孢子寿命不长，传播距离在 5 km 的范围内或更远。病菌主要侵染叶片，还可为害嫩梢和幼果。

3. 防治技术

（1）农业防治

清除转主寄主。清除梨园周围 5 km 以内的桧柏、龙柏等转主寄主，是防治梨锈病最彻底有效的措施。在新建梨园时，应考虑附近有无桧柏、龙柏等转主寄主存在，如有应全部清除，若数量较多，且不能清除，则不宜建梨园。也可铲除越冬病菌，如梨园近风景区或绿化区，桧柏等转主寄主不能清除时，则应在桧柏树上喷杀菌农药，铲除越冬病菌，减少侵染源。在 3 月上中旬（梨树发芽前）对桧柏等转主寄主先剪除病瘿，然后喷布 4 ~ 5 °Bé 石硫合剂。

（2）化学防治

防治梨锈病应在梨树萌芽期至展叶后 25 d 内进行，即担孢子传播侵染盛期进行。一般梨树展叶后，如有降雨，并发现桧柏树上产生冬孢子角时，喷 1 次 20% 三唑酮乳油 1500 ~ 2000 倍液，或 2 ~ 3 °Bé 石硫合剂、1：2：（100 ~ 160）波尔多液，隔 10 ~ 15 d 再喷 1 次，可基本控制锈病的发生。若控制不住，必须追加 20% 氟硅唑 · 咪鲜胺 800 倍液，若防治不及时，可在发病后叶片正面出现病斑（性孢子器）时，选用 20% 三唑酮乳油 1000 倍液 +20% 氟硅唑 · 咪鲜胺 800 倍液，可控制危害，起到很好的治疗效果。也可在梨树发芽后开花前和落花后各喷药 1 次，选用 30% 戊唑 · 多菌灵悬浮剂 1000 ~ 2000 倍液、10% 苯醚甲环唑水分散粒剂 2000 ~ 2500 倍液、25% 苯醚甲环唑乳油 7000 ~ 8000 倍液（落花后慎用）、25% 邻酰胺悬浮剂 500 ~ 800 倍液、40% 腈菌唑可湿性粉剂 7000 ~ 8000 倍液、30% 醚菌酯悬浮剂 2000 ~ 3000 倍液、25% 肟菌酯悬浮剂 2000 ~ 4000 倍液、12.5% 氟环唑悬浮剂 1500 ~ 2000 倍液、10% 氟硅唑 1200 ~ 1500 倍液、25% 戊唑醇水乳剂 2500 ~ 3000 倍液、80% 全络合态代森锰锌可湿性粉剂 800 ~ 1000 倍液、50% 粉唑醇可湿性粉剂 2000 ~ 2500 倍液、5% 已唑醇悬浮剂 1000 ~ 2000 倍液、25% 丙环唑乳油 1500 ~ 2000 倍液、12.5% 烯唑醇可湿性粉剂 2000 ~ 2500 倍液等喷雾防治。或选用混配剂，如 20% 三唑酮乳油 800 ~ 1000 倍液 +75% 百菌清可溶性粉剂 600 倍液、65% 代森锌可湿性粉剂 500 ~ 600 倍液 +40% 氟硅唑乳油 8000 倍液、20% 萎锈灵乳油 600 ~ 800 倍液 +65% 代森锌可湿性粉剂 500 倍液等喷雾防治。

（六）梨干枯病

梨干枯病（图 8–6）也称干腐病、胴枯病，在我国广泛分布，河北、河南、山东、山西、江苏、浙江、云南及东北三省均有发生和危害。近几年，由于受外界环境条件和人为栽培因素影响，梨干枯病逐年偏重发生，且呈蔓延流行态势，部分区域甚至出现了绝产毁园的现象。梨干枯病已逐渐发展成为妨碍梨果产业提质增效、制约果农增产增收的潜在威胁。

1. 症状表现

梨干枯病发病时主要危害枝干和梨果，梨苗也受害。梨树受害后，在树干上形成圆形、水渍状斑点，逐渐扩展成椭圆形或梭形的暗褐色病斑。病部

图 8-6　梨干枯病

逐渐失水干枯、萎缩凹陷，病健交联处发生干裂。随之，病斑表面会长出很多颗粒状黑点，即病菌孢子器。当年生结果枝受害时，先在果枝基部产生红褐色病斑，并逐渐向四周扩展，导致果枝基部环溢而枯死。果枝、发育枝条受害时，会在与短果枝相连接的枝条或发育枝上形成褐色或黑褐色大小不一的溃疡斑。幼树发病多发生于近地 3 ~ 6 cm 处树干基部，树皮呈花黑色，逐渐环溢树干致使幼树死亡。成年梨树主干及分枝都能受害，多在 2 ~ 3 年生枝上发病，可造成溃疡斑。一般老枝上病斑不再发展，常随树皮木栓化而散落。当发病严重时，病部下陷，树皮断开龟裂，翘卷脱落，暴露出木质部，呈灰褐色，木质发朽，易被大风吹断，造成死枝、死树。梨果染病后，病果上出现轮纹斑，其症状与梨轮纹病极为相似。

2. 发生规律及特点

病菌以多年生菌丝体和分生孢子器在病枝干上越冬。次年多雨潮湿时释放分生孢子，借风雨、昆虫传播，在新芽、伤口或未完全愈合的剪口处侵入，引起初侵染。遇高湿环境，侵入的病菌产生孢子再次进行侵染，通常 5—6 月病斑扩展较快，当年秋季即可形成大型病灶斑块。在雨季，病菌容易随雨水沿枝干下淌，遇适宜部位即可侵染，在树体上形成更多病斑，诱发整树染病。一般地势低洼、排水不良、土壤黏重、施肥不足、遮光郁闭、通风不畅、树势衰弱的梨园发病较重，管理粗犷、修剪不当、遭受过低温冻伤或高温日灼的梨园发病亦重。近年来，干枯病呈现偏重早发、大面积重发的趋势。经过改接、管理粗放、自然环境条件较差的梨园发病率明显高于管理精细、自然环境条件优越的梨园。

3. 防治技术

干枯病的发生原因是立地条件差、受不良气候影响、管理措施不当等，其防治措施主要从6个方面着手。

（1）规范建园

选择地势平整、土层深厚、土质肥沃、有机质含量高、排灌条件好的沙壤地块建园。建园时，应避开上风口直接迎风、易发生冻害的位置，避免在前茬种植过梨树的老园上复栽，并注意防止与易感病品种“插花”混栽。系统考虑自然环境、品种特性、管理水平等综合因素，规范制定建园标准，合理设定株行距，改善梨园小气候，减少导致病害侵染、发生的客观诱因。

（2）加强检疫

严格执行检疫制度，严禁从疫区调运苗木。发现染病苗木后要及时焚烧销毁，并注意做好包装物品和交通运输工具的灭菌消毒处理。

（3）彻底清园

梨树入冬完全落叶后，要及时做好冬剪、清园工作。清园时，要彻底清理梨园中的残枝败叶，剪除染病枝干，刮净主干上的残老翘皮、病变组织，带出园外集中焚烧。有效压低病菌基数，阻断病害侵染、传播途径，减轻危害。结合清园，实施主干、主枝涂白。涂白剂按生石灰、硫黄粉、食盐、植物油、水的比例为100：10：10：1：200，均匀混配，于霜冻来临前涂白。不仅能有效防除干枯病，还可预防日灼及其他寄生越冬病虫害发生。

（4）科学管理

栽培管理过程中，控制化肥用量，尽量不用激素类生长调节剂，加大有机肥、果树生物肥投入，力争做到配方施肥。避免大水漫灌，采用小水勤灌的浇水方式，有条件的梨园可采用节水管道或滴灌的方法进行补墒。遇强降雨导致梨园积水时，要及时排涝除渍。保证树体合理、充足的水肥及养分供给，增强梨树抗逆性，确保梨树茁壮稳健生长，减少发病概率。依据梨树的生长发育状况和梨园的生产管理水平，适度修剪。修剪时，既要考虑提高梨果的产量、品质，又要注重增强树体营养积累，减少养分消耗。修剪过程中要短截主枝基部的枝条，促发新枝，充实内膛，逐步更新、培养结果枝组，疏除弱枝花芽、腋花芽，坚持利用新生结果枝结果。同时，注重夏剪，根据树体枝干的空间布局，除保留有利用价值的背上枝并及时拉平培养成结果枝外，其余的徒长枝、交叉枝、重叠枝一律从基部疏除。剪、锯口要及时涂抹

凡士林或动植物油脂加以防护。修剪伤口过大时，在涂好防护剂的基础上，最好再用塑料膜包裹。加强疏花疏果，合理负载，适量留果，切忌贪多求密。花蕾分离后开始疏花，间隔 25 ~ 30 cm 留 1 朵花序。落花后及时疏果，尽量在 3 ~ 5 d 内完成。疏果时，每朵花序只选留 2 ~ 3 序位花中着生位置好、果型端正的单果，腋花芽全部疏除。定果时，叶果比控制在 40 : 1，果间距保持在 30 cm 左右，水肥条件差、树势较弱的梨园留果量 8000 ~ 10 000 个/亩，水肥条件好、树势较强的梨园留果量 12 000 ~ 15 000 个/亩，保证梨树营养生长、生殖生长平衡，发育健壮。实施速生密植梨园，一定要加强夏秋修剪，及时进行疏枝、扭枝、摘心等，促进枝条发育充实，增强梨园通风透光能力，提高树体抗性。梨园表现大、小年，采用修剪、环刻、牵引拉枝、疏花疏果等管理措施调整、改良树体结构，调控、改进群体布局，优化、改善梨园生态。

（5）药剂防治

早春梨树萌芽前，喷施 5 °Bé 石硫合剂 1 次。秋季新芽形成时，用 1 : 2 : 200 波尔多液、0.5 °Bé 石硫合剂、50% 多菌灵胶悬剂 700 ~ 800 倍液、50% 甲基托布津胶悬剂 600 ~ 700 倍液、80% 代森锰锌可湿性粉剂 500 倍液喷雾，均能得到良好防治效果。梨树病害初发期，先将发病部位的染病组织刮净，均匀喷施或涂抹农用抗生素 20 ~ 25 倍液、2% 农抗 120 水剂 80 ~ 150 倍液、3 ~ 5 °Bé 石硫合剂后，再用塑料薄膜裹严，有效防雨保湿，提高防治效果，最后用 75% 百菌清可湿性粉剂 1600 ~ 1800 倍液直接喷淋或涂刷枝干及病斑四周，彻底消杀树体携带的残留病菌。一般 3 ~ 4 d 便有新生组织长出，7 ~ 10 d 伤口即可愈合，能达到明显的杀菌消毒、治病祛病效果。

（6）桥接复壮

梨树经刮皮、割皮治疗后，其部分伤痕处愈伤组织形成时间长、愈合慢，生长势变弱，因此，在主干、主枝伤痕较大部位可进行桥接，以帮助尽快恢复树势，促进复壮生长。桥接时间多选在树体营养生长旺盛、枝干离皮较好的 4 月下旬至 7 月中旬。桥接前，对树体浇水，优先选用树体本身 1 年生充实、健壮枝条作为接穗，提前将削切好的接穗放入 0.003% 赤霉素（GA_3）溶液或 0.005% 萘乙酸（NAA）溶液中浸泡 15 ~ 20 min。桥接时，首先精细处理原剥口，使之露出新茬，然后将处理好的接穗精确插入上、下接槽的皮下，接口处敷上浸有 0.003% GA_3 溶液的卫生纸或棉团。野外作业时，也可将 GA_3 溶液掺土和泥替代棉团直接涂抹在接口部位，刺激新生组织快速生成。最后用塑料薄膜带扎严，用绳子绑紧，以利保湿并防止雨水浸入。当接合部位皮层较硬或接穗韧度较差时，插好接穗后可用大头针将其两端固定在树干上，使削切面与树干皮内形成层充分按实。如果伤口邻近地面且有根蘖苗可供利用时，可采用单头桥接的方法，只需处理上端即可。这样不仅节省用工，成活率也会明显提高。接后 15～20 d，接穗开始愈合成活，20～25 d 后便可解绑放风。接穗成活后，除加强肥水管理等日常防护外，可结合喷药，多次重复补充营养液肥，以增加树体养分，增强抗病能力，加快树势恢复，确保实现梨树健壮生长，梨果产量、品质持续提高。

二、虫害

（一）食叶害虫

1. 金龟子

为害梨树的金龟子种类很多，常见的有苹毛金龟子、小青花金龟子（东方金龟子）、铜绿金龟子、暗黑鳃金龟子、白星金龟子等。其食性很杂，除为害梨树外，还为害多种果树和林木，它们的幼虫生活在土中吃根，成虫叫金龟子。苹毛金龟子群集食花和嫩叶；小青花金龟子喜食芽、花、嫩叶及伤果；铜绿金龟子吃芽和叶片；暗黑鳃金龟子危害叶片、花蕾和嫩芽；白星金龟子食芽，并群集害果。

（1）症状表现

金龟子属鞘翅目金龟子总科，种类很多。为害梨树的金龟子主要是萌芽至幼叶期发生的种类。金龟子以成虫取食植物的芽、花和叶片，在发芽期发生数量大时，能把梨芽吃光，造成不能展叶，这种情况在定植当年的梨园和幼树园表现明显。金龟子幼虫生活在土中，统称为蛴螬，取食植物的根或其他有机物质。

（2）发生规律及特点

梨树在发芽到展叶期发生的金龟子主要有 3 种：东方金龟子、苹毛金龟子和小青金龟子（图 8-7）。3 种金龟子均为 1 年发生 1 代，以成虫在土中越冬。其中，东方金龟子还可以幼虫越冬。梨树在花芽膨大期，成虫开始出土，其出土顺序为东方金龟子、苹毛金龟子、小青金龟子。出土后先为害梨芽，再为害花蕾、花瓣、花蕊、柱头和嫩叶。成虫有假死习性，受惊扰即落

地，有的种类有趋光性。梨树在盛花期常见 3 种金龟子同时为害。3 种金龟子成虫在形态上的共同特征是：体圆筒形，体壁坚硬，前翅加厚，合起来盖住胸、腹部的背面和褶叠的后翅，两翅在中间相遇，形似盔甲包被身体，因此称“鞘翅”。触角鳃叶状，平时缩入头下。前足为开掘足，适于掘土。东方金龟子体长 8 ~9 mm，卵圆形，全体黑色，有光泽，被天鹅绒状细毛，前胸背板和鞘翅上密布许多小刻点。苹毛金龟子体长约 10 mm，卵圆至圆筒形，头胸部背面紫铜色，鞘翅茶褐色，半透明，腹部腹面及侧面密生黄褐色细长毛。小青金龟子体长约 12 mm，圆筒形，略扁，头黑褐色，前胸背板和鞘翅暗绿色或赤铜色，无光泽，胸部腹面密生黄褐色绒毛，鞘翅上有纵行刻纹和银白色斑点。

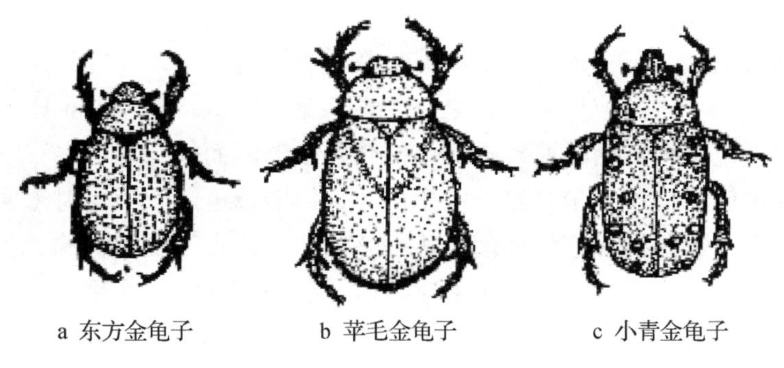

a 东方金龟子　　b 苹毛金龟子　　c 小青金龟子

图 8–7　金龟子

（3）防治方法

①消灭越冬虫源，进入生长季药剂处理树盘。秋季深翻，春季浅耕，破坏金龟子越冬场所；进入 4 月中旬于金龟子出土高峰期用 50% 辛硫磷乳油或 40% 乐斯本乳油等有机磷农药 200 倍液喷洒树盘土壤，能杀死大量出土成虫，这是防治梨树金龟子的关键措施。

②撒毒饵杀成虫。在 4 月成虫出土危害期，用 4. 5% 高效氯氰菊酯乳油 100 倍液拌菠菜叶，撒于果树树冠下，3 ~4 片/m^2，作为毒饵毒杀成虫，连续撒 5 ~7 d。

③树上喷药防治。在金龟子危害盛期，用 10% 吡虫啉可湿性粉剂 1500 倍液、40% 乐斯本乳油 1000 倍液于花前、花后树上喷药防治，喷药时间为下午 16 时以后，即金龟子活动危害时。对虫害严重的果园，用 50% 辛硫磷乳油 500 ~600 倍液喷洒地面，药后将药耙入土中。成虫发生期，喷 90% 敌

百虫 800 ~ 1000 倍液或 50% 敌敌畏乳油 1000 倍液，40% 乐果乳油 1000 倍液。

④人工捕杀成虫。利用金龟子假死性，傍晚在树盘下铺一块塑料布，再摇动树枝，然后迅速将震落在塑料布上的金龟子收集起来，进行人工捕杀。

⑤杨树把诱杀异地迁入成虫。用长约 60 cm 的杨树带叶枝条，从一端捆成直径约 10 cm 的小把，在 50% 辛硫磷乳油或 4.5% 高效氯氰菊酯乳油 200 倍液中浸泡 2 ~ 3 h，挂在 1.5 m 长的木棍上，于傍晚分散安插在果园周围及果树行间，利用金龟子喜欢吃杨树叶的特性来诱杀异地迁入的成虫。

⑥灯光诱杀。有一些金龟子具有较强的趋光性，有条件的果园可在园内安装黑光灯，在灯下放置水桶，使诱来的金龟子掉落在水中，然后进行捕杀。

⑦趋化诱杀。可在果园内设置糖醋液诱杀罐进行诱杀。取红糖 5 份、食醋 20 份、水 80 份配成糖醋液，装入空罐头瓶内，每 25 ~ 30 m 挂 1 个糖醋罐。一些金龟子嗅到糖醋液气味时，便会自投罗网而葬身瓶中。

⑧合理施肥。不施未腐熟的农家肥料，以防金龟子产卵。对未腐熟的肥料通过高温发酵进行无害化处理，达到杀卵、杀蛹、杀虫的目的。

⑨幼树期适当间作小麦。小麦对金龟子有一定的趋避作用。

2. 梨星毛虫

梨星毛虫是斑蛾科翅叶斑蛾属的一种昆虫，属鳞翅目，又名梨狗子、饺子虫、裹叶虫等。为梨树的主要食叶性害虫。以幼虫（图 8-8）食害花芽和叶片，除为害梨树外，还为害苹果、海棠、桃、杏、樱桃和沙果等果树。该害虫各梨产区均有分布，常发生于管理粗放的果园。

（1）症状表现

梨星毛虫以幼虫蛀食花芽、花蕾和嫩叶。花芽被蛀食，芽内花蕾、芽基组织被蛀空，花不能开放，被害处常有黄褐色黏液，并有褐色伤口或孔洞，以及褐色幼虫。展叶期幼虫吐丝将叶片纵卷成饺子状，幼虫居内为害，啃食叶肉，残留叶脉呈网状。夏季刚孵出的幼虫不包叶，在叶背面食叶肉呈现许多虫斑。种群密度大时，可将花芽和嫩叶全部吃光，使树势极度衰弱，连续发生几年，可导致树体死亡。

（2）发生规律及特点

1 年发生 2 代。以低龄幼虫潜伏在树干及主枝的粗皮裂缝下或树基土壤中。梨树发芽时，越冬幼虫出蛰，向树冠转移，先蛀食花芽，导致花芽变

图 8-8　梨星毛虫幼虫

黑、枯死。展叶时，幼虫吐丝将叶缘两边缀连成叶苞，居内取食为害，吃掉叶肉，残留丁黑干枯。1 头幼虫能为害 7 ~ 8 个叶片，在最后的一个苞叶中结薄茧化蛹。到 6 月上中旬，第 1 代成虫（图 8-9）发生，第 2 代成虫在 8 月上中旬发生。成虫飞翔力不强，多在傍晚活动于叶片背面。在渤海湾和华北地区 1 年发生 1 代，以 2 ~ 3 龄幼虫在树皮裂缝等处做白色薄茧越冬。翌春梨花芽萌动时出蛰危害，但出蛰不整齐。幼虫于 4 月中旬进入盛期，危害花蕾，5 月上中旬是危害叶盛期，大龄幼虫缀叶呈饺子状，居中食取叶肉，5 月中下旬于包叶内结茧化蛹，6 月上旬羽化，中下旬进入盛期。成虫多产卵于叶背，6 月下旬开始孵化，7 月上旬进入盛期，而后进入越冬。

梨星毛虫在东北、华北每年发生 1 代，河南、陕西每年发生 1 ~ 2 代，四川每年发生 1 代。以 2 ~ 3 龄幼虫在树干裂缝和粗皮间结白色薄茧越冬。

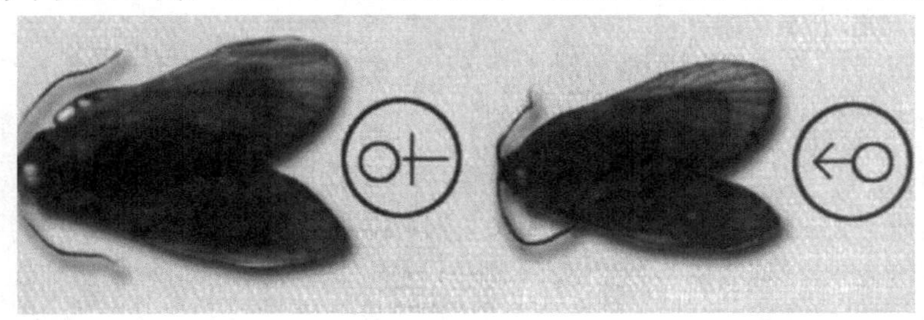

图 8-9　梨星毛虫成虫

越冬幼虫体长 3 ~4 mm，暗灰白色，腹部色淡，背部有 5 条暗紫色纵线。翌年早春萌芽时开始出蛰活动，危害芽、花蕾和嫩叶。展叶后，幼虫吐丝缀叶呈饺子状，潜伏叶苞危害。幼虫一生危害 7 ~8 张叶片，老熟后在叶苞内化蛹，蛹期约 10 d。老熟幼虫体长 15 ~18 mm，体肥胖，略呈纺锤形，淡黄白色，后变黑褐色，茧白色双层。成虫是中型大小的蛾子，体长 9 ~13 mm，翅展 19 ~30 mm，雌虫比雄虫大，身体柔软，体色灰褐色至黑褐色，无光泽。雌虫触觉羽毛状，雄虫栉齿状。翅薄、柔软，翅脉清晰可见。成虫飞翔力很弱，白天静伏，晚上交配产卵，卵多产于叶背面呈不规则块状，每头雌虫产卵百余粒。卵扁椭圆形，长约 0.7 mm，白色，近孵化时暗褐色。卵经 7 ~8 d 后孵化为幼虫，长至 2 ~3 龄时开始越冬。春季危害性大于夏季。

（3）防治方法

早春刮老翘皮，消灭越冬幼虫。药剂防治关键时期是越冬幼虫出蛰期，即梨树花芽露白至花序分离期，喷 90% 晶体敌百虫 1000 倍液，或 50% 敌敌畏 1000 倍液，或 2.5% 溴氰菊酯乳油 2000 倍液，或 20% 杀灭菊酯乳油 3000 倍液。越冬前在树干上绑草，诱集越冬幼虫，然后集中销毁。越冬后或上树危害前刮掉树干上的老翘皮，集中深埋或烧毁。在花芽膨大期喷药防治，可选药剂 20% 氰戊菊酯乳油 3000 倍液、2.5% 溴氰菊酯乳油 3000 ~4000 倍液、20% 甲氰菊酯乳油 3000 ~4000 倍液进行喷雾防治。

3. 梨木虱

梨木虱（图 8–10）属同翅目木虱科，是梨树主要害虫。全国各梨产区都有发生，以北方梨区为害较重。主要寄主为梨树，以幼、若虫刺吸芽、叶、嫩枝梢汁液进行直接为害，梨木虱成虫不为害，只产卵，产卵后迅速死亡。幼、若虫分泌黏液，招致杂菌，给叶片造成间接为害，出现褐斑而造成早期落叶，同时污染果实，严重影响梨的产量和品质。

（1）症状表现

北方发生危害的梨木虱为中国梨木虱，在北方各梨产区均有发生，个别年份为害非常严重，常造成叶片干枯和脱落，果实失去商品价值。梨木虱幼虫、若虫均可为害，以若虫为害为主。幼虫多在隐蔽处为害，开花前后幼虫多钻入花丛的缝隙内取食为害；若虫有分泌黏液、蜜露或蜡质物的习性，虫体可浸泡在其分泌的黏液内为害，其分泌物还可借风力将两叶黏合在一块，若虫居内为害，若虫为害处出现干枯的坏死斑。雨水大时其分泌物滋生黑霉污染，果面和叶面呈黑色。

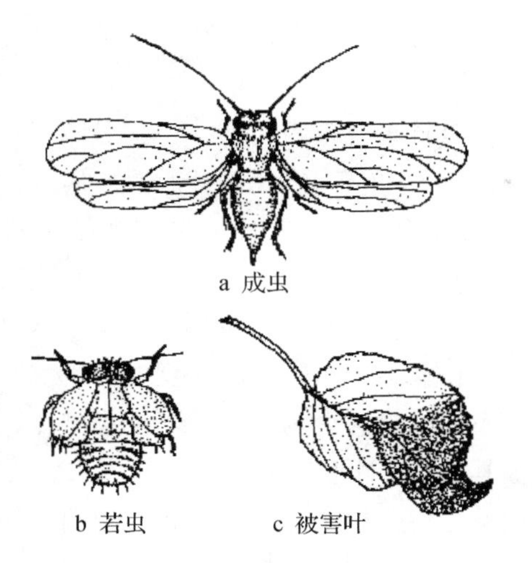

图 8–10 梨木虱

梨木虱以若虫吸食汁液，主要为害叶片（图 8–11），亦可危害芽、花蕾、果实或嫩枝。叶片受害严重时可导致落叶。幼虫在叶片和果实上分泌的黏液易形成霉污，影响叶片光合作用，导致果实等级下降，商品价值降低。

图 8–11 梨木虱危害叶片

（2）发生规律及特点

梨木虱在我国各梨产区发生世代数因气候条件不同而有差异。在辽宁西部梨区 1 年发生 3 ~ 4 代，河北北部 4 ~ 5 代，河北中南部及黄河故道地区

6~7代。以成虫在落叶、杂草和树皮缝隙内越冬。越冬成虫出蛰期较早，当日平均气温稳定在0 ℃以上时，即开始活动，此时梨芽尚未萌动。成虫出蛰后在小枝上爬行，尤以日暖时较为活跃，当气温低于0 ℃时又潜伏在树皮缝等避风处。成虫体长2.3~3.2 mm。体型似蝉，褐色，有黑褐色斑纹。在河北省中、南部地区，越冬成虫于2月上中旬开始出蛰，2月下旬进入高峰。3月上中旬开始产卵，4月下旬为产卵高峰。在梨树发芽前，卵大都产在芽痕处。展叶后，大都产在叶缘锯齿间或叶柄沟内。4月中旬出现若虫，4月下旬大量出现。若虫体扁平，淡黄色，复眼红色。3龄以后在身体两侧出现翅芽，腹部分节不明显，愈合为一块。若虫集中在嫩叶上为害，并分泌大量黏液将自身包被其中。5月上旬出现第1代成虫，夏季发生成虫较越冬成虫体略小，绿色或黄绿色，触角丝状，前翅半透明，翅脉黄褐色。成虫较活泼，善跳，产卵于叶缘锯齿间。卵长椭圆形，一端圆钝，另一端尖细，并延伸出一根长丝，卵期10 d左右。由于成虫产卵时间不同，导致以后各世代重叠发生，致使整个生长季均可见到梨木虱的各虫态。在梨树生长前期，若虫主要为害叶片，常几头若虫聚在一起，由于其分泌黏液招致霉污。叶片受害后，出现褐色坏死斑，严重时枯斑连片，叶片干枯脱落。进入6月，若虫开始为害果实，同样分泌黏液，形成黑霉。6—8月开始出现越冬型成虫。

（3）防治方法

根据大部分成虫在落叶、杂草中越冬习性，清除果园的枯枝落叶和杂草，或在冬季进行大水漫灌，以消灭大部分越冬成虫。药剂防治有两个关键时期：第1个是越冬成虫出蛰盛期至产卵期，即2月下旬至3月中旬。喷95%蚧螨灵（机油）乳剂80~100倍液，20%杀灭菊酯乳剂3000倍液，40%水胺硫磷乳剂1500倍液，30%或47%百磷3号1000~1500倍液，也可选用1.8%爱福丁乳油2000~3000倍液，5%阿维虫清乳油5000倍液等。第2个是第1代卵孵化盛期，即在梨落花达90%左右时进行。选用10%吡虫啉可湿性粉剂2000倍液+40.7%毒死蜱乳油2000倍液喷雾防治。此外，5—9月喷施10%吡虫啉可湿性粉剂2000倍液+1.8%阿维菌素乳油3000倍液+百磷3号1300倍液+0.1%洗衣粉，防效显著。使用农药时，应避免连续使用同种药剂，尤其是合成菊酯类农药，原则上每年只使用1次。

4. 梨网蝽

梨网蝽属半翅目网蝽科冠网蝽属，又叫梨军配虫、梨花网蝽，在我国各梨产区都有发生，以华中和华北梨区发生较为普遍，在管理粗放和山地梨园

为害较重。主要为害梨和苹果等仁果类果树。成虫和若虫均可用其刺吸式口器在叶背吸食汁液。叶片受害严重时变褐干枯，影响树势和产量。

（1）症状表现

梨网蝽主要危害叶片（图 8–12、图 8–13），以成虫、若虫群集在叶片背面刺吸汁液，受害叶片正面产生黄白色小斑点，虫口量大时，许多斑点连成一片，形成白色斑块，严重时叶片变褐脱落。害虫的分泌物和排泄物使叶背呈现黄褐色锈斑，易诱发煤污病。

图 8–12　梨网蝽叶正面危害状

图 8–13　梨网蝽叶背面危害状

（2）发生规律及特点

梨网蝽在我国发生世代数因地理位置、气候不同而异。在华北地区 1 年发生 3 ~ 4 代，南京 4 ~ 5 代，湖北武昌 5 代，江西南昌 6 代。以成虫在落叶、杂草、树干裂皮及树干根际土缝内越冬。梨树发芽后，越冬成虫开始出蛰。在江苏南京地区，越冬成虫于4月中旬开始活动；在山西运城地区，于4月下旬成虫出现；在河北中南部梨区，小国光苹果落花后是成虫出蛰盛末期。成虫体长3.5 mm，身体扁平，黑褐色，前胸背板两侧有向外突出的半圆形突起。翅宽阔，身体背面和前翅背面有网状花纹。成虫出蛰后，多集中在叶背为害，产卵于主脉附近的叶肉组织内，产卵后分泌黄褐色黏液和排泄粪便覆盖其上。第1代卵期18 d左右。初孵若虫体半透明，体长约0.7 mm，2龄以后腹部背板变黑，3龄时出现翅芽，腹部两侧有8对刺状突起。若虫常群集于叶背为害，受害叶片呈苍白色，若虫分泌黏液和排泄粪便，使叶片背面呈现黄褐色锈斑。第1代若虫可延续1个月左右，6月上旬至7月上旬出现第1代成虫，以后各世代重叠发生，田间可见各虫态（图8-14）。7—8月虫口密度最大，为害最重。成虫从10月下旬开始越冬。

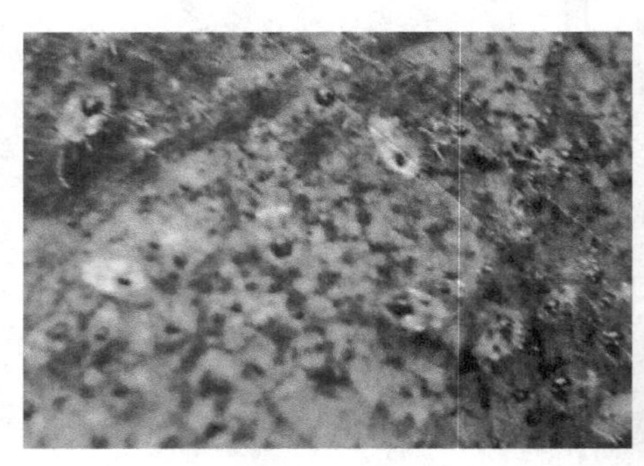

图8-14 梨网蝽若虫（左）、成虫（右）

（3）防治方法

①人工防治。梨网蝽危害严重的果园，应从8月下旬至9月初开始，在树干上绑草把，诱集成虫越冬，冬季修剪时至成虫出蛰前及时解下草把烧毁。

②清洁果园。冬季至果树萌芽前，彻底清除果园落叶、杂草，仔细刮除树干粗老翘皮，集中烧毁，以消灭越冬成虫源，减轻次年危害。

③生长期药剂防治。要抓住两个关键时期：一是越冬出蛰盛期（落花后10 d左右）；二是第1代卵孵化末期。防治药剂可选用1.82%阿维菌素乳油2000～3000倍液，45%～48%毒死蜱乳油1200～1500倍液，3.2%甲维盐氯氰微乳剂1200～1500倍液，20%甲氰菊酯乳油2500～3000倍液，4.5%

高效菊酯乳油 1500 ~ 2000 倍液，5% 腚虫脒乳油 1500 ~ 2000 倍液，70% 吡虫啉水分散粒剂 8000 ~ 10 000 倍液。上述农药注意轮换使用，以防害虫产生抗药性。喷药时加入 2500 ~ 3000 倍渗透剂，以增强药效。

5. 梨二叉蚜

梨二叉蚜又称梨蚜，属同翅目蚜科，又名梨蚜、梨腻虫、卷叶蚜等，是梨树一种主要害虫。我国各梨产区都有发生，尤以辽宁、山东及华北地区发生普遍。其寄主只有梨。

（1）症状表现

梨二叉蚜以成蚜、若蚜群集在梨幼芽、嫩叶（图 8–15）、嫩梢上（图 8–16）吸取汁液。早春若虫集中在幼芽上危害，随着梨芽开绽而侵入芽内。梨芽展叶后，则转至嫩梢和嫩叶上危害。在叶片正面刺吸危害后，受害叶片向正面纵向卷曲成筒状（图 8–17），后逐渐皱缩变脆，受害叶不能伸展，严重时容易脱落。受害叶片易招致梨木虱潜入危害。

图 8–15　梨二叉蚜在嫩叶背聚集危害

（2）发生规律及特点

梨二叉蚜 1 年发生 10 余代，以卵在芽腋间、芽旁、果台或树皮缝隙内越冬。卵椭圆形，黑色有光泽。翌春梨树花芽膨大期开始孵化若虫。若虫深绿色，常群集在花芽露出的白色部位吸食汁液，待花芽开绽时钻入芽内为害，叶片展开后又转到叶片上为害。1 个芽旁常有几粒卵越冬，该芽长出的嫩梢叶片全部受害。受害叶片向正面纵卷成筒状，蚜虫群居其中为害，并分

图 8–16　梨树嫩梢上梨二叉蚜危害状

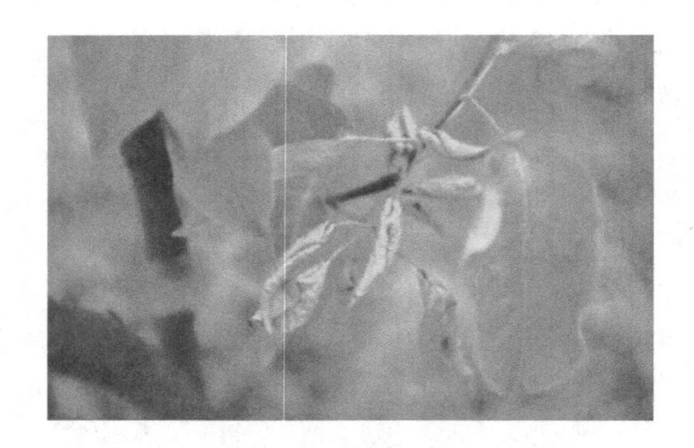

图 8–17　梨二叉蚜危害叶片卷缩成筒状

泌黏液。在卷叶内可见到若虫的白色蜕皮。在河北省梨产区，4 月下旬出现无翅胎生雌蚜，身体绿色或褐绿色，体被少量白色蜡粉，头小，腹部大，腹管较长，触觉、尾片、腹管、足跗节均为黑色。胎生雌蚜出现后即可大量胎生小蚜虫，5 月上中旬虫口密度最大，从远处即可明显看到受害枝条。5 月上中旬蚜群中开始出现有翅蚜，即胎生雌蚜，身体比无翅胎生雌蚜小，深绿色，腹部淡褐色或黄褐色，有褐色斑纹，具有 2 对透明的翅，前翅明显大于后翅，翅脉少而清晰。有翅蚜出现不久，即开始向其他寄主迁飞，5 月下旬是迁飞高峰，6 月中旬迁飞完毕。大量蚜虫迁飞到其他寄主上繁殖为害，此时在被害卷叶内已看不到蚜虫。10 月有翅蚜又陆续迁回梨树上，再产生有性蚜，交尾、产卵越冬。梨二叉蚜在春季危害较重，秋季危害远轻于春季。

（3）防治方法

①人工防治。从梨二叉蚜危害卷叶初期开始，结合其他农事活动，早期摘除被害卷叶，集中深埋或销毁，以消灭卷叶内蚜虫，降低园内虫量。

②消灭越冬虫卵。上年秋季蚜虫数量较多的梨园，结合其他害虫防治，在萌芽期喷施 1 次 3 ~ 5 °Bé 石硫合剂或 45% 晶体石硫合剂 50 ~ 70 倍液，以杀灭越冬虫卵。

③生物防治。梨二叉蚜的天敌有食蚜蝇、草蛉、瓢虫及蚜茧蜂等，在蚜虫发生期可利用其天敌以虫治虫，以有效控制其危害。

④药剂防治。在花序分离期至铃铛期和落花后 10 d 是梨二叉蚜药剂防治的两个关键期，各喷药 1 次即可。药剂可选用 70% 吡虫啉水分散粒剂 8000 ~ 10 000 倍液，或 20% 啶虫脒可溶性粉剂 8000 ~ 10 000 倍液、10% 烟碱乳油 800 ~ 1000 倍液、25% 吡蚜酮可湿性粉剂 2000 ~ 3000 倍液、0. 8% 苦参碱 · 内酯水剂 800 倍液、80% 敌敌畏乳油 1600 ~ 2000 倍液、25% 喹硫磷乳油 500 ~ 750 倍液、50% 抗蚜威可湿性粉剂 1500 ~ 2000 倍液、35% 硫丹乳油 1200 ~ 1500 倍液、2. 5% 氯氟氰菊酯乳油 1000 ~ 2000 倍液、2. 5% 溴氰菊酯乳油 1500 ~ 2500 倍液、20% 甲氰菊酯乳油 2000 ~ 3000 倍液、4. 5% 高效氯氰菊酯乳油或水乳剂 1500 ~ 2000 倍液、2. 5% 高效氯氟氰菊酯乳油 1500 ~ 2000 倍液、1. 8% 阿维菌素乳油 3000 ~ 4000 倍液、10% 烯啶虫胺可溶性液剂 4000 ~ 5000 倍液、30% 松脂酸钠水乳剂 100 ~ 300 倍液等。也可采用大蒜水、辣椒水、花椒水防治。大蒜水防治是把大蒜放在容器中捣碎，加适量水浸泡，泡好后用 10 倍清水稀释，然后装入喷壶喷洒。除防治蚜虫外，还可有效防治蚧壳虫和红蜘蛛。辣椒水是用适量的干辣椒，加水煮沸 15 min 左右，用滤网过滤出辣椒水，装入喷壶喷洒即可。花椒水防治蚜虫，同样是取适量干花椒，加水煮沸 30 min 左右，将滤液喷洒在红梨植株上，效果也很好。

6. 山楂叶螨

山楂叶螨属蜱螨目叶螨科，又称山楂红蜘蛛，是梨树主要害螨。在我国各梨产区都有发生，以辽宁、山东、河南及华北梨区发生普遍。成螨和若螨都可刺吸果树叶片，受害严重时叶片提早脱落，对梨树生长发育和果实产量、质量影响很大。

（1）症状表现

山楂叶螨主要吸食叶片及嫩芽的汁液（图 8–18）。叶片受害后，大多先从叶背近叶柄的主脉两侧开始，出现许多黄白色至灰白色失绿小斑点，其上有丝网，严重时扩大连成一片，成为大枯斑，终至全叶呈灰褐色，迅速焦枯脱落，严重抑制果树生长，甚至造成2次开花，影响当年花芽的形成和次年的产量。

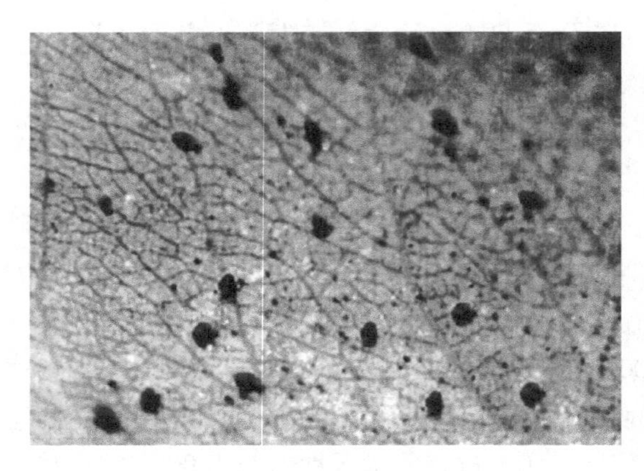

图 8-18 山楂叶螨

（2）发生规律及特点

山楂叶螨在河北省中南部梨区1年发生6～9代，以受精雌成螨在树干翘皮下、粗皮缝隙内或树干根际的土缝内越冬。越冬雌成螨体鲜红色，卵圆形，常几头至几十头聚集在一起越冬。翌春梨花芽膨大期出蛰活动，盛花期是出蛰盛期。出蛰后雌成螨爬到花芽上取食。花开放后，大部分转移到鳞片缝隙里或花柄、花萼等绿色部分为害，梨树展叶后为害叶片。雌成螨于梨树盛花期开始产卵，4月中旬为产卵盛期。产卵于叶片背面。卵圆球形，表面光滑，初产时橙黄色，后变为橙红色。4月中下旬出现第1代幼螨，5月上旬（梨树盛花期1个月左右）为幼螨孵化盛期。从6月开始，叶螨种群密度增加较快，伴随着向树冠外围转移，常造成严重为害，出现提早落叶现象。螨口密度大时，成螨常吐丝拉网，借以向其他树扩散。高温干旱有利于叶螨繁殖。

（3）防治方法

①生物防治。保护利用和释放天敌，如捕食螨、食螨瓢虫、花蝽、草蛉等，以控制山楂叶螨危害。

②农业防治。萌芽前刮除翘皮、粗皮，并集中烧毁，以消灭大量越冬虫

源。在山楂叶螨越冬之前在树干上绑草绳、瓦楞纸等诱集带来诱集越冬雌成螨，进入冬季后，解下绑在树干上的诱集带集中烧毁，以消灭越冬虫源。

③化学防治。山楂叶螨化学防治有 2 个关键时期：一个是越冬雌成螨出蛰盛期，选用 40% 水胺硫磷乳油 1200 倍液，或 73% 克螨特乳油 3000 倍液，或 15% 扫螨净乳油 2000 ~ 3000 倍液等；另一个是第 1 代若螨盛期，可选药剂有 20% 螨死净悬浮剂 2500 ~ 3000 倍液，或 5% 尼索朗乳油 1500 倍液等进行防治。

（二）果实害虫

1. 梨大食心虫

梨大食心虫属鳞翅目螟蛾科，又叫翅斑螟、梨云翅斑螟蛾、梨斑螟蛾、吊死鬼、黑钻眼、翻花虫等，是梨树的主要食心虫之一。我国各梨产区都有发生，以北方梨区发生普遍。

（1）症状表现

梨大食心幼虫主要为害梨的果实和花芽，秋季幼虫蛀芽为害，多为害花芽，从芽基部蛀入为害芽的心髓部分，用碎屑和虫粪在蛀入孔处堆积成半圆形小丘，用丝缠绕将孔口封死，虫芽干瘦不能萌发。春季花芽膨大期转芽为害，仍从芽基部蛀入，用碎屑封住蛀入孔，碎屑松散，易发现被蛀芽不萌发，或萌发花丛但多歪长，鳞片不落。幼果期蛀果为害，蛀入孔较大，孔外排有虫粪，被害果果柄基部常用丝缠绕在枝条上。果柄和枝条脱离，但果实不落，干后变黑，果吊在枝条上，俗称“吊死鬼”。后期为害果实，入果孔多在薯洼附近，周围变黑，易腐烂。被危害的花台和梨果还常会流出带臭味的泡状液体。

（2）发生规律及特点

梨大食心虫在各梨区发生世代数，因地理、气候条件不同而异。在吉林省延边 1 年发生 1 代，河北北部及辽宁西部发生 1 ~ 2 代，河北省中南部发生 2 代，河南郑州发生 2 ~ 3 代。无论 1 年发生几代，均以幼龄幼虫在梨芽（主要花芽）内结白色薄茧越冬，被害芽瘦小干缩，外部有 1 个很小的虫孔。次年梨花芽膨大期，幼虫从越冬芽钻出，转移到另一健芽上为害，该期叫转芽期。转芽期可见到幼虫红褐色，体长仅 3 ~ 4 mm。幼虫转入新芽后，就在鳞片内咬食为害，蛀孔外边常堆有少量缠有虫丝的碎屑堵塞蛀孔。个别幼虫蛀入芽心为害，被害芽枯死，幼虫第 2 次转移。第 2 次转芽幼虫只在花从基部为害，并吐丝缠绕鳞片，梨落花时鳞片不脱落。幼虫转芽期是年生活史中第 1 次暴露期，是药剂防治有利时期。但幼虫转芽期的早晚在各梨区不同，河南郑州为 3 月上旬，河北中南部为 3 月下旬，河北北部及辽西地区为 4 月上旬。在花芽膨大期应选定虫芽定期调查幼虫转芽情况，以便及时进行药剂防治。

当幼果生长至拇指大小时，幼虫转移到果实上为害，该期叫转果期。这是幼虫第 2 次暴露期，也是第 2 次防治的有利时机。幼虫蛀入果内食害，在蛀孔处有很多虫粪，在果内取食 20 多天后变老熟。老熟幼虫体长 17 ~ 20 mm，暗红褐色或暗绿色。化蛹前在蛀果孔内吐丝做羽化道，并在果柄基部吐丝将被害果缠于果枝上，被害果不易脱落，此时果实直径已达 20 ~ 30 mm，幼虫在被害果内化蛹。蛹体长约 12 mm，初为碧绿色，后变为黄褐色。蛹期 8 ~ 11 d。各地成虫发生时期不同，河南郑州及河北中南部在 5 月下旬至 6 月下旬，河北北部及辽西地区在 6 月上旬至 7 月上旬，吉林延吉地区在 7 月中旬。此时常发现皱缩变黑的被害果，其中的幼虫大多已化蛹，如果被害果全部干缩，其中无蛹，说明成虫已羽化飞出。成虫是中等大小的蛾子，体长 10 ~ 12 mm，翅展 24 ~ 26 mm，暗灰褐色（图 8–19）。成虫有趋光性，白天静伏，傍晚活动，交尾产卵。卵多产于果实萼洼、芽旁及果台枝粗皮处，产卵 1 ~ 2 粒/处。卵椭圆形，稍扁平，初为黄白色，后变为红色。卵期 5 ~ 7 d。产在果实上的卵，孵出幼虫直接害果；产在芽旁的卵，幼虫孵化后先害芽，后害果。幼虫在果实内老熟后化蛹其中，被害果蛀孔周围容易变黑腐烂。1 年发生 1 代的地区，幼虫孵化后为害 2 ~ 3 个芽即开始越冬。

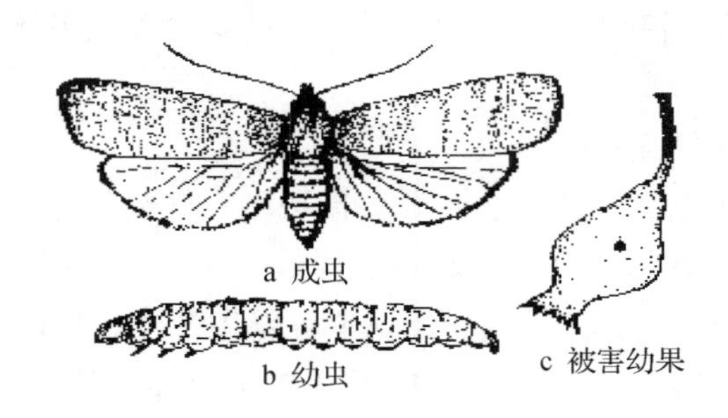

图 8–19　梨大食心虫

（3）防治方法

①消灭越冬幼虫。越冬幼虫转芽较集中，一般在 1 ~ 2 d 内完成，必须

抓住防治关键时机。4 月中下旬经常检查越冬幼虫生活情况，如果天气突然转暖，幼虫又很活跃或已发现转芽，要立即打药。药剂可选用 30% 桃小灵乳油 2000 倍液，或 20% 杀灭菊酯乳油 2000 倍液。抓住时机喷 1 次药即可。

②结合冬春季修剪，及时摘除受害花簇，及时处理有害枝。开花后发现花簇鳞片不脱落即为受害花簇，应及时摘除。成虫羽化前摘除虫果，并将虫枝、虫芽、虫花序和虫果集中烧毁，深埋土中。

③保护利用天敌，控制后期危害。寄生蜂是梨大食心虫的天敌，利用寄生蜂控制梨大食心虫后期危害，效果较好。

④药剂防治。梨大食心虫药剂防治主要抓住 3 个关键时期：越冬幼虫转芽、转果及成虫产卵盛期。前两个时期可选用 40. 7% 乐斯本乳油 1500 倍液、21% 灭杀毙乳油 2000 倍液、2. 5% 功夫菊酯乳油 3000 倍液、40% 辛硫磷乳油 1000 倍液、4. 5% 高效氯氰菊酯乳油 1500～2000 倍液或 2. 5% 功夫乳油 3000 倍等药剂喷布进行防治。在产卵盛期，可用 90% 杜邦万灵可湿性粉剂 3000 倍液喷布进行防治。

2. 梨小食心虫

梨小食心虫（图 8–20）属鳞翅目小卷蛾科，又称东方蛀果蛾、桃折心虫、桃折梢虫，简称“梨小”，俗称“打梢虫”，是最常见的一种食心虫，以危害梨、桃为主，还可危害杏、李、樱桃、苹果、杨梅、枇杷等多种果树，以幼虫蛀食危害果树新梢和果实，导致顶梢枯萎、果实腐烂脱落，严重影响果树生长和果品产量。

图 8–20　梨小食心虫

（1）症状表现

梨小食心虫春夏季发生的幼虫主要蛀食嫩梢，蛀入孔先出现流胶，并有虫粪排出，而后新梢顶端开始萎蔫下垂，后期干枯折断，俗称“折梢”（图

8-21）。幼虫在新梢顶端2～3片嫩叶基部叶腋处蛀入新梢髓部危害，由上向下蛀食2～3节，每头幼虫可食害3～4个新梢，有转梢危害特性，严重时许多新梢被害。

图8-21　梨小食心虫危害梨树嫩梢状

（2）发生规律及特点

梨小食心虫（图8-22）在我国各地发生代数不同。在辽宁西部及华北地区1年发生3～4代，在内蒙古巴盟地区和山东发生4代，黄河故道和陕西关中地区发生4～5代，苏北5代，四川蓬溪5～6代，江西南昌6代，广西7代。无论发生几代，都以老熟幼虫在树干基部的土中或树干翘皮下、粗皮缝、枯枝落叶等隐蔽处做白色长茧越冬。上年虫果多、落果严重的树，在土中越冬的幼虫较多，贮藏库或包装物上也有幼虫越冬。桃梨混栽果园，在梨树上越冬的多。桃梨毗邻的果园，在梨园越冬的较多。第2年春季，当连续7 d日平均气温达到5 ℃时，越冬幼虫开始化蛹，连续10 d日平均气温达7～8 ℃时，成虫开始羽化，连续5 d日平均气温达11～12 ℃，成虫羽化进入高峰。在华北地区，越冬幼虫于3月下旬至4月初开始化蛹，4月中旬或下旬为成虫羽化高峰。在辽西地区，4月下旬出现成虫，5月下旬至6月上旬为成虫发生盛期，成虫体长4.6～6.0 mm，翅展10.6～15.0 mm，体灰褐色，无光泽。白天不活动，傍晚开始飞行、交尾和产卵。成虫羽化后1～3 d开始产卵，产卵适宜气温在13.5 ℃以上，低于此气温不产卵。成虫对糖醋液有很强趋性，尤其是交尾后的雌成虫趋性更强。在桃梨混栽或桃梨毗连的梨园，成虫喜在桃树上产卵，卵产于新梢顶部叶片上，幼虫孵化后蛀入桃梢为害，可为害1～3个桃梢，老熟后化蛹。6月发生第1代成虫，成虫仍产

卵于桃梢上。在单植梨园，这两代成虫大部分产卵于梨新梢叶片或被梨大食心虫、梨象鼻虫为害过的果实上。梨生长前期，幼虫不宜蛀入，成活率亦低。第2代成虫于7月中下旬发生，这一代成虫主要产卵于果实上，卵大多产在果实胴部。卵似馒头状，稍扁平，黄白色或淡黄色。成虫产卵对梨品种具有一定的选择性，白梨系统品种着卵多，尤以皮薄、质优品种受害重，西洋梨品种受害轻。从7月下旬起，梨园卵量骤增，第3代卵量是全年最高峰。幼虫孵化后，在果面上爬行一段时间后蛀入果内，早期的蛀果孔较大，并有虫粪排出，蛀孔周围变黑腐烂，并逐渐扩大，被害处略呈凹陷，有“黑膏药”之称。后期蛀果时，蛀孔很小，幼虫蛀果后，直向果心蛀食，果面并不凹陷。幼虫在果内取食并排粪其中，20 d左右，幼虫老熟后化蛹，脱果孔较大且明显，被害果提前脱落。老熟幼虫体长10～13 mm，黄白色或粉红色。第3代成虫于8月出现，仍产卵于果实上，幼虫继续为害果。8月下旬至9月幼虫老熟后脱果寻找越冬场所。为害梨果的两代幼虫有世代重叠现象，蛀果晚的幼虫在果实采收时仍未老熟，因此随果实入库，在贮藏期脱果。

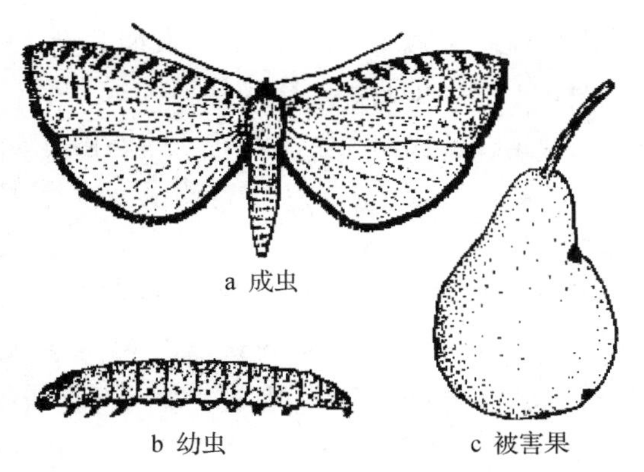

图8–22　梨小食心虫成虫、幼虫和被害果

（3）防治方法

①农业防治。新建园尽可能避免桃、梨及其他果树混栽或栽植过近。早春发芽前，刮除老树皮集中烧毁。同时，清扫果园中枯枝落叶，集中烧毁，或深埋于树下，以消灭越冬幼虫。早春翻挖树盘，将在土中越冬的幼虫翻在地表，让鸟雀啄食或被霜雪低温杀死。及时拾取落地果实，集中深埋，切忌堆积在树下。4—6月注意及时剪除桃、李、杏树上的被害虫果，剪除被害

桃、梨虫梢，立即集中深埋，消灭第1、第2代幼虫。幼果期，及时套袋阻隔梨小食心虫产卵。

②人工防治。进入8月后，在树干上捆绑稻草、麻袋片等，诱集幼虫潜伏，落叶后解下，集中烧毁，杀灭越冬幼虫。5—6月，及时剪除虫梢（特别是刚萎蔫的虫梢），集中深埋，消灭蛀梢幼虫。

③诱杀成虫。利用成虫对糖醋液及黑光灯的趋性，在果园内设置糖醋液盆及黑光灯，诱杀成虫。糖醋液的配制方法为糖50 g、酒50 g、醋100 g、水800 g，混合搅拌均匀后即可，悬挂5～6盆/亩，每天上午清除成虫。也可利用梨小性诱剂诱杀雄成虫，在桃树开花前，将梨小食心虫信息素迷向丝悬挂于果树西面或南面树冠的1/3处，33根/亩。迷向作用可以持续发挥6个月，在1个果树生产季内无须更换。采用该技术的果园面积越大，效果越好，使用面积应不低于30亩。利用诱蛾数量进行测报时，当诱集到的成虫数量连续增加，且累计诱蛾量超过历年平均诱蛾量的16%时，表明已进入成虫发生初盛期；累计诱蛾量超过历年平均诱蛾量的50%时，表明已进入成虫盛发期。越冬代成虫盛发期后推5～6 d，即为产卵盛期，产卵盛期后推4～5 d，即为卵孵化高峰期。第2～4代成虫盛发期后推4～5 d，即为产卵盛期，产卵盛期后推3～4 d，即为卵孵化高峰期。

④药剂防治。关键是在各代卵发生高峰期至卵孵化前喷药。防治果实受害主要从第3代开始喷药，结合诱杀成虫进行测报。喷药时间根据预测预报结果进行判定。每代需喷药1～2次，间隔7 d左右。也可通过调查卵果率来决定喷药时间：当卵果率在0.5%～1.0%时，选用5%杀虫双水剂200～300倍液，或25%灭幼脲悬浮剂750～1500倍液、5%氟啶脲乳油1000～2000倍液、5%氟铃脲乳油1000～2000倍液、20%抑食肼可湿性粉剂1000倍液、5%氟虫脲乳油800～1000倍液等喷雾防治。在卵孵盛期，幼虫蛀果前，可选用4.5%高效氯氰菊酯乳油或水乳剂1500～2000倍液，或2.5%高效氯氟氰菊酯乳油或水乳剂1500～2000倍液、20%甲氰菊酯乳油1500～2000倍液、10%联苯菊酯乳油3000～4000倍液、35%氯虫苯甲酰胺水分散粒剂8000倍液、1%甲维盐乳油2500倍液、1.8%阿维菌素乳油2000～4000倍液、8000 IU/mg苏云金杆菌可湿性粉剂400～500倍液等均匀喷雾。虫口数量大时，间隔15 d左右再喷1次，连续喷2～3次为宜。为提高药效，可在药液中加入柔水通1000倍液，或有机硅3000～5000倍液。

⑤其他措施。新建果园，避免桃、李、杏、梨、苹果等不同果树混栽。

根据害虫发生情况释放赤眼蜂进行生物防治。果实尽量套袋，以阻止梨小危害果实。

3. 桃小食心虫

桃小食心虫（图 8-23）又叫桃蛀果蛾，属鳞翅目蛀果蛾科，是辽宁西部和河北北部梨树主要食心虫之一，亦是苹果主要害虫。

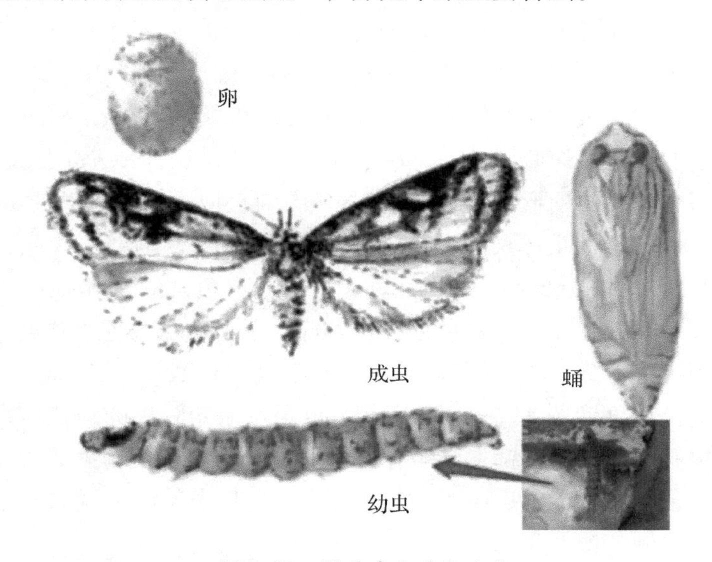

图 8-23　桃小食心虫各虫态

（1）症状表现

桃小食心虫以幼虫蛀果为害，幼虫一般由果实胴部、底部蛀入，果实表面留有针状大小蛀果孔，呈现黑褐色凹点，四周浓绿色，常伴有泪珠状果胶外溢，干涸后呈白色蜡质膜。蛀果孔较微小，不易发现。幼虫钻蛀取食果皮表层至果心，虫道弯曲，内有红褐色虫粪。因幼虫在果内纵横串食，直到果心食害种子，并排粪于果内，故称“豆沙馅”。幼果期危害，果实一般变黄脱落，偶见树上悬挂。幼虫老熟后，脱果前 3～4 d 形成脱果孔，将部分粪便排出果实。部分粪便常黏附在脱果孔周围，易于发现。一般管理粗放果园受害严重，山地果园比平地果园发生多。

（2）发生规律及特点

桃小食心虫在辽西地区 1 年发生 1 代，河北北部梨区 1 年发生 1～2 代，均以老熟幼虫在树下土中结扁圆形茧（冬茧）越冬，以树干周围半径 0.7～

1.0 m内，土深3.5 cm处最多，有些茧附着在根颈的粗皮缝隙内。在河北梨区，越冬幼虫于5月下旬开始出土，6月中下旬为出土盛期，幼虫出土期和出土数量与土壤湿度有密切关系，降雨后有大量幼虫出土，出土幼虫爬向树干基部附近的砖、石缝、土缝，草根旁等处吐丝结纺锤形茧化蛹，此时虫茧称蛹化茧或夏茧。成虫出现于6月下旬，盛期在7月中下旬。在辽西梨区，越冬幼虫于6月下旬出土，盛期在7月中下旬，8月上中旬结束。7月下旬出现成虫，盛期在7月下旬末至8月上旬。成虫是体长7～8 mm、翅展16～18 mm的小型蛾子。身体灰白色或浅灰褐色，触角丝状，前翅中部靠前缘有1个近似三角形的蓝黑色大斑块。成虫多在傍晚羽化，夜间活动，交尾产卵。卵深红色，圆桶形，顶端环生2～3圈刺状物。卵散产于果实萼洼处，卵期7～8 d。初孵幼虫体长约1.2 mm，头部黑褐色，胴部粉红色，先在果面上爬行，然后蛀入果内，蛀果后幼虫变为乳白色。蛀果孔很小，不易发现，1～2 d后从蛀孔处流出白色果汁，形成1个泪珠状白色小圆点。幼虫在果内取食为害25～28 d后便老熟脱果。老熟幼虫体长12～15 mm，头部黄褐色，胴部桃红色（图8-24）。7月下旬至8月上旬脱果的幼虫，在土、石块下及草根等隐蔽处做纺锤形夏茧化蛹，再羽化为成虫发生第2代，第2代幼虫继续为害果实，老熟后脱果做冬茧越冬。8月中旬以后脱果，不再发生第2代，直接做冬茧越冬。

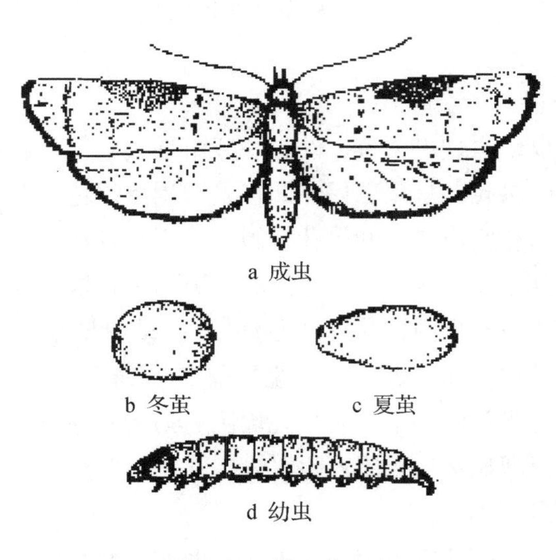

图8-24　桃小食心虫

（3）防治方法

①农业防治。减少越冬虫源基数。在越冬幼虫出土前，挖出距树干1 m、深14 cm范围内的土壤，更换无冬茧的新土；或在越冬幼虫连续出土后，在树干1 m内压入3.3～6.6 cm新土并拍实，可压死夏茧中的幼虫和蛹；也可用直径2.5 mm的筛子筛除距树干1 m、深14 cm范围内土壤中的冬茧。在幼虫出土和脱果前，清除树盘内的杂草及其他覆盖物，整平地面，堆放石块诱集幼虫，随时捕捉。在第1代幼虫脱果前，及时摘除虫果，带出果园集中处理。在越冬幼虫出土前，用宽幅地膜覆盖在树盘地面上，防止越冬代成虫飞出产卵，如与地面药剂防治相结合，效果更好。

②生物防治。桃小食心虫的寄生蜂产卵在桃小食心虫卵内，以幼虫寄生在桃小食心虫幼虫体内，当桃小食心虫越冬幼虫出土作茧后被食尽。在越冬代成虫发生盛期，释放桃小寄生蜂。在幼虫初孵期，喷施细菌性农药（BT乳剂），使桃小食心虫罹病死亡。也可使用桃小食心虫性诱剂在越冬代成虫发生期进行诱杀。

③化学防治。分为地上防治和树上防治两种。地上防治又分为撒毒土和地面喷药两种。撒毒土用15%乐斯本颗粒剂2 kg/亩或50%辛硫磷乳油500 g/亩与细土15～25 kg/亩充分混合，均匀地撒在树干下地面，将药土与土壤混合、整平。乐斯本使用1次即可，辛硫磷应连施2～3次。地面喷药用48%乐斯本乳油300～500倍液，在越冬幼虫出土前喷湿地面，耙松地表即可。树上防治适期为幼虫初孵期，喷施48%乐斯本乳油1000～1500倍液；也可喷施20%杀灭菊酯乳油2000倍液，或10%氯氰菊酯乳油1500倍液，或2.5%溴氰菊酯乳油2000～3000倍液。7 d后再喷1次，防治效果良好。

4. 梨象鼻虫

梨象鼻虫（图8-25）属鞘翅目象虫科，又称梨虎、梨象甲，俗称梨狗子，以山区、丘陵岗地为害较重。除为害梨外，还为害苹果、桃、李、枇杷等果树。

（1）症状表现

成虫、幼虫均可为害。主要为害果实，梨芽萌发抽梢时，成虫取食嫩梢、花丛呈缺刻。幼果形成后食害果实成宽条缺刻，并咬伤果柄。产卵于果内，幼虫孵出后在果内蛀食，造成早期落果，严重影响产量。成虫体长12～14 mm，紫红色有金属光泽。体密生灰色短细毛。头部向前延伸成管

图 8-25　梨象鼻虫

状，似象鼻。前胸背板有不很显著的“小”字形凹陷纹。老熟幼虫长约 12 mm，黄白色，体肥厚，略弯曲，无足，各体节背面多横皱，且具微细短毛。卵长 1 ~ 5 mm，椭圆形，乳白色。蛹长椭圆形，长 7 ~ 8 mm，初乳白色，近羽化时淡黑色。

（2）发生规律及特点

梨象鼻虫 1 年 1 代。以新羽化的成虫在树干附近土中 7 ~ 13 cm 深处蛹室中越冬，亦有少数以老熟幼虫越冬。越冬幼虫次年在土中羽化为成虫，第 2 年出土为害。4 月上旬梨树开花时开始出土为害，梨果拇指大时数量最多。食花果，经 1 ~ 2 周，5 月上旬交尾、产卵。卵期前后达 2 个月。5 月中下旬为盛期。产卵时先把果柄基部咬伤，然后在果面上咬一小孔产卵，并分泌黏液封闭孔口。产卵处呈黑褐色斑点。产卵 1 ~ 2 粒/果。一雌虫最高可产卵 150 粒左右，卵 1 周左右孵化。幼虫于果内蛀食，果皮皱缩显畸形，不久被害果脱落，以产卵后 10 ~ 20 d 脱落最高。幼虫继续在落果中蛀食，老熟后脱果入土，作土室化蛹。一般 6 月下旬始入土，7 月下旬开始化蛹，9 月陆续羽化，在蛹室内越冬。成虫有假死习性。

（3）防治方法

①出土期地面喷药防治。梨树开花后，尤其是降雨后，抓住越冬成虫出土盛期，在树冠下均匀喷施 50% 辛硫磷乳油 300 倍液，喷施后用锄头中耕土壤，再均匀喷洒 1 遍药液，直至松土层全部着药。15 d 后用同样的方法，第 2 次地面喷药防治。

②在成虫发生期震树捕杀成虫。利用成虫假死性，在成虫发生期早晚震动树干，用塑料布在树盘内接虫，集中消灭被震落的成虫。特别是在降雨之后，多次震树，效果较好。

③及时捡净落地虫果。7 月上中旬，及时捡净落地虫果，带出果园集中处理，以降低来年虫口基数，降低其危害量。

④药剂防治。梨果拇指大时，喷布 2.5% 溴氰菊酯乳油 2000 倍液 + 50% 辛硫磷乳油 1000 倍液，过 15 d 再喷 1 次进行防治。也可用 48% 乐斯本乳油 1500 倍液，或 2.5% 溴氰菊酯乳油 2500 ~ 3000 倍液，隔 10 ~ 15 d 喷 1 次，连喷 2 ~ 3 次进行防治。注意在上午或下午用药，避免在高温的中午用药。

5. 梨圆蚧

梨圆蚧属盾蚧科笠盾蚧属，又名梨枝圆盾蚧、梨笠圆盾蚧，全国各地均有分布。危害多种果树。

（1）症状表现

果实轻度受害后果面出现灰白色小点，小点周围有红色晕圈，一般多在萼洼处危害，数量较多时，红色晕圈连片，形成不规则的红色晕圈。枝干受害时，其上大量密集灰白色小点，严重时，虫体下受害树皮会出现坏死斑，生长变弱甚至枯死（图 8–26）。叶片受害时颜色灰黄，严重时会引起落叶。

图 8–26　梨圆蚧

（2）发生规律及特点

梨圆蚧南方每年发生 4 ~ 5 代，北方 2 ~ 3 代，在辽宁、河北发生于苹果树上每年可完成 3 代，在梨树上可完成 2 代。在苹果树上多以 2 龄若虫和受精雌虫在枝干上过冬。早春树体萌动时继续为害。5 月雄虫羽化，雌雄交尾后雄虫即死亡，雌虫继续取食为害。北方 2～3 代区，5 月下旬至 6 月下旬产仔虫。以雌虫越冬的 5 月产仔，可以完成 3 代。以若虫越冬的 6 月产仔，一般完成 2 代。产仔期很长，世代重叠，第 2 代若虫 7—8 月发生，第 3 代若虫 9—11 月发生，河北、辽宁发生在梨树上的可完成 2 代，浙江每年可发生 4 代。梨圆蚧雌虫每只产仔 70～100 只，以第 2 代繁殖力最强。若虫出壳后即爬行分散，一部分在枝、干上固定为害，一部分爬到果实上，在果面、萼凹、梗凹或叶片上固定为害，不同品种受害程度不一，苹果以倭锦、国光、红玉受害较重，梨以秋白梨和西洋梨受害较重，梨圆蚧传播以接穗、苗木、果实携带为主。梨圆蚧天敌有红点唇瓢虫、寄生蜂等 10 多种。

（3）防治方法

①农业防治。刮刷枝条上的害虫及裂皮，剪除害虫集中的树枝，集中销毁；加强苗木检疫；果实套袋时，注意扎紧袋口，防止若虫爬入袋内为害。

②药剂防治。要抓住 2 个关键时期：一是在果树发芽前，用 95% 机油乳剂 80 倍液，或 3～5 °Bé 石硫合剂喷布；二是在 3—6 月第 1 代若虫发生期，用 40% 速扑杀乳油或 20% 蚧死净乳油 1000 倍液喷施，或 10% 氯氰菊酯乳油 1000～2000 倍液，或 52. 25% 毒死蜱 · 氯氰菊酯乳油 1000～2000 倍液，或 25% 噻嗪酮可湿性粉剂 1000～1500 倍液，效果明显。

6. 梨实蜂

梨实蜂（图 8–27）属膜翅目叶蜂科，又称折梢虫、切芽虫、花钻子等。体形细小，主要为黄黑色，主要危害梨树的果实。在我国北方梨区普遍发生，以华北平原梨区受害较重。

（1）症状表现

在梨梢长至 6～7 cm 时，成虫产卵时用锯状产卵器将嫩梢 4～5 片叶锯伤，再将伤口下方 3～4 片叶切去仅留叶柄。新梢被锯后萎缩下垂，干枯脱落。幼虫在残留小枝撅内蛀食。梨实蜂只危害梨。成虫在花萼上产卵，被害花萼出现 1 个稍鼓起的小黑点，很像蝇粪，剖开后可见一长椭圆形的白色卵。幼虫在花萼基部内环向串食，萼筒脱落之前转害新幼果。

（2）发生规律及特点

梨实蜂 1 年发生 1 代，以老熟幼虫在土中结茧越冬，在树干半径 1 m 范围内的土中最多。越冬幼虫在梨树芽萌动期开始化蛹，花蕾期成虫羽化出土，此时正是杏树开花期。梨盛花初期是成虫羽化盛期，落花前成虫羽化结

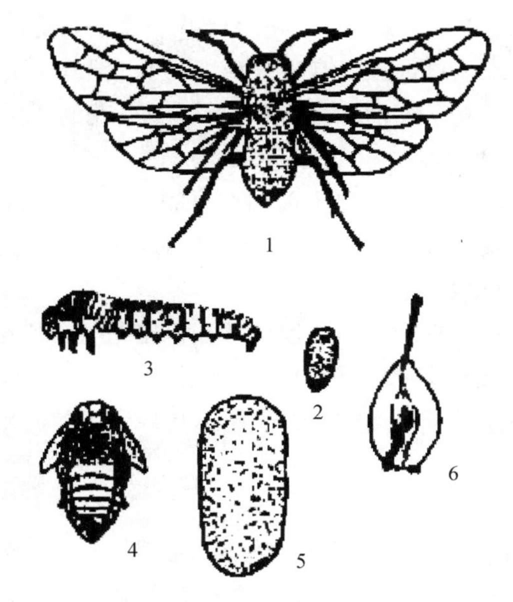

1—成虫；2—卵；3—幼虫；4—若虫；5—蛹；6 蛀入果内。

图 8–27　梨实蜂

束。成虫是小型蜂类，体长约 5 mm，全体黑色，触角丝状，翅透明，足大部分黄色。成虫日间活动，有假死习性。天气晴朗时喜在梨花中或花上爬行或飞舞。早晚或阴雨低温天气常静伏于花中或花萼下。在梨树开花前羽化的成虫，大多集中在梨园附近的杏、李等早花果树上栖息取食，但不产卵。梨花开放时，大部分转移到梨树上取食并产卵。早花品种着卵量大。卵产于花萼组织内，一般 1 花内产卵 1 粒，也有产 2 ~ 3 粒者。产卵的花萼上有 1 个小黑点，是成虫产卵时分泌的黑色黏液，剖开小黑点即可见到卵。卵长椭圆形，白色。卵期 1 周左右。河北梨区，幼虫于 4 月下旬开始孵化，先在萼片基部串食，被害处变黑，剖开即可见到体长仅 1 mm 左右的白色小虫。幼虫稍大后即蛀入幼果，被害果易脱落。幼虫一生为害 2 ~ 4 个幼果，老熟后随被害果落地脱果，入地结茧进入休眠状态。老熟幼虫体长 9 mm，淡黄白色，体略向腹部弯曲。

（3）防治方法

①摘除被害花和花萼。梨实蜂成虫在花蕾上产卵，被害花蕾出现隆起的小黑点。根据这一特点，在卵花率低时，摘除有卵花；在有卵花多时，摘除

花萼。摘花萼应尽早进行，幼虫一旦进入果内，即失去防治作用。

②捕杀成虫。梨实蜂成虫具有假死性，早晚气温低时不活动，栖息于花心或花萼下方，利用这一习性，在每天早、晚选开花的梨树震动，捕杀落地成虫。

③地面防治。在成虫大量出土前和幼虫脱果前，在树冠下喷 50% 辛硫磷乳油 200 倍液，喷药液 50～100 kg/亩，然后浅中耕，把药混入土中，毒杀出土成虫和越冬幼虫。

④喷药防治。应掌握时机与浓度，避开盛花期。在梨花含苞至初花期，喷 2.5% 溴氰菊酯乳油 2000～3000 倍液，防治成虫；在终花期或落花后，可再喷 1 次 20% 甲氰菊酯乳油 2000 倍液或 10% 天王星乳油 3500～5000 倍液，防治幼虫。

7. 梨黄粉蚜

梨黄粉蚜属同翅目根瘤蚜科梨矮蚜属，是梨树的主要蚜虫，只危害梨，尚无发现其他寄主植物。在我国各梨产区都有发生。

（1）症状表现

梨黄粉蚜（图 8-28）以成虫和若虫集中在果实萼洼及梗洼处取食为害，随虫量增加逐渐蔓延至整个果面，果面似有一堆堆黄粉。果实受害后逐渐变黑，形成具龟裂的大黑疤，并常诱发果实腐烂，甚至造成落果。套袋果受害，多从果柄基部开始发生，逐渐向胴部及萼洼方向蔓延，易造成果实脱落。

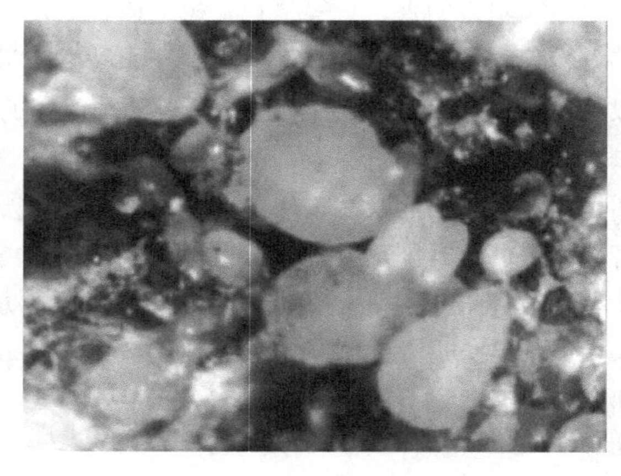

图 8-28　梨黄粉蚜成虫及卵

（2）发生规律及特点

梨黄粉蚜在各梨区的发生代数不同，一般 1 年发生 5～10 代。以卵在果台、枝干裂缝处及枝干残附物内越冬，以果台裂缝内最多。卵淡黄色，椭圆形，长 0. 3 mm 左右。第 2 年梨树开花时越冬卵开始孵化，若虫在越冬处取食嫩皮，1 龄幼虫是其爬行扩散期，2～4 龄以后基本不活动。每繁殖 1 代，若虫都要逐步向树冠外部扩散。在河北梨区，6 月下旬若虫向果实上转移，7 月上旬出现大量被害果。果实近成熟期受害较重，被害部位变褐腐烂。果实套袋时将若虫套在其中，受害更重。若虫群集在果实萼洼处取食，发育为成虫后，继续在此处产卵繁殖，此时可见到成虫、卵和若虫集在一起，似黄粉状，故称黄粉虫。若虫淡黄色，身体短圆形。成虫黄色，卵圆形，身体前端宽，后端尖细，体长 0. 7～0. 8 mm，无翅、无腹管。8—9 月出现有性蚜，雌雄交尾后转移到树皮缝等处产卵越冬。成虫活动能力差，喜在背阴处栖息为害。实行果实套袋的果园，袋内因避光，加之有高湿环境，果实更易受害。

（3）防治方法

①农业防治。结合冬季修剪刮除翘皮及枝干上的附着物，集中烧毁，以清除越冬卵；有梨黄粉蚜为害果园，要严禁采接穗，果筐等采收工具要专用。

②化学防治。在梨树花芽萌动前，用 3～5 °Bé 石硫合剂喷洒树冠，可有效防除越冬卵及 1 代若虫。6 月上旬、下旬和 7 月中旬选用 0. 5 °Bé 石硫合剂或 2. 5% 溴氰菊酯乳油 4000 倍液，或 50% 抗蚜威可湿性粉剂 2500 倍液，或 21% 灭杀毙（21% 增效氰马乳油）3000 倍液分别喷药 1 次，可使烂果率降低至 10% 以下。若防治过晚，则由于黄粉蚜已进入梨萼洼处等隐蔽场所，防效较差。

8. 茶翅蝽

茶翅蝽属半翅目蝽科，是为害梨果实的主要害虫。在东北、华北、华东和西北地区均有分布，以成虫和若虫危害梨、苹果、桃、杏、李等果树。

（1）症状表现

茶翅蝽以成虫（图 8–29）和若虫吸食嫩叶、嫩茎和果实的汁液，严重时形成叶片枯黄，提早落叶，树势虚弱。被害嫩梢中止生长，果实受害部分中止发育，形成果面凹凸的“疙瘩果”。果面凹凸不平，受害处变硬、味苦；或果肉木栓化。桃、李受害，常有胶滴溢出。

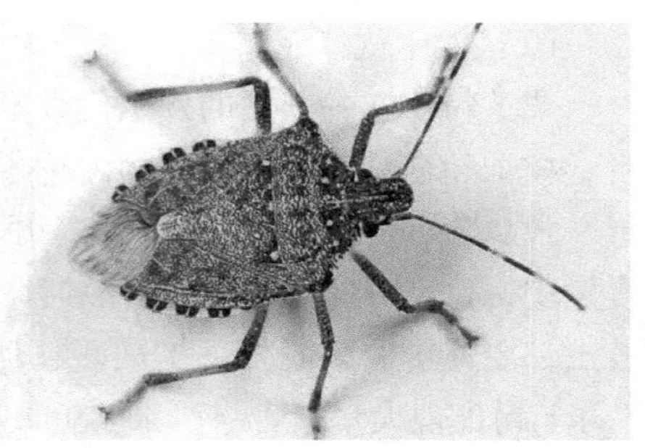

图 8-29 茶翅蝽成虫

（2）发生规律及特点

茶翅蝽 1 年发生 1 代，以成虫在屋檐下、椽缝、墙基等隐蔽处越冬。成虫体长 15 mm 左右，宽约 8 mm，略扁，呈椭圆形，全体茶褐色，有的个体深褐色。河北省中南部梨区，成虫于 4 月下旬出蛰活动，盛期在 5 月上中旬。出蛰后成虫多集中在桃、杏等早花果树上栖息取食，5 月下旬转移到梨树上刺吸幼果，造成为害。幼果被害处组织木栓化，停止生长，随着果实生长，形成凹秃不平的“鬼头梨”。茶翅蝽成虫清晨不善活动，受震即落地，一般在晴天中午活动，飞舞并交尾。成虫于6 月上旬开始产卵，卵白色，短圆桶形，顶部环生 1 圈小刺，近孵化时变灰褐色。卵多产于叶背，20 多粒排列成块状。卵期 5 ~6 d。若虫在 6 月中旬孵化，初孵若虫圆形，黑褐色。1 龄若虫静伏于卵壳周围，2 龄以后开始分散，比较活跃，大多集中在果实上取食。此时果实进入膨大期，被害不如前期成虫为害明显，但果实表面仍出现凹凸不平的被害症状。越冬成虫出蛰期不一致，到 8 月仍有越冬成虫产卵。9 月开始，成虫飞向越冬场所越冬。

（3）防治方法

①人工捕杀。在春秋两季，人工捕杀越冬场所越冬及刚出蛰的成虫。在卵发生期，摘除卵块和群集幼若虫，集中销毁。

②药剂防治。6 月中旬至 8 月上旬树上喷药防治。药剂选用 48% 乐斯本乳油 1000 倍液，或 20% 氰戊菊酯乳油 2000 倍液，或 2. 5% 功夫乳油或 2. 5% 溴氰菊酯乳油 2500 ~3000 倍液。

9. 梨蝽象

梨蝽象属半翅目异蝽科，俗名臭斑点、臭大姐等，主要分为梨蝽象和黄斑蝽象。在中国梨果产区普遍发生，是梨树的重要害虫之一。除危害梨外，

还危害苹果、山楂、桃、李、杏、樱桃等果树。在我国各梨区都有分布，尤以辽宁、河北、山西、陕西等地发生普遍，山地果园受害较重。

（1）症状表现

梨蝽象以成虫（图 8-30）和若虫群集吸食梨树幼芽、新叶、花蕾、新梢和果实。严重时叶片发黄枯萎，正面有若虫分泌的油亮黏液。受害枝条生长衰老，变黑，甚至枯死。受害果实变硬，畸形，不能食用。

a 梨蝽象

b 黄斑蝽象

图 8-30　梨蝽象

（2）发生规律及特点

梨蝽象 1 年发生 1 代，以 2 龄若虫群集在树干，主、侧枝的裂缝，粗皮下或树洞内越冬。越冬若虫体长 2 ~ 3 mm，身体扁平，黑褐色，有斑纹，触角丝状，4 节，无翅。第 2 年梨芽萌动后，越冬幼虫开始出蛰活动，先在越冬场所附近的梨树上吸食新梢后，逐渐分散到枝梢上取食为害。5 龄若虫触角 5 节，形似成虫，但翅尚未发育完全。6 月上旬成虫开始羽化，羽化盛期在 7 月中旬，成虫体长 10 ~ 13 mm，宽约 5 mm，体扁，长椭圆形，灰绿色至灰褐色，头淡褐色，触角丝状，5 节，前胸背板、中胸和小盾片上有褐色刻点。天气炎热时，若虫和成虫群集在树干、主枝阴面或树洞内静止不动，在傍晚气温较低时分散活动，取食为害。成虫除为害枝条外，还为害果实，被害果发育成“疙瘩梨”。成虫取食一段时间后开始交尾产卵，产卵盛期在 8 月下旬至 9 月上旬，卵多产在树皮裂缝和枝杈处，偶有产在叶和果实上者。卵淡黄，稍带绿色，椭圆形，直径约 0. 8 mm，常 20 ~ 30 粒排成卵块，其上覆盖 1 层透明胶质物，9 月上旬孵化。初孵若虫椭圆形，黑色，2 龄若虫头部暗褐色，腹部黄色。9 月下旬若虫寻觅适当场所潜伏越冬。

（3）防治方法

冬春刮树皮，消灭越冬成虫。高温季节中午，利用梨椿象群集树干阴凉面习性，用火烧或拍死。秋、春季节在房子、围墙向阳背风处捕捉越冬出蛰的黄斑椿象成虫，或在栖息地周围喷洒 40% 氧化乐果 1000 倍液消灭。在花前花后、若虫开始活动后及高温季节群集时，及时喷 90% 晶体敌百虫 600 ~ 800 倍液、50% 杀螟松乳油 1000 倍液、2. 5% 功夫乳油 2000 ~ 2500 倍液效果最好。或用 20% 杀灭菊酯乳油 3000 倍液、2. 5% 溴氰菊酯乳油 3000 ~ 4000 倍液，如混加洗衣粉 500 倍液效果更佳。

10. 梨实蝇

梨实蝇（图 8–31）属双翅目实蝇科，又叫梨蛆、金苍蝇、针蜂、东方果实蝇。在我国云南省部分梨区为害严重，当地果农称为梨蛆。在贵州、广西、台湾亦有分布，是一种亚热带性害虫。除梨外，桃也是其重要寄主。

图 8–31 梨实蝇

（1）症状表现

梨实蝇成虫产卵于果皮内，幼虫在果肉内蛀食，造成水果的腐烂与落果，严重影响品质和产量。在桃、梨混栽或桃梨毗连的果园，或品种土改、成熟期不一致的果园，果实受害更重。

（2）发生规律及特点

梨实蝇在昆明地区 1 年发生 3 代，以蛹在树冠下的土中越冬，入土深度 5 ~ 15 cm。次年 5 月上旬开始羽化成虫，盛期在 6 月上旬。第 1 代幼虫在 6 月下旬至 7 月上旬为害晚熟桃和早熟梨果实。第 2 代成虫发生始期在 7 月中旬，盛期在 8 月上旬，幼虫主要为害梨果。第 3 代成虫发生在 9 月中旬，幼

虫继续为害梨。老熟幼虫脱果入土化蛹。成虫体长 8.5～9.0 mm，头褐色，复眼深绿色，胸部背面黑色，两侧各有 1 条黄色纵带，中胸小盾片黄色。翅透明，前缘和臀室处有褐色斑纹。腹部黄色，有 3 条褐色横带和 1 条中间纵行带。成虫在 12～14 时羽化最多。产卵时先在果实上爬行，然后用产卵管刺破果皮，产卵其中。卵乳白色，长约 2 mm，两侧略尖，中间微弯，一般 3～7 粒排列整齐。果实产卵痕处流出少量汁液，以后此处呈褐色至黑色。孵化后幼虫即在果内蛀食，经过 3 个龄期。初孵幼虫乳白色，老熟后变成乳黄色，前端尖，后端平截。被害果极易腐烂，提前脱落。老熟幼虫从果中脱出，一般在落地果周围 30～50 cm 内的土中化蛹。蛹体长约 4.5 mm，初为鲜黄色，渐变深褐色。

（3）防治方法

避免桃梨混栽或两种果树毗连栽植。栽培品种的成熟期尽量一致，避免早、中、晚熟品种在同一园栽培。进行果实套袋，以防止成虫产卵。及时采摘虫果和捡拾落地虫果，将其深埋，消灭其中的幼虫。药剂防治的关键时期是成虫产卵期，喷 80% 敌敌畏乳剂 1000～1200 倍液，5% 顺式氰戊菊酯乳油 3000 倍液。在虫口密度大时，可在幼虫大量脱果入土期实施地面施药，选用 50% 巴丹（杀螟丹）可溶性粉剂 1000 倍液，50% 辛硫磷乳油或 48% 乐斯本乳油 300 倍液，以杀死脱果幼虫。诱杀梨实蝇成虫的关键时期是成虫发生期，利用成虫对糖醋液的趋性进行诱杀。糖醋液配制方法是：将水、红糖、醋、酒按 80∶3∶5∶5 的比例放在 1 个容器内，搅拌均匀。将糖醋液盛在水碗内，悬挂于树冠上。每天或隔天加 1 次糖醋液。

（三）枝干害虫

1. 梨金缘吉丁虫

梨金缘吉丁虫属鞘翅目吉丁甲科，又叫金缘吉丁虫、梨吉丁虫、金缘金蛀甲、板头虫等，是梨树枝干的主要害虫。全国各梨区都有发生，管理粗放的老梨园为害较重。

（1）症状表现

梨金缘吉丁虫幼虫于枝干皮层内、韧皮部与木质部间蛀食，被害处外表常变褐至黑色，后期常纵裂，削弱树势，重者枯死，树皮粗糙者被害处外表症状不明显。成虫（图 8–32）少量取食叶片，为害不明显。

图 8–32 梨金缘吉丁虫

（2）发生规律及特点

梨金缘吉丁虫 1～2 年完成 1 代，以不同年龄期幼虫在被害枝干的皮层下或木质部的蛀道内越冬。幼虫身体扁平，乳白色，头小，前胸膨大，腹部细长，老熟时体长 30～35 mm。梨树次年开花时，未老熟幼虫继续在蛀道内为害，隧道内充满褐色虫粪。河北省中南部梨区，幼虫于 4 月下旬开始化蛹，5 月中旬为化蛹盛期。同时出现成虫，成虫羽化盛期在 5 月下旬至 6 月初。成虫体长 15～17 mm，体坚硬，扁平，头小，触角锯齿状，腹部末端尖细。全体翠绿色，有金属光泽，前胸背板两侧和鞘翅两侧有晕红色纹带，其名字由此而来。成虫羽化与湿度关系密切，每当雨后就有大量成虫羽化。成虫多在白天活动，有假死习性，特别是清晨日出前，受惊扰即落地。成虫喜食嫩叶，但不造成为害，取食一段时间后开始产卵，卵多产于主干、主枝或 2 年生枝条上，以主干、主枝上的伤口和粗皮缝隙处产卵较多。卵椭圆形，长约 2 mm，乳白色。田间卵发生盛期在 6 月上中旬。幼虫孵化后在皮层蛀食，随虫龄增大蛀食部位加深，可深达韧皮部、形成层或木质部。被害处外表变褐至黑色，后期纵裂。当年孵化的幼虫只在绿色皮层内为害。

（3）防治方法

成虫发生期，清晨震落，捕杀成虫，树下铺塑料薄膜集中震落成虫，以便集中杀死，隔 3～5 d 震 1 次，效果较好；在成虫羽化前及时清除死树、枯枝，以消灭其内虫体，减少虫源；在红梨树休眠期，刮粗翘皮，特别是主干、主枝的粗皮，可消灭部分越冬幼虫；在夏季，要避免伤口和日灼；保护啄木鸟和寄生性天敌，以有效控制其发生；成虫羽化初期，利用药剂进行涂

干，药剂采用80%敌敌畏或40%乐果乳油、马拉硫磷乳油、菊酯类药剂或其复配药剂200～300倍液，隔15 d涂1次，连涂2～3次。成虫出树后产卵前树上喷洒30%辛硫磷微胶囊悬乳剂700～800倍液，或40%辛硫磷乳油1000倍液、50%马拉硫磷乳油，或80%敌敌畏乳油1500倍液、20%氰戊菊酯乳油2000倍液，毒杀成虫效果良好，隔15 d喷1次，连喷2～3次。

2. 梨瘤蛾

梨瘤蛾属鳞翅目麦蛾科，又称梨瘿华蛾，俗称糖葫芦、梨疙瘩、算盘子等，是梨树1年生枝条的常见害虫。在我国大部分梨区都有分布，以辽宁、河北、山西、山东等梨区发生普遍，管理粗放梨园受害严重。

（1）症状表现

梨瘤蛾以幼虫在当年生枝条内蛀食，蛀入处由于幼虫危害刺激，增生膨大，形成球形小瘤，虫口密度大时，新梢虫瘿几个连接成串，或由于连年受害，新旧木瘤连接成串，形似糖葫芦（图8–33）。在形成木瘤之前，受害部位附近多有一黄叶。

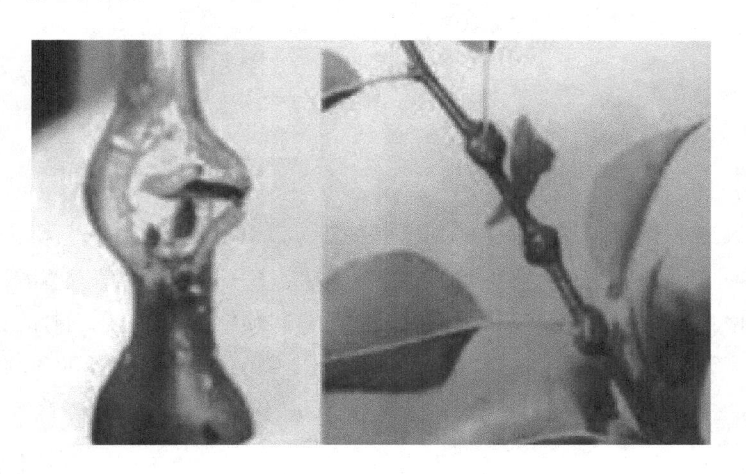

图8–33 梨瘤蛾

（2）发生规律及特点

梨瘤蛾1年发生1代，以蛹在被害枝条的瘿瘤内越冬。河北省中南部梨区，在3月上旬梨花芽膨大期成虫开始羽化，羽化盛期在3月中旬。辽西梨区成虫在3月下旬至4月上旬开始羽化，4月上旬末为羽化盛期。成虫（图8–34）是灰褐色小型蛾子，体长5～8 mm，翅展12～17 mm，前后翅缘毛很长。成虫一般在晴天无风下午活动，傍晚比较活跃，绕树飞舞交尾产卵。卵散产在芽缝等处。卵圆柱形，长约0.5 mm，宽约0.3 mm，橙黄色。河北省梨区，3月下旬为产卵盛期，辽西梨区为4月上中旬。卵期约20 d，当梨树抽生新梢后，开始孵化。初孵幼虫比较活泼，寻找适当部位蛀入新梢为害，到5月下旬或6月中旬，被害部位逐渐膨大成瘿瘤。幼虫在瘤内串食，排粪便于其中。9月，幼虫老熟，在化蛹前将虫瘤咬一羽化孔，然后越冬。

图8-34　梨瘤蛾成虫

（3）防治方法

在成虫羽化前，结合冬剪彻底剪除瘿瘤枝（仅限于1年生新梢上的虫瘿，空瘿枝不必再剪），集中烧毁，连续实施3～4年，防效达90%，基本可控制该虫害。发生严重梨园，在成虫发生期喷洒20%菊乐合酯乳剂2000倍液，2.5%溴氰菊酯乳油1500～2000倍液、20%甲氰菊酯乳油3000～4000倍液。幼虫初孵期喷洒25%灭幼脲3号2000倍液、1.8%的齐螨素3000～4000倍液等。

3. 梨茎蜂

梨茎蜂（图8-35）属膜翅目茎蜂科，俗称折梢虫、剪枝虫、剪头虫等，是梨树常见害虫。在我国各梨产区都有发生，管理粗放的梨园受害较重。

（1）症状表现

梨茎蜂成虫和幼虫危害嫩梢和2年生枝条，成虫产卵高峰在中午前后，先以产卵器将嫩梢锯断成一断桩，留一边皮层，使断梢留在上面，再将产卵器插入断口下方1～2 cm处产卵1粒，在产卵处的嫩茎表皮上不久即出现一

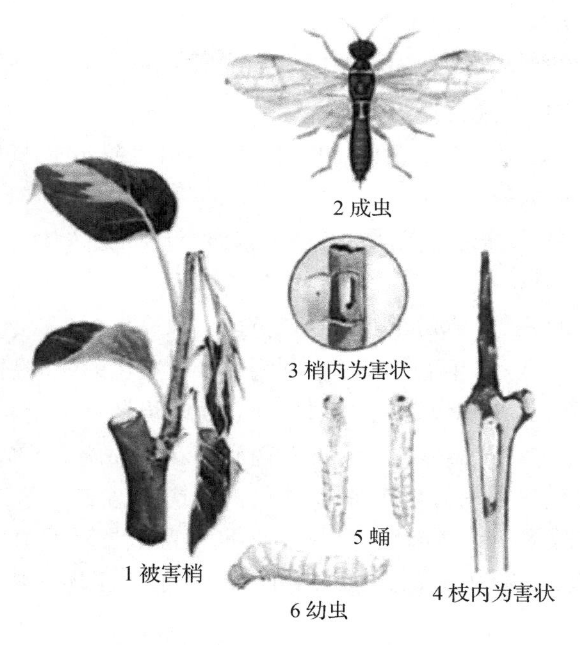

图 8–35　梨茎蜂不同虫态及为害状

黑色小条状产卵痕，卵所在处表皮隆起，锯口上嫩梢产卵后 1 ~ 3 d 凋萎下垂，变黑枯死，遇风吹落，成为光秃枝。也有嫩梢切断而不产卵的，一般以枝顶梢及顺风向处最易受害。

（2）发生规律及特点

梨茎蜂 1 年发生 1 代，以老熟幼虫或蛹在 2 年生枝条内越冬。河北省梨区，成虫于 4 月上中旬羽化；辽西梨区，成虫羽化期在 4 月下旬。成虫为体长约 10 mm 的小型蜂类，全身黑色，有光泽，触角丝状，翅透明，足黄色，雌虫有明显的锯状产卵器。成虫在晴天上午 10 时至下午 14 时最活跃，常群飞。一般在新梢抽生 6 cm 以上时开始产卵，产卵期比较集中，为 4 ~ 5 d。卵产于嫩梢组织中，产卵处有 1 个小黑点，剖开即可见到卵，卵长椭圆形，略弯曲，白色透明。成虫产卵后用其锯状产卵器将产卵处的上方锯伤，不久，被害梢端部枯萎，并脱落，形成 1 个小枝橛。河北省梨区，幼虫于 4 月中下旬孵化，沿新梢髓部向下蛀食，将粪便排在蛀道内，约在 5 月下旬，幼虫蛀食到 2 年生枝条附近，6 月中旬几乎全部蛀食到 2 年生枝条内。此时，幼虫已接近老熟。越冬前老熟幼虫倒转身体，完成整个发育过程。

（3）防治方法

①捕杀成虫。梨树落花期，利用成虫群集于树冠下部叶片背面习性，摇动树枝，震落成虫，进行捕杀。

②落花后及时喷布90%敌百虫晶体1500倍，或40%氧乐果乳油1000倍液防治梨蚜时兼治。

③幼虫为害的断梢脱落前易于发现，及时剪掉下部短橛。冬剪时，注意剪掉干橛内的老熟幼虫。

④悬挂黏虫板。梨树初花期，悬挂黄色双面黏虫板12块/亩，均匀悬挂于1.5～2.0 m的2～3年生枝条上，利用黏虫板黄色的光波引诱成虫，使其被黏虫板黏住致死。梨茎蜂密度大时，注意及时更换黏虫板。

⑤药剂防治。在成虫盛发期，开花前和落花后喷施2.5%功夫菊酯乳油1500倍液，或20%甲氰菊酯乳油2000倍液，或20%速灭杀丁乳油1500倍液，或2.5%溴氰菊酯乳油1500倍液，或80%敌敌畏乳油1000倍液等。喷药要均匀、细致、全面，保证树冠内外、叶片正反面均要喷洒到，消灭成虫，减轻危害。

三、红梨病虫害综合防治技术

（一）病虫害防治要求

红梨病虫害防治应贯彻“预防为主，综合防治”的植保方针。以农业防治和物理防治为基础，生物防治为核心，按照病虫害发生规律和经济阈值，科学合理使用化学防治技术，经济、安全、有效地控制病虫危害。病毒病防治通过栽培无病毒苗木予以解决。

1. 农业防治

农业防治主要采取剪除病虫枝、清除枯枝落叶、刮除树干翘裂皮和枝干病斑、集中烧毁和深埋、深翻树盘、地面秸秆覆盖、加强土肥水管理、合理修剪、适量留果、果实套袋等农业栽培措施，以增强树势，提高抗病虫能力，恶化病虫生存环境。生长季后期注意控水、排水，防止徒长。不与苹果、桃等果树混栽，以免加重次要病虫害发生危害。园区附近不种桧柏，以便有效防止梨锈病的发生和流行。

2. 物理防治

物理防治是利用害虫趋化性，在害虫发生初期，在梨园挂黄色黏虫板，防治梨茎蜂。在生长季，利用害虫成虫趋光性，设置杀虫灯。每10亩设置1盏，每晚8时至凌晨5时开启，有效诱杀金龟子和鳞翅目害虫等，全年可减少1/3喷药次数。每年4月上中旬在树干上缠1周黏虫胶带，以黏杀出土上树的越冬代害虫。于9月上中旬在树干上缠1~2周瓦楞纸，以诱捕下树入土的越冬害虫等。

3. 生物防治

生物防治在害虫发生盛期，在梨园挂糖醋液（按糖0.25 kg、醋0.5 kg、水5 kg的比例配制而成）诱杀梨小食心虫、梨卷叶虫等害虫；或在梨园悬挂梨小食心虫性诱剂诱杀梨小食心虫成虫；或利用性诱剂迷向技术，在梨园每隔5株树绑长20 cm的迷向丝，有效杀灭梨小食心虫等害虫。也可利用寄生性、扑食性天敌昆虫及病原微生物，将其种群数量控制在危害水平以下，如释放赤眼蜂、瓢虫、草蜻蛉和扑食性螨类等害虫危害天敌，注意限制有机合成农药使用，减少对天敌危害。

4. 化学防治

化学防治根据防治对象的生物学特性和危害特点，允许使用生物源农药、矿物源农药和低毒有机合成农药，有限度地使用中毒农药，禁止使用剧毒、高毒、高残留农药。

（1）允许使用的杀菌剂及使用方法

如表8-1所示。

表8-1　梨园允许使用的主要杀菌剂及使用方法

农药品种	毒性	稀释倍数和使用方法	防治对象
5%菌毒清水剂	低毒	萌芽前30~50倍液涂抹，100倍液喷施	梨腐烂病、枝干轮纹病
腐必清乳剂（涂剂）	低毒	萌芽前2~3倍液涂抹	梨流胶病、腐烂病、枝干轮纹病
2%农抗120水剂	低毒	萌芽前10~20倍液涂抹，100倍液喷施	梨腐烂病、枝干轮纹病
80%喷克可湿性粉剂	低毒	800倍液，喷施	梨黑星病、轮纹病、炭疽病

续表

农药品种	毒性	稀释倍数和使用方法	防治对象
80% 大生 M-45 可湿性粉剂	低毒	800 倍液，喷施	梨黑星病、轮纹病、炭疽病
70% 甲基托布津可湿性粉剂	低毒	800～1000 倍液，喷施	梨黑星病、轮纹病、炭疽病
50% 多菌灵可湿性粉剂	低毒	600～800 倍液，喷施	梨黑星病、轮纹病、炭疽病
40% 福星乳油	低毒	600～800 倍液，喷施	斑点落叶病、轮纹病、炭疽病
1% 中生菌素水剂	低毒	200 倍液，喷施	斑点落叶病、轮纹病、炭疽病
27% 铜高尚悬乳剂	低毒	500～800 倍液，喷施	梨黑星病、轮纹病、炭疽病
石灰倍量式或多量式波尔多液	低毒	200 倍液，喷施	梨黑星病、轮纹病、炭疽病
50% 扑海因可湿性粉剂	低毒	1000～1500 倍液，喷施	斑点落叶病、轮纹病、炭疽病
70% 代森锰锌可湿性粉剂	低毒	500～600 倍液，喷施	梨黑星病、轮纹病、炭疽病
70% 乙膦铝锰锌可湿性粉剂	低毒	500～600 倍液，喷施	梨黑星病、轮纹病、炭疽病
硫酸铜	低毒	100～500 倍液，喷施	根腐病
15% 粉锈宁乳油	低毒	1500～2000 倍液，喷施	梨黑星病、梨锈病
石硫合剂	低毒	发芽前 3～5 °Bé 喷施	梨黑星病、轮纹病、炭疽病
843 康复剂	低毒	5～10 倍液，涂抹	干枯型腐烂病
68.5% 多氧霉素	低毒	100 倍液，喷施	斑点落叶病等
75% 百菌清	低毒	600～800 倍液，喷施	梨黑星病、轮纹病、炭疽病
50% 硫胶乳剂	低毒	200～300 倍液，喷施	梨锈病

（2）允许使用的杀虫杀螨剂及使用方法

如表 8–2 所示。

表 8–2　梨园允许使用的主要杀虫杀螨剂及使用方法

农药品种	毒性	稀释倍数和使用方法	防治对象
1. 8% 阿维菌素乳油	低毒	2000 ~ 3000 倍液，喷施	叶螨、梨木虱
0. 3% 苦参碱水剂	低毒	800 ~ 1000 倍液，喷施	蚜虫、叶螨等
10% 吡虫啉可湿性粉剂	低毒	2000 ~ 3000 倍液，喷施	蚜虫、黄粉蚜等
25% 灭幼脲 3 号悬乳剂	低毒	1000 ~ 2000 倍液，喷施	梨大食心虫、梨小食心虫、椿象等
50% 蛾螨灵乳油	低毒	1500 ~ 2000 倍液，喷施	桃小食心虫、梨小食心虫等
20% 杀铃脲悬乳剂	低毒	8000 ~ 10 000 倍液，喷施	梨小食心虫、椿象等
50% 辛硫磷乳油	低毒	1000 倍液，喷施	蚜虫、叶螨、卷叶虫等
5% 尼索朗乳油	低毒	2000 倍液，喷施	叶螨类
15% 哒螨灵乳油	低毒	3000 倍液，喷施	叶螨类
10% 浏阳霉素乳油	低毒	1000 倍液，喷施	叶螨类
20% 螨死净胶悬液	低毒	2000 ~ 3000 倍液，喷施	叶螨类
15% 哒螨灵乳油	低毒	3000 倍液，喷施	叶螨类
40% 蚜灭多乳油	中毒	1000 ~ 1500 倍液，喷施	梨蚜虫及其他蚜虫等
99. 1% 加德士敌死虫乳油	低毒	200 ~ 300 倍液，喷施	叶螨类、蚧类
苏云金杆菌可湿性粉剂	低毒	800 倍液，喷施	卷叶虫、尺蠖、天幕毛虫等
10% 烟碱乳油	中毒	800 ~ 1000 倍液，喷施	蚜虫、叶螨、卷叶虫等

续表

农药品种	毒性	稀释倍数和使用方法	防治对象
5% 卡死克乳油	低毒	1000 ~ 1500 倍液，喷施	卷叶虫、叶螨等
25% 扑虱灵可湿性粉剂	低毒	1500 ~ 2000 倍液，喷施	蚧壳虫、梨木虱、叶螨、蝉等
50% 马拉硫磷乳油	低毒	1000 倍液，喷施	蚜虫、梨小食心虫等
5% 抑太保乳油	中毒	1000 ~ 2000 倍液，喷施	卷叶虫、梨小食心虫等

（3）限制使用的农药品种及使用方法

如表 8–3 所示。

表 8–3　梨园限制使用的农药品种及使用方法

农药品种	毒性	稀释倍数和使用方法	防治对象
50% 抗芽威可湿性粉剂	中毒	800 ~ 1000 倍液，喷施	梨蚜、榴蚜等
2. 5% 功夫乳油	中毒	3000 倍液，喷施	梨小食心虫、叶螨等
30% 桃小灵乳油	中毒	2000 倍液，喷施	梨小食心虫、叶螨等
80% 敌敌畏乳油	中毒	1000 ~ 2000 倍液，喷施	梨小食心虫、蚜虫、卷叶蛾等
50% 杀螟硫磷乳油	中毒	1000 ~ 5000 倍液，喷施	卷叶蛾、桃小食心虫、蚧壳虫
20% 氰戊菊酯乳油	中毒	2000 ~ 3000 倍液，喷施	梨小食心虫、蚜虫、卷叶蛾等
2. 5% 溴氰菊酯乳油	中毒	2000 ~ 3000 倍液，喷施	梨小食心虫、蚜虫、卷叶蛾等
10% 歼灭乳油	中毒	2000 ~ 3000 倍液，喷施	梨小食心虫

（二）科学合理施用农药

1. 禁止使用的农药

红梨上禁止使用的农药包括甲拌磷、乙拌磷、久效磷、对硫磷、甲胺磷、甲基对硫磷、甲基异硫磷、氧化乐果、磷胺、克百威、涕灭威、杀虫脒、三氯杀螨醇、克螨特、滴滴涕、六六六、林丹、氟化钠、氟乙酰胺、福美胂及其他砷制剂。

2. 科学合理使用农药

加强病虫害预测预报，做到有针对性地适时用药，未达到防治指标或益害虫比合理的情况下不用药。允许使用的农药每种每年最多使用 2 次，最后 1 次施药距采收期间隔应在 20 d 以上。限制使用的农药每种每年至多使用 1 次，施药距采收期 30 d 以上。严禁使用国家明令禁止使用的农药和未核准登记的农药。要根据天敌发生特点，合理选择农药种类、施用时间和施用方法，保护天敌。注意不同作用机制农药的交替使用和合理混用，以延缓病菌和害虫产生抗药性，提高防治效果。严格按照规定的浓度、每年使用次数和安全间隔期要求施用，喷药均匀周到。

（三）病虫害防治技术

红梨园病虫害周年防治技术如表 8-4 所示。

表 8-4　梨园病虫害防治年历

时间	物候期	使用农药及浓度	主要防治对象
3 月 5—10 日	花芽刚萌动	树体淋洗式喷布 3 ~ 5 °Bé 石硫合剂	干腐病、轮纹病、红蜘蛛、蚧壳虫、蚜虫
3 月 16—18 日	萌芽期	12.5% 烯唑醇乳油 2000 倍液 + 40.7% 乐斯本乳油 1500 倍液	梨木虱、蚜虫、红蜘蛛
4 月 9—11 日	落花 80%	10% 蚜虱净乳油 1000 倍液 + 1.8% 阿维菌素乳油 1000 倍液 + 70% 甲基托布津可湿性粉剂 800 倍液 + 洗衣粉 2000 倍液	黑斑病、梨木虱、黄粉蚜

续表

时间	物候期	使用农药及浓度	主要防治对象
4月20—23日	套小袋前	10%蚜虱净乳油1000倍液+1.8%阿维菌素乳油1000倍液+10%氟硅唑水乳剂2000倍液+洗衣粉2000倍液	轮纹病、梨木虱、黄粉蚜
5月15—20日	套大袋前	40.7%乐斯本乳油1000倍液+5%高效氯氰菊酯乳油1000倍液+30%己唑醇悬乳剂9000倍液+洗衣粉2000倍液	黑斑病、锈病、梨木虱、黄粉蚜、绿盲蝽
5月27—30日	麦收前	25%的扑虱灵可湿性粉剂1500倍液+5%高效氯氰菊酯乳油1000倍液+40%氟硅唑乳油800倍液+洗衣粉2000倍液	黑斑病、梨木虱、黄粉蚜、跳甲
6月10—15日	幼果期	硫酸铜：石灰：水=1：4：200的波尔多液	黑斑病、黑星病
6月27—30日	果实膨大期	25%灭幼脲3号悬乳剂1000倍液+20%的甲氰菊酯乳油2000倍液+80%大生M-45可湿性粉剂800倍液	黑斑病、梨小食心虫、跳甲
7月10—12日	果实迅速膨大期	硫酸铜：石灰：水=1：4：250~1：4：300的波尔多液	黑斑病、黑星病
7月20—23日	果实迅速膨大期	3%溴氰菊酯乳油2500倍液+68.5%多氧霉素可湿性粉剂1000倍液+萘乙酸（NAA）15 mg/L+洗衣粉2000倍液	黑斑病、梨小食心虫、采前落果
8月20—22日	果实成熟期	5%高效氯氰菊酯乳油1000倍液+萘乙酸（NAA）15 mg/L+洗衣粉2000倍液	黑斑病、采前落果

续表

时间	物候期	使用农药及浓度	主要防治对象
9 月 10—20 日	果实采收后	48% 乐斯本乳油 1000 倍液	黄粉蚜、梨网蝽（军配虫）

四、高工效药剂在红梨上的应用

高工效药剂是某公司推出的根灌长效杀虫剂和营养药肥。其中，根灌长效杀虫剂包括一贯亚士利、一贯杆翠、一贯介终、一贯通 4 个产品；营养药肥包括琳海施从安、撒虫胺和琳海健安 3 个产品。一贯亚士利是 20% 吡虫啉可溶性液剂，其剂型先进，缓释性好，通过根系吸收传导至树体各个部位，持续期长达 1 个生长季，可起到长效杀虫和防虫的作用；一贯杆翠是 22% 噻虫・高氯氟微囊悬浮－悬浮剂；一贯介终是 16% 噻虫嗪悬乳种衣剂（20% 阿维・杀虫单微乳剂）；一贯通是 20% 噻虫胺・灭蝇胺悬浮剂，与一贯亚士利具有同样的疗效。营养药肥施从安是 0. 12% 噻虫嗪颗粒剂，能够解决各类刺吸式害虫频繁高发、难以根除的问题，使其不再复发；撒虫胺是 2% 氟氯氰菊酯・噻虫胺颗粒剂，其中，含氟氯氰菊酯 0. 5%、噻虫胺 1. 5%。2 种药肥均可解决树高喷药难问题，通过药肥根施，根系输导，确保全树杀虫效果。琳海健安是 3% 甲霜・噁霉灵水剂，其中，含甲霜 0. 5%、噁霉 2. 5%，是杀菌药肥，其缓释长效，应用方式灵活，药肥吸收传递速度快，移动性强。通过根系吸收传导至各个病害发生部位，缓释长效不间断杀菌，防治周期长、效果好。可复配多种杀虫杀菌剂一起使用，药肥固有的特性对其他产品的协同增效作用明显。采用喷淋、冲施、灌根、滴灌，药肥双效，杀灭土传病害和生根壮苗一步完成，在病害多发的多雨时期表现效果更好。根部冲施或淋溶 1000～1500 倍液效果较好。

有关高工效药剂在红梨上的应用效果，王尚堃等以 3 年生“红香酥梨”为试材，在黏土、壤土和沙土混合的三合土上，运用药肥施从安（施虫胺）、撒虫胺和根施药剂一贯亚士利分别设置 200、300、400 g，50、100、150 g，3、5、8 mL 3 种施药量，重复 3 次，单株小区，随机区组排列，研究了根施高工效药剂防治红梨蚜虫的效果。结果表明，根施施从安（施虫胺）400 g、撒虫胺 150 g、一贯亚士利乳油 8 mL 效果最好。其中，一贯亚士利乳油 8 mL 防治效果好于药肥施从安（撒虫胺）150 g，而药肥撒虫胺 150 g 防治效果则好于药肥施从安（施虫胺）400 g。其防治效果分别为 94.0%、83.7% 和 76.6%。施虫胺和撒虫胺除作为杀虫剂外，也可作为肥料使用。从树体生长势方面，根施施从安（施虫胺）果树长势强于根施撒虫胺，而根施撒虫胺果树长势又强于根灌一贯亚士利。因此，3 种杀虫剂在具体应用时，可配合使用，能优势互补，有效发挥高工效药肥应有的效果。

（一）防治红梨蚜虫、梨木虱、梨网蝽等刺吸式害虫

防治红梨蚜虫、梨木虱、梨网蝽等刺吸式害虫可采用根部浇灌一贯亚士利，或者根部撒施药肥施从安，可有效控制梨树整个生长季内无虫害发生，安全、环保、持久。

1. 施药时间

施药时间全年均可，最佳用药时间是早春芽未萌动之前。这样，树液开始流动后，药剂被传导至树体各个部位，有效防止虫害发生。

2. 施药技术

距根颈部位 0.5～1.0 m 开沟浇施。主干粗 10 cm 以下选取一贯亚士利 10 mL，主干粗 10 cm 以上每增加 1 cm 对应增加 1 mL 药量，药剂稀释 200 倍浇灌，2 h 后再浇水充分淋溶即可。一般采用两步施药法。第一步：药剂加少量水浇灌在梨树根颈 30～50 cm 附近土穴中，药剂总水量以不溢出为准；第二步：药液阴干 2 h 后大量补水淋溶，有利于根系对药剂吸收，水分越充足，药效越好。应用药肥施从安时，主干粗 10 cm 时，用药量为 400 g/株；10 cm 以上粗度，每增加 1 cm 对应增加 20 g 药量。颗粒药肥撒施在根部树穴后，浇透水淋溶即可。

（二）防治蚧壳虫

梨树上防治蚧壳虫可采用一贯介终或药肥撒虫胺，可达到 1 次施用半年以上无虫的效果。该药安全、高效、低毒、环保无异味，对多次用药无法解决的问题一次应用即可解决。

1. 施药时间

一贯介终或药肥撒虫胺的施药时间在虫害发生前、发生后皆可，但虫害发生前是用药最佳时期。

2. 施药技术

距根颈部位 0.5～1.0 m 开沟浇施。主干粗 10 cm 以下选取一贯介终 10～20 mL 药量，主干粗 10 cm 以上每增加 1 cm 对应增加药量 1 mL，药剂同样稀释 200 倍液浇灌，2 h 后再浇水充分淋溶即可。应用药肥撒虫胺时，红梨树主干粗 10 cm，用药量 100～200 g/株，10 cm 以上粗度每增加 1 cm 对应增加 10 g 药量。颗粒药肥撒施在根部树穴后，浇透水淋溶即可。同样采用两步施药法。

（三）防治蛀干害虫

防治梨树蛀干害虫可应用一贯杆翠或药肥撒虫胺。

1. 施药时间

防治蛀干害虫最好在虫害发生前灌药，时间在每年 4 月左右。

2. 施药技术

距根颈部位 0.5～1.0 m 开沟浇施。主干粗 10 cm 以下选取一贯杆翠和撒虫胺的用药量和技术同防治蚧壳虫。

（四）注意问题

1. 浇水

根部灌药后，必须浇透水充分淋溶，使药剂被大量根系吸收。

2. 集中用药

药剂要浇灌于根系集中区域，以提高防治害虫效果。

3. 采用 2 次稀释法

采用 2 次稀释法，先少量兑水浇灌后，再大量灌水淋溶。

4. 注意温度

温度较高时，树液流动速度快，药剂发挥作用也快；温度较低时，药剂传导慢，药效发挥作用推迟。在休眠期施药，待春季树液开始流动后药剂开始发挥作用，需时间较长。

5. 注意配合速效化学农药

在温度较低、高工效药剂作用缓慢时，配合叶面喷布高效低毒速效化学农药，能够达到优势互补，有效发挥高工效药剂应有的效果。

思考题

1. 梨树上主要病虫害有哪些？如何识别并进行有效防治？
2. 如何进行红梨病虫害的综合防治？应注意哪些问题？
3. 在红梨上，如何应用高工效药剂？应注意哪些问题？

第九章　红梨四季栽培管理技术

一、春季栽培管理技术

（一）地下管理

1. 耕翻

我国北方果区春季一般在土壤解冻后进行果园耕翻，随后追肥，耕翻深度一般为 30 cm，以消灭杂草，疏松土壤，促进根系生长。

2. 萌芽前灌水

萌芽前浇 1 次透水，并结合灌水进行花前追肥，以满足红梨花期对水分的需要。

3. 花前追肥

通过开花前期追肥，可提高花芽质量，并满足开花所消耗的营养，提高坐果率。开花前期追肥在开花前 15 d 施入以复合肥为主的速效肥，一般成年树施 0.5～1.0 kg/株，树势弱可添加尿素 1～2 kg/株，施肥量占全年施肥量的 10%～15%。

4. 花后追肥

梨树开花以后新梢迅速生长并大量坐果，都需要大量养分，因此，花后及时追施氮肥可促进新梢生长、叶片肥大、叶色加深，有利于提高坐果率。

（二）地上管理

1. 花前复剪

红梨花前复剪一般在萌芽后到开花前进行。通过修剪，调节花量，补充冬剪不足。但该期树液已开始流动，贮藏养分大量运到各生长部位，因此，修剪要轻，修剪量不宜过大。

对修剪过轻、留花量较多的红梨应进行复剪，主要是疏除细弱枝、病枯枝、过密枝，调节果树负载量，根据留果量确定留花量。一般留花量应比预留果量多1～2倍，仅留1个花芽/果台，疏除过多的花芽。对因缓放形成的串花枝，要适当短截。调整花量及结果枝与营养枝的布局，完成花前复剪。

2. 剪病梢、刮翘皮

剪病梢、刮翘皮就是剪除红梨上的所有病梢、虫梢，老树还需要刮翘皮，以消灭越冬病原菌及虫卵、幼虫等，降低越冬病虫基数。

3. 疏花

红梨花芽多达7～12朵花/花序，开花消耗树体大量营养。疏除多余的花，可使树体营养供应集中，提高坐果率。疏花在花序分离时进行，要求留1～2朵边花/花序。对自花结实率较低的红梨品种，应当配置好授粉树，未配置好授粉树的应进行人工辅助授粉。

4. 人工授粉

红梨大多数品种需要异花授粉后才能结果。若红梨园内授粉树配植较少或配植不当，则必须进行人工授粉，以提高坐果率。

人工授粉应在授粉前2～3 d，采集适宜授粉红梨品种成年树上充分膨大的花蕾或刚刚开放的花朵，采取花药，烘干出粉，用毛笔、橡皮头或羽毛蘸取少量花粉，涂点到所授花朵雌蕊上即可。

5. 花期喷硼

红梨花期喷硼可在花开25%和75%时，各喷1次0.3%～0.5%的硼砂（酸）溶液+0.3%～0.5%的尿素，开花需要大量磷（P）、钾（K）元素，加喷或单喷0.3%的磷酸二氢钾（KH_2PO_4）溶液，也可提高坐果率。

6. 花期防霜冻

红梨开花早，花期多在晚霜前，极易受晚霜危害。梨花受冻后，雌花蕊变褐，干缩，开花而不能坐果。为此，花期应当注意收听当地的天气预报，当气温有可能降到－2 ℃时就要防霜，防霜有以下3种方法。

（1）花前灌水

花前灌水能降低地温，延缓根系活动，推迟花期，减轻或避免晚霜的危害。

（2）树干涂白

花前涂白树干，能使树体温度上升缓慢，延迟花期3～5 d，以避免或减轻霜冻危害。

（3）熏烟防霜

熏烟能减少土壤热量的辐射散发，起到保湿效果；同时，烟粒能吸收湿气，使水气凝成液体而放出热量，提高地温，减轻或避免霜害。常用的熏烟材料有锯末、秸秆、柴草、树叶等，分层交错堆放，中间插上引火物，以利点火出烟。熏烟前要组织好人力，分片专人值班，在距地面 1 m 处挂 1 个温度计，定时记载温度。若凌晨温度骤然降至 0 ℃时，立即点火熏烟。点火时统一号令，同时进行。点火后注意防止燃起火苗，尽量使其冒出浓烟，并注意不要灼伤树体枝干。除此之外，也可利用防霜烟雾剂防霜。其常用配方是：硝酸铵 20%～30%、锯末 50%～60%、废柴油 10%、细煤粉 10%，硝酸铵、锯末、煤粉越细越好，按比例配好后，装入铁筒内，用时点燃，用量 2.0～2.5 kg/亩，注意应放在上风头。

7. 疏果

日本梨园产量一般为 2200 kg/亩。目前，我国梨园产量保持在 3000～4000 kg/亩，红梨园产量保持在 2000～2500 kg/亩。为此，一般每 15～20 cm 留 1 个果，强树、壮枝 10～15 cm 留 1 个果，弱树、弱枝留果 20～25 cm 留 1 个果。树冠内膛和下层适当多留，外围和上层少留；辅养枝多留，骨干枝少留。

8. 春季病虫防治

红梨在花芽鳞片松动至刚绽开时，全园喷施 3～5 °Bé 石硫合剂；谢花后喷 2.5% 功夫（高效氯氰菊酯）乳油 2500 倍液或 52.25% 农地乐（乐斯本·氯氰菊酯）乳油 2000 倍液 + 37% 苯醚甲环唑水分散粒剂 12 000～15 000 倍液，轮流使用药剂。特别注意在梨树开花期不能施任何农药，以免药害。

二、夏季栽培管理技术

（一）秸秆覆盖

秸秆覆盖的覆盖物是麦草、稻草、秸秆及野草、树叶、麦糠、稻壳等有机物。夏初至秋末幼树覆盖树盘，成龄树覆盖树行内；常年保持厚 20 cm。覆盖前施速效氮肥并松土，随后及时浇水。覆盖物与植株根颈保持 20 cm 距离。连覆 3～4 年后结合秋施基肥浅翻 1 次。

（二）套袋

1. 套袋时间

红梨套袋时间在落花后 20 d（5 月中下旬），幼果如拇指肚大小时，疏完果即套袋，10 d 左右套完。

2. 定果

红梨套袋前按负载量要求认真疏果，留量比应套袋果多些，以便套袋时有选择余地。

3. 喷杀虫杀菌剂

红梨套袋前，按前述苗木病虫害防治历，喷杀菌 + 杀虫混合药 1 ~ 2 次，重点喷果面，杀死果面上的菌虫。喷药后 10 d 之内没有完成套袋的，余下部分应补喷 1 次药，再进行套袋。

4. 套袋时严格选果

红梨套袋果选择果形长、萼紧闭的壮果、大果、边果。剔出病虫弱果、枝叶磨果、次果。只套 1 果/花序，1 果 1 袋。

（三）壮果肥

在红梨果实膨大期施速效完全肥料，以促进果实膨大，提高品质，也有利于花芽分化。结果树条沟施或穴施，施肥深度 20 ~ 30 cm，若干旱应结合灌水。绿肥、土杂肥应与石灰混合，挖深 40 ~ 50 cm 的沟埋施；春夏浅施，沟深 10 ~ 15 cm。

（四）夏季修剪

红梨夏季修剪一般在开花后到营养枝停长前进行。主要通过结果枝摘心，以提高坐果率。对直立生长 1 年枝拿枝，以开张角度，促进花芽的形成；对剪口萌蘖及时抹除。

（五）西洋梨环剥

5 月下旬至 6 月上旬，在红皮西洋梨旺树主干或旺枝基部环割 2 刀，剥去 1 圈皮层，环剥宽度是枝条粗度的 1/10，长度一般为 2 ~ 5 mm。

三、秋季栽培管理技术

（一）果后肥

红梨采果后，对结果多、树势弱的树，及时施 1 次果后肥。果后肥以腐熟农家肥为主，配合适量的三元素复合肥。施肥量视树冠大小而定，仅占全年施肥量的 15% 左右。注意施肥量不宜过大，不施速效尿素或碳铵，否则易引起抽发大量晚秋梢，影响花芽分化。

（二）秋施基肥

红梨秋施基肥，有利于恢复树势，保护叶片，提高花芽质量，为次年开花结果积累养分。

红梨秋施基肥时间在每年 10 月初。施肥选用优质有机肥，施用量应占全年用肥量的 60% ~ 70%，至少按斤果斤肥比例施入。一般施优质有机肥 50 kg 左右/株。

红梨秋施基肥方法可开环沟施，也可根据根系的走向开放射沟施，或者在红梨树行间开条沟施或挖穴施。为达到培肥改良土壤的目的，这些施肥方法每年要交替进行。为提高肥料利用率，施肥深度以 30 ~ 50 cm 为宜。注意：遇到干旱时，及时灌溉，做到以水促肥，便于根系吸收。

（三）园地深翻

园地采果后要及时进行深翻，以疏松土壤，增强通透性，减少病虫害。深翻深度为树盘周围 10 cm 左右，树盘以外 20 ~ 25 cm。耕翻后根据墒情及时灌水。通过深翻，将地面上的病叶、僵果及躲在枯草中的害虫深埋地下，使其被闷死，次年不能出土。

（四）防止秋季 2 次开花

红梨开 2 次花的主要前期症状是叶片早期脱落。红梨叶片如果在 7—8 月早落（红梨正常落叶期在 10 月下旬至 11 月上旬），那么树体被迫提前进入休眠状态，影响了光合产物的制造和积累，不利于叶内营养成分及时转入枝条。秋季如果再遇上“小阳春”天气，红梨就会 2 次开花，导致红梨叶片早落。红梨提高落叶的原因有 3 种：一是果实成熟过早，梨果 1 次性采摘，叶片表现萎蔫，加速离层形成，提早落叶；二是病虫害导致红梨长势衰弱，造成红梨提早落叶；三是留果过多，消耗过量营养，影响枝叶正常生长，也会造成红梨早期落叶。具体防治措施有 4 种：一是分期分批采收，使果实与叶片对水分有逐步适应和调剂；二是合理修剪，调整树势，改善通风透光条件；三是加强病虫防治，减少病虫危害；四是做好疏花疏果工作，施足肥料，尤其采摘后要及时施肥。

（五）防治病虫害

采果后清除残枝落叶、烂果及果园周围杂草，集中烧毁。许多危害红梨的病菌、害虫均在枯枝落叶及荒草中越冬，成为次年病虫源。因此，要将红梨园及其附近的枯枝落叶、僵果、杂草清扫干净，集中沤肥或烧毁。

红梨秋季主要病害是黑斑病，可在果实采收后选用大生、多菌灵和波尔多液等交替喷施进行防治。

红梨主要虫害有红蜘蛛、蚧壳虫，可用阿维高氯＋螺虫乙酯进行防治。

（六）秋季修剪

对秋季生长过强的红梨树，应适当疏除少量新梢和徒长枝，以改善树体光照，增加后期叶片光合能力，减少冬季修剪量。此外，秋季随着温度逐渐降低，红梨枝条较柔软，对开张角度小的多年枝拉枝开角，以缓和其生长势，促进花芽发育。注意：秋季中庸树和弱树不疏枝，以免生长势更加衰弱。

四、冬季栽培管理技术

（一）冬季清园

红梨落叶后和萌芽前各喷 1 次 5 °Bé 石硫合剂清园，降低越冬基数，以减少病虫害危害。

（二）刮树皮

刮树皮可消灭潜伏在果树粗皮、翘皮及树干裂缝中的大量越冬病菌和害

虫。腐烂病菌和轮纹病菌、梨小食心虫和星毛虫、山楂红蜘蛛大都在果树粗皮、翘皮裂缝内越冬。在冬季或早春，用刮刀或镰刀将红梨树老皮轻轻刮掉，用施纳宁 50～150 倍液在树干上涂抹，将刮下老皮集中烧毁。

（三）冬季修剪

1. 结果枝组修剪

红梨大、中、小型枝组要多留早培养，中心干上、转主换头辅养枝上、主枝基部及背上背下都可以多留。在培养过程中分别利用，逐步选留，不必要时再根据实际情况疏除。在不扰乱骨干枝、不影响主侧枝生长的前提下，有空间就留，见挤就缩，不能留时再疏除。有空间的大、中枝组，后部不衰弱、不缩剪，其上小枝组采取局部更新方式复壮；细致疏剪短果枝群，去弱留强、去远留近，以集中营养，保持结果能力。

2. 不同时期管理

（1）幼树期树修剪

红梨幼树整形修剪的中心任务是建立良好的树体结构，重点考虑枝条生长势、方位两个因素；但不要死抠树形参数，只要基本符合要求，就要确定下来。关键要对选定枝采用各种修剪技术及时调控，进行定向培养，促其尽量接近树形目标要求。根据红梨树修剪反应特点，在具体操作时应注意 4 个问题。一是大多数红梨品种成枝力低、萌生长枝数量少，选择骨干枝困难。为此，应充分利用刻芽、涂抹发枝素、环割等方式促发长枝。可处理留作骨干枝的芽，也可处理方位适宜的短枝，都有较好效果。二是红梨幼树分枝角度小，常常直立抱合生长，若任其自然生长，后期再开角比较困难，且极易劈裂。因此，应及早运用各种开角技术，如拿枝、支撑、坠拉等开张其分枝角度。三是红梨树枝条负荷力弱，结果负重后易变形或劈折。为增加骨干枝坚实度，各级骨干枝的延长枝都一般剪留 1/2～2/3；中心干可重些，主枝稍轻。四是红梨树干性和顶端优势强，极易出现上强下弱现象。表现为中心干强、主枝弱，有高无冠；骨干枝前强、后弱，头大身子小；树冠外围强、内膛弱，外密内空。因此，控高扩冠，控前促后，防止内膛枝组早衰，是红梨幼树期整形修剪的难点。

（2）初果期树修剪

红梨初果期树冠仍在快速扩大，结果量迅速增加，修剪任务是继续培养各级骨干枝和结果枝组，使树尽快进入盛果期。具体应从 3 个方面着手：一是根据树势确定各骨干枝延长枝剪留长度。一般比幼树期短，多在春梢中、上部短截。二是发展过高树，可留下层5～7个主枝“准备落头”或“落头”。对前期保留辅养枝或过多骨干枝，根据空间大小，疏除或改造为枝组。三是红梨初果期的修剪重点逐渐转移到结果枝组培养上。

（3）盛果期树修剪

红梨盛果期修剪任务主要是维持树冠结构，维持及复壮结果枝组，使树势健壮，高产稳产。主要从5个方面着手。一是保持中庸健壮树势。通过枝组轮替复壮和短截外围枝，继续维持原有树势。每年修剪量不宜忽轻忽重。对树势趋向衰弱树，重短截骨干枝延长枝，连年延长枝组中回缩。对短果枝群和中、小枝组细致修剪，剪除弱枝、弱芽。二是维持树冠结构。骨干枝延长枝短留，随着结果量增加，选角度较小枝作延长枝，也可对角度过大骨干枝在背上培养角度小的新枝头。骨干枝多次更换，以保持适宜角度。三是改善光照。对外围发生长枝多的树，轻截外围枝，增加缓放，适当疏枝，使长势缓和。如外围多年生枝过多、过密，可疏除多年生枝，使外围枝减少。骨干枝过密、过多，要逐年减少。四是维持和复壮枝组。在调整好骨干枝的前提下，再调整枝条和枝组分布，培养质量好的枝组和短枝。在树冠内留壮枝组，疏除瘦弱枝组；在树冠外留中庸健壮枝组，疏除强旺枝组。对枝组连年延伸过长、结果部位外移的，在有强分枝处回缩。对果台枝发生弱、果枝寿命短、不易形成短果枝群的红梨品种，通过骨干枝换头或大枝组的缩剪来更新部分枝组。五是防止大小年。在修剪上，一方面保持树势，培养壮枝；另一方面防止结果过多。冬季修剪时，可以减少花芽留量。

（4）衰老期树修剪

红梨衰老期修剪主要任务是养根壮树，更新复壮枝组和骨干枝。该期外围枝抽生很短，产量显著下降。如果修剪适当，肥水管理较好上，还能获得相当产量，以延长其经济寿命。

思考题

1. 如何进行红梨生长期栽培管理？
2. 如何进行红梨休眠期栽培管理？

第十章　红梨无公害标准化栽培技术

红梨是一种市场前景广阔的优质水果，其栽培优良性状突出，具有较高的栽培推广价值。2016 年以来，王尚堃等参照 NY/T 442《无公害食品　白梨、西洋梨和砂梨适宜气候条件》、NY/T 5101—2002《无公害食品　梨产地环境条件》和 NY/T 5102—2002《无公害食品　梨生产技术规程》的有关要求，在山西运城、河南漯河、河南南阳等地开展红梨无公害标准化栽培技术的研究，成效显著，生产的红梨优质高率高达 96% 以上，进入丰产期产量稳定在 1568. 4 kg/亩。果品检测结果符合无公害果品安全、卫生、优质和营养成分高的质量标准，平均每年纯收益高达 23 594. 4 元/亩。现将其无公害标准化栽培技术要点总结如下。

一、园址选择与科学规划

（一）园址选择

园地气候条件应符合 NY/T 442 的要求，园地环境条件应符合 NY 5101 的要求。园地应选择在阳光充足、交通方便，土层厚度在 1 m 以上，地下水位在 1 m 以下，有灌溉条件，土壤 pH 在 6. 0 ~ 8. 0，含盐量在 0. 2% 以下，土壤有机质含量在 1% 以上的壤土或沙壤土地段。平地建园应选择地势较高、便于排水的地块；山区、丘陵区建园应选择坡度在 10°以下的地块，坡度在 6° ~ 15°的地块应修筑水平梯田，坡向选择背风向阳的东坡、东南坡或南坡。

（二）科学规划

一般小区面积 1 ~ 3 hm^2，山地边长与等高线平行，最好在栽植红梨前 1 ~ 2 年建造防护林；有条件的地方配套节水灌溉设施，如滴灌、微喷、渗灌等。园地规划设计应遵循以果为主、适地适栽、节约用地、降低投资、先进合理、便于实施的设计原则。以企业经营为目的的果园，土地规划中应保证生产用地的优先地位，并使各项服务于生产的用地保持协调的比例。果树栽培面积通常达到 80% ~ 85%，防护林 5% ~ 10%，道路 4%，绿肥基地 3%，办公生产生活用房屋、苗圃、蓄水池、粪池等共 4% 左右。

二、品种和砧木选择

（一）品种选择

在红梨品种选择方面，王尚堃等对商水和畅农业发展有限公司从中国农业科学院郑州果树研究所引进的 5 个红梨主栽品种“满天红梨”“玉露香梨”“新梨 7 号”“红香酥梨”“粉红香蜜梨”进行了栽培对比试验。结果表明，各主栽品种在周口地区均能正常完成年生长周期。其中，“新梨 7 号”果实成熟期最早，属早熟型红梨品种；“红香酥梨”“玉露香梨”属中熟品种；“满天红梨”“粉红香蜜梨”成熟期较迟，属晚熟品种。各品种果实形状差异很大，风味除“满天红梨”表现稍酸外，其余 4 个红梨品种均以甜为主。5 个红梨品种均表现出红梨表皮典型红色性状，果核均较小，可食率都在 90% 以上，果肉颜色均为白色，属白梨系统。5 个红梨品种果实品质均达到了 A 级，耐贮性强。果个大小表现为晚熟品种最大，中熟品种次之，早熟品种最小。在生长结果习性方面，红梨规模化栽培晚熟品种“粉红香蜜梨”“满天红梨”表现最好，栽培优良性状突出，产量较高，获得的经济效益最为显著，中熟品种“红香酥梨”“玉露香梨”次之，早熟品种“新梨 7 号”相对较差。在果实内含物含量，即内在品质方面，从可溶性糖、总酸、维生素 C、蛋白质、单宁、果胶、水分和总灰分含量 8 个方面综合考虑，中晚熟品种较好，早熟品种相对较差。因此，在红梨规模化栽培方面，应当优先发展晚熟品种“粉红香蜜梨”“满天红梨”，适度发展中熟品种“红香酥梨”“玉露香梨”，适当发展早熟品种“新梨 7 号”。

因此，结合近几年研究成果，红梨无公害标准化栽培早熟品种选择“新梨 7 号”“红贵妃梨”等，中熟品种选择“红香酥梨”“玉露香梨”等，晚熟品种选择“粉红香蜜梨”“满天红梨”等。

（二）砧木选择

红梨无公害标准化栽培，长江中下游砧木选用豆梨，其他地区选用杜梨。

三、选用优质健壮苗木，采用机械高质量建园

（一）选用优质健壮苗木

选择符合国家 NY 475—2002《梨苗木》标准的一级苗木。无明显病虫害和机械损伤，地上部健壮，嫁接口愈合良好，砧桩剪平，根蘖剪除干净，苗木直立；根系发达，舒展，须根多，断根少；无检疫性病虫害。其实生砧2年生苗木主根长25 cm，粗1.2 cm；侧根5条，长15 cm，粗0.4 cm；苗木高1.2 m，嫁接口长10 cm，粗1.2 cm，茎段整形带内具有8个饱满芽，苗木纯度达100%。

（二）采用机械高质量建园

北方一般在当年11月中旬至次年3月上旬栽植，中南部地区在秋季栽植。山地、旱地定植穴或定植沟在前1年挖好。定植前苗木根部用3%～5%的石硫合剂，或1：1：200波尔多液浸苗10～20 min，再用清水洗根部后蘸泥浆。采用窄株距、宽行距、南北行向栽植方式，纺锤形株行距2.5 m×4.0 m或3 m×4 m，小冠疏层形和自由纺锤形株行距2 m×4 m，细长圆柱形株行距1.0 m×3.5 m或1 m×3 m。自花授粉品种“红贵妃梨”等不配置授粉树，异花授粉品种“红香酥梨”等按4：1～8：1配置授粉树。采用挖掘机2次开沟或挖穴法。株距2 m及以下整行开沟，2 m以上以单株为单位挖穴。栽前沟或穴内施基肥，灌足底水，深坑浅栽，栽后封土堆高30 cm。萌芽前灌水、松土后，顺行向覆盖地膜，宽1 m，4月上旬揭膜。

四、土肥水管理

（一）土壤管理

定植后1～3年行间间作大豆、花生、西瓜、甜瓜、甘薯和草莓等矮小作物，不种植高秆作物。定植第1年果树与间作物距离1 m，第2～3年距离1.5～2.0 m，4年及以后行间生草。禾本科草种选择黑麦草和高羊茅等，豆科草种选择三叶草、毛叶苕子、紫花苜蓿、草木樨等，每年割草3～4次，将高度控制在30 cm以下，草覆盖在树盘内或撒于行间，通过翻压、覆盖和沤制等方法将其转变为梨园有机肥改良土壤。也可在梨园内养鸡、鹅，鸡吃虫，鹅吃草，鸡、鹅粪便肥地，生态循环可持续利用。

（二）肥、水管理

采用肥、水一体化技术，在地下埋设胶管滴管系统，利用仪器设备智能化控制施肥、浇水。开花前15 d（3月中旬）施入以氮磷钾三元肥为主的复合肥料，一般结果树施0.5～1.0 kg/株，树势弱的添加尿素1.0～2.0 kg/株。5月上中旬结合树盘除草松土，施以氮磷为主的氮磷钾复合肥0.7～1.2 kg/株。夏初至秋末幼树覆盖树盘，成龄树覆盖行内，常年保持厚20 cm。覆盖前施速效氮肥并松土，随后及时用滴管系统浇水，覆盖物与树体根颈保持20 cm距离。连续覆盖3～4年后，结合秋施基肥浅翻1次，6月中旬果实膨大期施速效完全肥料，浅施，沟深10～15 cm。绿肥、土杂肥与石灰混合，挖沟深40～50 cm埋施。每年10月初，按结果与施肥重量比1∶1施优质有机肥。利用开沟机每年在果树两旁开沟交替进行，施肥深30～50 cm。

五、花、果管理

（一）保花、保果

异花授粉红梨品种，为提高坐果率，应配置好授粉品种，未配置好授粉品种的应进行人工辅助授粉，采取机械喷粉法进行人工辅助授粉。当花开25%和75%时，各喷1次0.3%～0.5%硼砂（酸）+0.3%～0.5%尿素，同时加喷或单喷0.3%磷酸二氢钾，可提高坐果率。或在果实采收前1个月（8月中下旬前）喷100 mg/L赤霉素（GA_3），可减少采前落果。为预防晚霜危害，可根据天气预报情况，采用花前灌水、树干涂白、熏烟防霜等方法。树干涂白采用涂白剂，配方为：生石灰0.5 kg、水4～5 kg、黏着剂（面粉）0.25 kg，注意涂白时先将老皮刮除。熏烟采用防霜烟雾剂，配方为：硝酸铵20%～30%、锯末50%～60%、废柴油10%、细煤粉10%，硝酸铵、锯末和煤粉越细越好。按比例配好后装入铁筒内点燃，注意放在上风头，用量2.0～2.5 kg/亩。也可应用防冻剂天达2116和甲克丰，在花期喷雾，天达2116使用浓度为500～600倍液，甲克丰使用浓度为600～800

倍液。

（二）疏花、疏果

1. 疏花

疏花在花蕾分离期至落花前进行。当花蕾能与果台枝分开时，掰掉花蕾，保留果台，其余过密花序全部疏除。先疏衰弱、病虫危害、坐果部位不合理花序，留侧生、下垂花序，不留背上花序。按照弱枝少留、壮枝多留的原则，花序间距20 cm左右，使花序均匀分布于全树。留下花序，疏去中心花，保留发育好的边花1~2个/花序。

2. 疏果

疏果在盛花后2~4周进行。根据留果量多少，分1~3次进行。疏除病虫果、畸形果、小果、圆形果，保留具有本品种典型特征的侧生、下垂优质果，通常留第2~4序位果实。一般留1个果/花序，若花芽量不足，则留双果。红梨无公害标准化栽培中，为提高果实品质，要做到合理负载，中庸树15~20 cm留1个果，强壮树10~15 cm留1个果，弱树、弱枝20~25 cm留1个果。疏果原则是树冠内膛和下层适当多留，外围和上层少留；辅养枝多留，骨干枝少留。

（三）果实套袋

果实套袋时间以5月中下旬（落花后约20 d）幼果如拇指大小时为宜。果面喷施20%甲氰菊酯乳油2000倍液+70%代森锰锌可湿性粉剂1000倍液1~2次。药液干后即套袋，果袋选择2层或3层纸袋。套袋果选择果形长、萼紧闭的壮果、大果、边果，剔除病虫弱果、枝叶磨果、次果，1果/花序，1果1袋，10 d左右套完。喷药后若10 d之内未套完，余下部分补喷1次药再套。采果前20 d，将外层袋撕开1/2，1~2 d去除外层袋，并将内层袋撕开1/2，再经1~2 d选晴天下午15时以后去除内层袋。

（四）果实提质与采收

去除内层袋后，摘除贴果叶，疏除遮光果枝。待果实阳面充分着色后，轻轻转动果实，使阴面转向阳面，利用透明胶布固定。去袋后在树盘内及稍远处覆盖反光膜，采收前收回。果实采收时要轻拿轻放，不用手捏或碰撞。先将等级果运至存放场，再将病虫果、畸形果、等外果、残次果集中处理。

六、整形修剪

（一）树形选择

红梨树形可选择小冠疏层形、纺锤形、自由纺锤形和细长圆柱形等树形。土壤肥力较高时采用小冠疏层形、纺锤形、自由纺锤形树形；土壤肥力较低时采用细长圆柱形树形。

（二）各个年龄时期修剪

1. 幼树期整形修剪

红梨幼树期整形修剪主要任务是培养骨干枝，完成整形；合理利用辅养枝，尽快增加枝量；培养枝组，尽早结果和丰产。

该期要充分利用刻芽、涂发枝素、环割等方式促发长枝，处理预留作骨干枝的芽或方位适宜的短枝。采用拿枝、支撑和坠拉措施开张其分枝角度。幼树冬剪建立良好的树体结构，各级骨干枝延长枝一般剪留 1/3～1/2，中心干重些，主枝稍轻。

2. 初结果树修剪

红梨初结果树修剪任务是继续培养各级骨干枝和结果枝组，使树尽快进入盛果期。

红梨进入初果期，各骨干枝延长枝剪留长度比幼树期短，在春梢中、上部短截。树高超过 3.5 m 时，留下层 5～7 个主枝“落头”。保留辅养枝或过多骨干枝，根据空间大小，疏除或改造成枝组。随着结果量的增加，选角度较小枝作延长枝，角度较大骨干枝在背上培养成小角度的新头。骨干枝多次更换，以保持适宜角度。骨干枝过多时，通过疏剪予以减少。

3. 盛果期修剪

红梨盛果期修剪主要任务是维持树冠结构，继续维持原有树势，稳定修剪量。

红梨树势衰弱时，重短截骨干枝延长枝，连年延长枝组中度回缩。为维持树冠结构，骨干枝延长枝适当短留。在调整好骨干枝的前提下，再调整枝条和枝组分布。外围发生长枝多时，可轻截外围枝，增加缓放，适当疏枝。外围多年生枝过多、过密时，疏除一部分，改善通风透光条件。在树冠外留

中庸健壮枝组，疏除强旺枝组。枝组连年延伸过长、结果部位外移时，在强分枝处回缩。为防止大小年，冬剪时可适当减少花芽留量。

4. 衰老树修剪

红梨衰老期修剪主要任务是养根壮树，更新复壮枝组和骨干枝。

红梨衰老期修剪原则是"衰老到哪里，回缩到哪里"，通过回缩，更新复壮。为了提高更新复壮效果，回缩前应深翻土壤，增施基肥，减少树体负载量，增加树体营养水平。在更新中，除回缩更新骨干枝外，对枝组也应回缩更新，但应分期、分批进行，不能一次回缩太多。对枝组更新应坚持"先培养，再回缩"的原则，即在回缩部位下部，通过短截先让其萌发新梢，选旺枝、壮枝或背上枝培养 1～2 年，再回缩衰老部位。为促使新枝组快速扩展，迅速增加枝叶量，应对其延长枝及后部分枝进行短截。更新后，注意控制树势返旺，待树势稳定后，再按正常结果树进行修剪。

红梨衰老期通过修剪，更新复壮骨干枝和结果枝组，合理利用徒长枝和背上枝，调整花果量，养根复壮。

七、病虫害防治

（一）防治原则

贯彻"预防为主，综合防治"的植保方针，以农业防治和物理防治为基础，提倡生物防治，按照病虫害发生规律和经济阈值，科学使用化学防治技术。

（二）综合防控病虫害

农业防治采取栽植优质无病毒红贵妃梨苗木；加强肥水管理、合理控制负载量等措施增强树势，提高抗病力；合理修剪，保证树体通风透光；剪除病虫枝、果，清除枯枝落叶，刮除树干老翘皮，翻刨树盘，减少病虫源，降低病虫基数；不与苹果、桃等其他果树混栽；梨园周围 5 km 范围内不栽桧柏。物理防治根据害虫生物学特性，采用糖醋液、树干缠草把和诱虫灯等方法诱杀害虫。生物防治采用人工释放赤眼蜂；助迁和保护瓢虫、草蛉、捕食螨等昆虫天敌；利用有益微生物及其代谢产物防治病虫；利用昆虫性外激素诱杀或干扰成虫交配。化学防治禁止使用剧毒、高毒、高残留农药和致畸、致癌、致突变农药，施用中华人民共和国农业农村部推荐的农药（表 10–1，表 10–2），提倡使用生物源农药、矿物源农药、新型高效低毒低残留农药。加强病虫害预测预报，有针对性、适时、科学合理地使用农药，未达防治指标或益虫与害虫比例合理的情况下不使用农药。在使用农药时，合理选择农药种类、施用时间和施用方法，严格按照规定浓度、每年使用次数和安全间隔期要求施用，保护天敌。注意不同作用机制农药交替使用和合理混用，施药均匀周到。也可使用高工效药剂 0. 12% 噻虫嗪颗粒剂、2% 氟氯氰菊酯 · 噻虫胺和 20% 吡虫啉乳油根施，长效控制梨园蚜虫危害。

表 10–1　农业农村部推荐使用的杀虫杀螨剂

农药名称	每年最多使用次数/次	安全间隔期/d
吡虫啉	—	—
毒死蜱	—	—
氯氟氰菊酯	2	21
氯氰菊酯	3	21
甲氰菊酯	3	30
氰戊菊酯	3	14
辛硫磷	4	7
双甲脒	3	20

表 10–2　农业农村部推荐使用的杀菌剂

农药名称	每年最多使用次数	安全间隔期/d
烯唑醇	3	21
氯苯嘧啶醇	3	14
氟硅唑	2	21
亚胺唑	3	28
代森锰锌、乙膦铝	3	10
代森锌	—	—

（三）主要病虫害防治

红梨落叶后和萌芽前各喷 1 次 5 °Bé 石硫合剂。同时，将果园中的杂草和枯枝落叶清扫干净，集中烧毁，彻底消灭越冬病虫害。早春用刮刀或镰刀将树干老皮刮除，将刮下树皮集中烧毁，用涂白剂将树干涂白，同时翻耕树盘。春季萌芽前剪除树上所有病梢和虫梢。萌芽期在花芽鳞片松动至刚展开时，全园喷施 3 °Bé 石硫合剂。

1. 主要病害及防治药剂

红梨主要病害是梨炭疽病、轮纹病和腐烂病。防治红梨炭疽病和轮纹病在 7 月上中旬和 8 月上中旬各喷 1 次 50% 多菌灵可湿性粉剂 600 ~ 800 倍液、60% 甲基托布津可湿性粉剂 1000 倍液、70% 代森锰锌可湿性粉剂 1000 倍液、50% 退菌特可湿性粉剂 800 倍液，轮换喷施进行防治。防治红梨腐烂病于 9 月初刮除树干腐烂病病斑，喷涂 5% 菌毒清水剂 50 倍液或喷布 70% 甲基托布津可湿性粉剂 2000 倍液等药剂，或用 50% 多菌灵可湿性粉剂 1 份 + 植物油 1. 5 份混合涂抹患部。病害严重时，每隔 5 ~ 7 d 涂抹 1 次，连续喷涂 2 ~ 3 次。

2. 主要虫害及防治药剂

红梨主要害虫是蚜虫、梨木虱、梨网蝽、梨尺蠖、顶梢卷叶蛾、红蜘蛛、金龟子等。蚜虫在 4—5 月，可采用高工效药剂 0. 12% 噻虫嗪颗粒剂 300 ~ 400 g/株、2% 氟氯氰菊酯 · 噻虫胺颗粒剂 100 ~ 150 g/株和 20% 吡虫啉乳油 5 ~ 8 mL/株根施，前期配合 10% 吡虫啉可湿性粉剂 2000 倍液叶面喷施，可长期有效控制红梨蚜虫危害。除此之外，也可用复配型农药螺虫乙酯进行防治。梨木虱采用 0. 3% 苦参碱水剂喷施进行防治。梨网蝽、梨尺蠖、顶梢卷叶蛾、红蜘蛛、金龟子可叶面喷布阿维高氯进行防治。

红梨园标准化全年管理工作历如表 10–3 所示。

表 10–3 红梨园标准化全年管理工作历

时间	物候期	管理项目	管理内容
11 月至次年 2 月	休眠期	整形修剪	按照丰产、优质的树体管理要求进行休眠期修剪

续表

时间	物候期	管理项目	管理内容
11月至次年2月	休眠期	清理果园	清除果园杂草、枯枝、落叶及剪下的枝条、僵果。落叶、杂草及剪碎的枝条可结合深翻施肥深埋入土中；病虫枝梢、僵果带出果园烧掉
		施有机肥	没有秋施基肥的果园增施有机肥，并浇1次水
3月	萌芽期	刮树皮	刮粗皮、翘皮，靠近地面的翘皮里是天敌的主要越冬场所，注意保护
		追肥	锄冬草，追花前肥，以氮肥为主
		降低越冬害虫基数	萌芽前喷5 °Bé石硫合剂，在彻底刮除老树皮的基础上喷石硫合剂
4月	开花前后	疏花	上旬疏花蕾，中旬疏花，人工授粉
		防治虫害	花后防治蚜虫、梨木虱、梨茎蜂
		追肥	花后追肥，灌水，松土除草
5月	新梢生长、幼果膨大期	疏果套袋	中旬疏果，有条件可套袋，套袋前喷1次杀菌杀虫剂
		防治虫害	防治蚜虫、梨大食心虫、梨实蜂、椿象，可喷25%灭幼脲3号2000倍液
6月	新梢停长期、果实膨大期	夏季修剪	摘心、环剥、拉枝开角
		追肥	追施果实膨大肥，以氮肥为主，配磷、钾肥，浇水松土
		防治虫害	摘虫果，糖醋液诱杀梨小食心虫，扑杀天牛、金龟子
7月	长梢停长，叶片形成，早熟品种成熟，中晚熟品种膨大	树体管理	树体进行1次全面整理：支撑被果实压弯大枝，回缩或疏除伸进作业道的长枝、着地枝、株间交叉枝、冠内过密枝，直立枝、角度小的枝拉枝开角

续表

时间	物候期	管理项目	管理内容
7月	长梢停长，叶片形成，早熟品种成熟，中晚熟品种膨大	追肥	早熟品种适时采收，采后立即追施采后肥；中晚熟品种施果实膨大肥，以磷、钾肥为主。雨水过多，注意排涝
		防治病虫害	防治红蜘蛛、梨小食心虫、桃蛀螟、黑心病、轮纹病，可用70%甲基托布津可湿性粉剂800～1000倍液+30%蛾螨灵乳油1500倍液+2.5%高效氯氟氰菊酯乳油3000倍液
8月	中熟品种成熟，晚熟品种出现第2次生长高峰	防治病虫害	喷50%多菌灵或甲基托布津800～1000倍液，同时混合杀螟松乳油1000～2000倍液或50%高效氯氰菊酯乳剂3000倍液，主要防治轮纹病、梨小食心虫、黄粉蚜、舟形毛虫、椿象等。结合喷药进行叶面施肥
		果实管理	及时采收中熟品种，防止采前落果，月底准备晚熟品种采收
9—10月	果实成熟	秋施基肥	10月下旬施基肥，配合氮钾，约2500 kg/亩，幼树少施，盛果期多施，并灌休眠越冬水
		加强采后管理	采后加强管理，立即施基肥+尿素+过磷酸钙。可叶面喷布0.3%尿素，同时注意病虫防治

思考题

结合前面有关内容，试总结红梨无公害标准化栽培技术规程。

第十一章　红梨省力化机械化栽培管理工具机械研发

一、红梨幼树肥水管理装置

（一）背景技术

红梨幼树生长过程中，对氮的吸收较多，钾次之，磷相对较少。所以，红梨在幼树生长过程中，要进行多次施肥。一般施氮磷钾复合肥 3～4 次。施肥完成后，要对施肥处灌水，从而提高肥料利用率。但是，目前的红梨幼树施肥方法大多是先在幼树一侧挖 1 个小坑或者在一侧开沟，将肥料填埋施入，再在填埋处灌水。在施肥过程中，挖开和填埋的工作耗费精力和时间，肥料的利用率也不高。

（二）研发目的及设计内容

1. 研发目的

本发明的目的是提供一种红梨幼树肥水管理装置，以解决现有施肥装置大多需要挖坑填埋来进行施肥，从而导致施肥效率较低、肥料利用率不高的问题。

2. 设计内容

一种红梨幼树肥水管理装置，包括施肥箱（含多个施肥通道，贯穿设置在施肥箱底部）、储料箱（设置在施肥箱内部，在施肥箱内壁上设置滑轨，储料箱两端滑动设置在滑轨上）、伸缩杆（一端连接在储料箱顶部，另一端设置在施肥箱内壁上）、多个第 2 施肥管（每个第 2 施肥管的一端通过连接软管连通在储料箱底部对应施肥通道的位置上）及多个第 1 施肥管。每个第 2 施肥管上均套设 1 个第 1 施肥管，第 1 施肥管的顶部限位设置在第 2 施肥管上，第 1 施肥管包括多个撑开板和第 1 施肥管内管，第 1 施肥管内

管套设在第2施肥管上，第1施肥管内管的周侧设置多个撑开板，每个撑开板顶部通过转轴与第1施肥管内管的侧面连接，在撑开板靠近底部的位置和第1施肥管内管之间设置撑开件，第1施肥管内管和第2施肥管的周侧设置多个通孔。在施肥箱侧面靠近底部的位置设置万向轮，侧面设置扶手。施肥箱为半环形，在其侧面一处开设环形凹槽。凹槽的槽面上设置灌溉环，灌溉环包括注水口（开设在所述灌溉环的顶部）、多个灌溉管（一端连通在灌溉环的底部）、灌溉喷头（连接在灌溉管的另一端上）。凹槽内侧面的槽面上铺设防护垫。除此之外，还包括配料箱，其顶部设置配料管，配料箱设置在储料箱的上方；混合箱，设置在储料箱和施肥箱之间，一端和配料箱连通，另一端通过连通管和施肥箱连通。每个第1施肥管的顶部靠近第2施肥管的位置处设置振荡器。第1施肥管内管和第2施肥管的底部均为锥形，且多个撑开板拼接成的第1施肥管的底部也为锥形。灌溉喷头倾斜设置，灌溉方向向施肥箱的外周侧倾斜。撑开板撑开后从施肥通道拔出。

（三）实施操作

如图11-1至图11-7所示。一种红梨幼树肥水管理装置在使用时，将肥料按照配比备好，放入储料箱中，将施肥箱移动至待施肥的红梨幼树旁边，

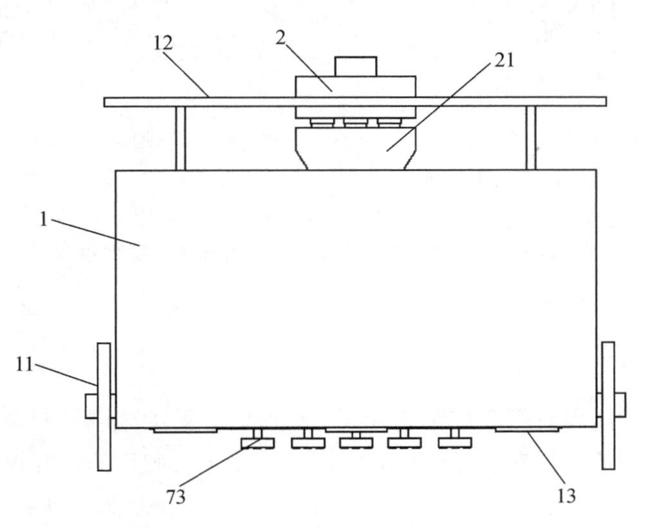

1—施肥箱；11—万向轮；12—扶手；13—施肥通道；
2—配料箱；21—混合箱；73—灌溉喷头。

图11-1　红梨幼树肥水管理装置外部结构主视示意

通过电力控制伸缩杆伸出，控制储料箱下移，就是使第 2 施肥管和第 1 施肥管均下移，直至第 2 施肥管和第 1 施肥管插入土中，然后控制电磁阀打开，使配合的肥料进入第 2 施肥管中，通过撑开件撑开第 1 施肥管的撑开板，使第 2 施肥管周侧的土壤被拨开，形成一个相对空档的空间，此时，第 2 施肥管中的肥料会从通孔进入土壤中。施肥后，多次撑开和收起撑开板，使第 2 施肥管周侧的土壤变得松弛，并且使肥料和土壤充分混合。

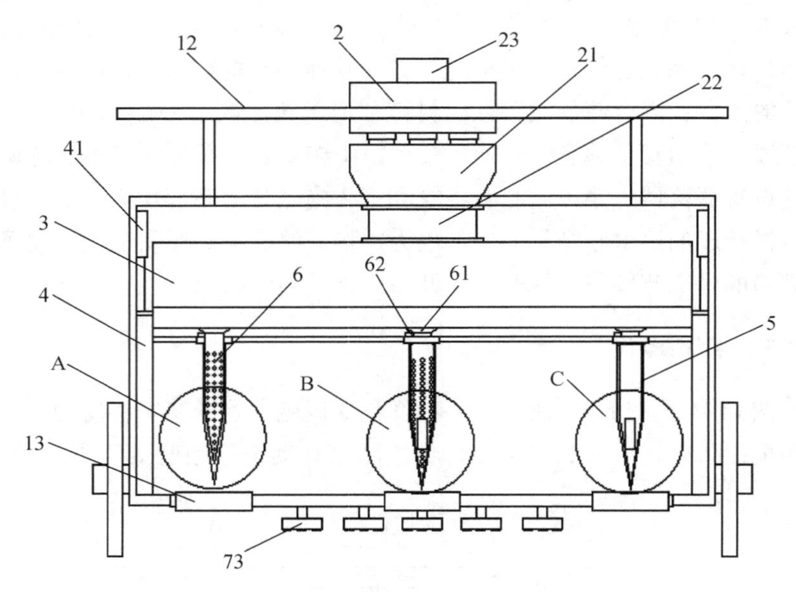

12—扶手；13—施肥通道；2—配料箱；21—混合箱；22—连通管；23—进料管；
3—储料箱；4—滑轨；41—伸缩杆；5—第 1 施肥管；6—第 2 施肥管；
61—连接软管；62—振荡器；73—灌溉喷头。

图 11–2　红梨幼树肥水管理装置内部结构主视示意

（四）优点

本发明通过设置第 2 施肥管和第 1 施肥管，第 1 施肥管套设在第 2 施肥管上，通过伸缩杆控制施肥管插入土壤后，第 1 施肥管的撑开板撑开，在第 2 施肥管的周侧形成一个相对空档的空间，再通过振荡器使第 2 施肥管震荡，从而使第 2 施肥管中的肥料从通孔位置溢出。完成施肥后，控制伸缩杆使施肥管拔出，再通过振荡器震掉夹在撑开板和第 1 施肥管内管之间的土壤即可。

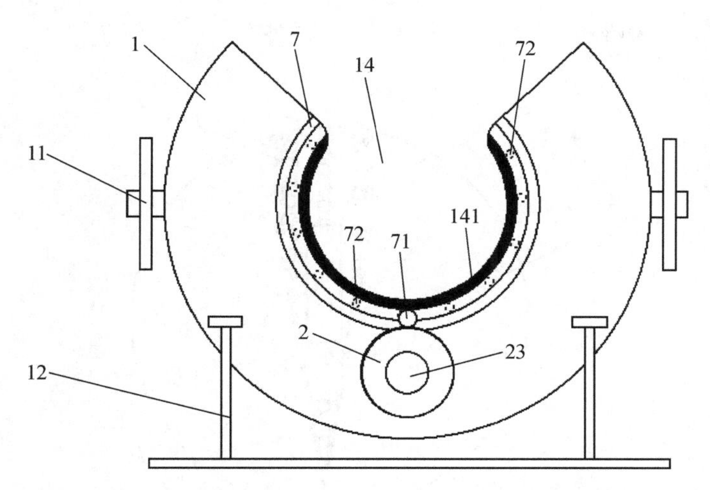

1—施肥箱；11—万向轮；12—扶手；4—凹槽；141—防护垫；
2—配料箱；23—进料管；7—灌溉环；71—注水口；72—灌溉管。

图 11-3　红梨幼树肥水管理装置外部结构俯视示意

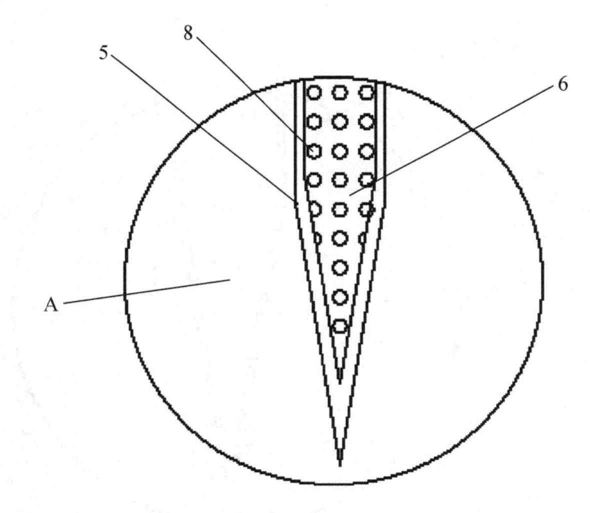

5—第 1 施肥管；6—第 2 施肥管；8—通孔。

图 11-4　图 11-2 中 A 部区域结构放大示意

本发明将施肥箱设置成环形，在施肥箱的一侧开设凹槽，将施肥箱推近幼树，使幼树位于凹槽中，使多个施肥管环形阵列排布在幼树周侧，对周侧多点进行施肥。以幼树为中心轴，施肥一次后，转动施肥箱，再进行一次施

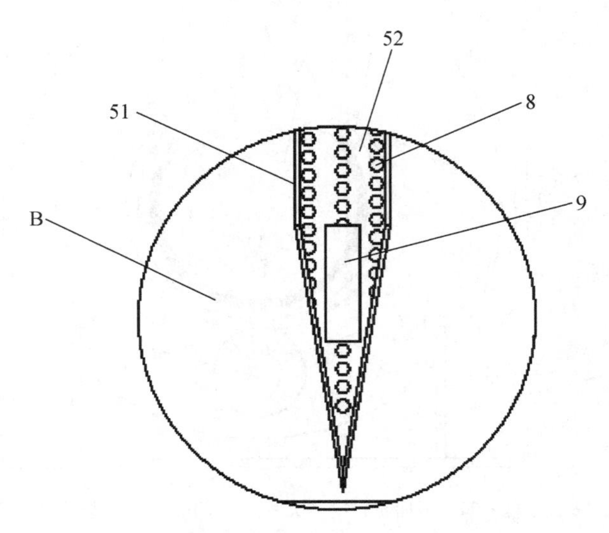

51—撑开板；52—第 1 施肥管内管；8—通孔；9—撑开件。

图 11-5　图 11-2 中 B 部区域结构放大示意

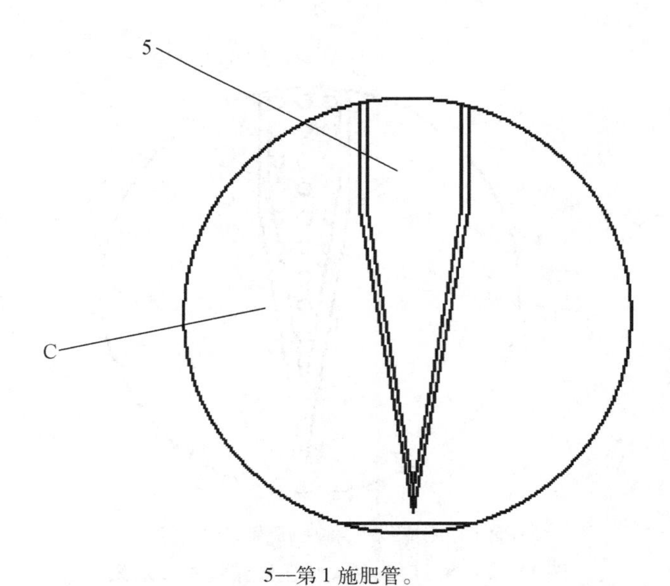

5—第 1 施肥管。

图 11-6　图 11-2 中 C 部区域结构放大示意

肥，使施肥点更加密集，从而提高幼树吸收养分的均匀性，提高幼树成长质量。

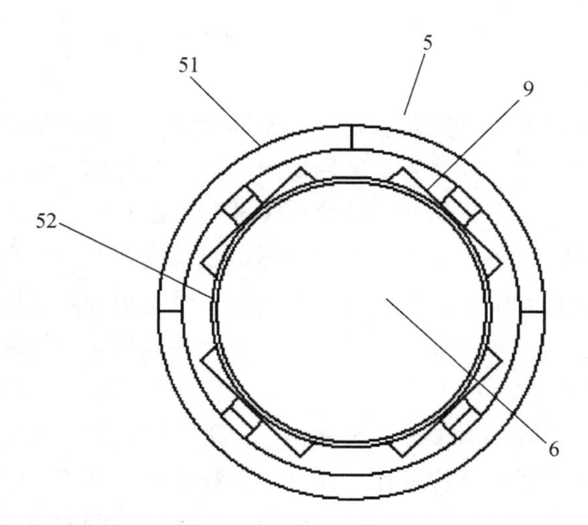

5—第 1 施肥管；51—撑开板；52—第 1 施肥管内管；6—第 2 施肥管；9—撑开件。

图 11–7　第 1 施肥管和第 2 施肥管的位置关系俯视示意

本发明通过在凹槽内侧面设置灌溉环，在灌溉环上连通多个灌溉喷头，通过灌溉喷头对施肥管的施肥位置进行灌溉，能更有效地提高肥料利用率。

二、果树嫁接刀

（一）背景技术

通过果树嫁接技术培育新品种，是改良果树品种常用的技术手段之一，在嫁接过程中，嫁接刀是必备的嫁接工具。现有技术中有一种常用的顶芽贴接的嫁接方式。削砧木时，在砧木顶端斜削一刀；削穗时，用同样的方法取得带芽接穗，用刀片削出接穗和分割砧木后，将接穗接到砧木的分割处，完成果树的嫁接工作。现有的嫁接刀大多由刀片和手柄组成，用刀片直接削砧木或者接穗时，以手作为果枝底部支撑，容易割伤手或者损伤幼芽。

（二）研发目的及设计内容

1. 研发目的

本实用新型的目的是提供一种果树嫁接刀，解决现有嫁接刀用刀片直接削砧木或者接穗时，以手作为果枝底部支撑，容易割伤手或者损伤幼芽的问题。

2. 设计内容

一种果树嫁接刀，包括刀柄壳，刀柄壳外周为立方体形状，内部为圆柱形空腔，刀柄壳具有头端端面、尾端端面、顶部、底部，以及相对的第1侧面和第2侧面；刀柄壳底部沿圆柱形空腔轴向开设有矩形开口，矩形开口宽度小于圆柱形空腔直径，长度等于圆柱形空腔长度，并且矩形开口与圆柱形空腔连通，刀柄壳头端端面上垂直固定有第1固定板和第2固定板，第1固定板和第2固定板对称分布在矩形开口两侧，并且均与刀柄壳底面平行。第1侧面上纵向开设有第1螺纹排孔，第2侧面上纵向开设有第2螺纹排孔，且第1螺纹排孔与第2螺纹排孔对称设置，第1固定板垂直于刀柄壳头端端面的侧面上开设有第3螺纹排孔，并且第3螺纹排孔和第1螺纹排孔位于刀柄壳的同一侧，第2固定板垂直于刀柄壳头端端面的侧面上开设有第4螺纹排孔，并且第4螺纹排孔和第2螺纹排孔位于刀柄壳的同一侧；刀柄壳的两侧对称设置有2个活动板，其中一个活动板的两端分别可拆卸地连接在第1螺纹排孔和第3螺纹排孔上，另一个活动板的两端分别可拆卸地连接在第2螺纹排孔和第4螺纹排孔上，每个活动板上均开设有滑槽，两个活动板之间设有沿滑槽滑动的刀片，刀片两端分别穿过两个活动板的滑槽，并且刀片两端端部分别设有可拆卸的滑块。第1螺纹排孔、第2螺纹排孔、第3螺纹排孔和第4螺纹排孔的形状和大小均相同，活动板分别通过穿过滑槽的螺栓螺接在第1螺纹排孔和第2螺纹排孔或者第3螺纹排孔和第4螺纹排孔上。滑块为塑料滑块，滑块内侧开设有凹槽，刀片的端部插接于滑块的凹槽内，凹槽和刀片之间设置有海绵圈，并且海绵圈的内部镶嵌有弹簧。刀片的一侧为平滑刀片，另一侧为锯齿形刀片；滑块外周设置有防滑波纹；刀柄壳的内壁上设有缓冲棉。

（三）实施操作

一种果树嫁接刀，如图11-8至图11-11所示。包括刀柄壳1，刀柄壳1的外周为立方体形状，内部为圆柱形空腔，刀柄壳1具有头端端面、尾端端面、顶部、底部，以及相对的第1侧面和第2侧面；刀柄壳1的底部沿圆柱形空腔的轴向开设有矩形开口11，并且矩形开口11位于底面的中心线上，矩形开口11的宽度小于圆柱形空腔的直径，长度等于圆柱形空腔的长度，并且矩形开口11与圆柱形空腔连通，使刀柄壳1的内部形成开口小底部大

的空腔，其空腔横截面类似于化学实验用烧瓶的形状，刀柄壳 1 的头端端面上垂直固定有第 1 固定板 2 和第 2 固定板 3，第 1 固定板 2 和第 2 固定板 3 对称分布在矩形开口 11 的两侧，并且均与刀柄壳 1 的底面平行；刀柄壳 1 的第 1 侧面上纵向（与刀柄壳 1 内部圆柱形空腔的轴向相对垂直设置）开设有第 1 螺纹排孔 12，第 2 侧面上纵向开设有第 2 螺纹排孔，且第 1 螺纹排孔 12 与第 2 螺纹排孔对称设置，即第 1 侧面设置第 1 螺纹排孔 12，第 2 侧面对称设置第 2 螺纹排孔，其中，第 1 螺纹排孔 12 和第 2 螺纹排孔均是由若干个形状和结构相同的单一螺纹孔组成，第 1 螺纹排孔 12 和第 2 螺纹排孔中，单一螺纹孔的位置、形状和结构均是一一对称关系，第 1 固定板 2 垂直于刀柄壳 1 头端端面的侧面上开设有第 3 螺纹排孔 21，并且第 3 螺纹排孔 21 和第 1 螺纹排孔 12 位于刀柄壳 1 的同一侧，第 2 固定板 3 垂直于刀柄壳 1 头端端面的侧面上开设有第 4 螺纹排孔，并且第 4 螺纹排孔和第 2 螺纹排孔位于刀柄壳 1 的同一侧；刀柄壳 1 的两侧对称设置有 2 个活动板 4，其中一个活动板 4 的两端分别可拆卸地连接在第 1 螺纹排孔 12 和第 3 螺纹排孔 21 上，倾斜成一定角度，另一个活动板 4 的两端分别可拆卸地连接在第 2 螺纹排孔和第 4 螺纹排孔上，也倾斜成一定角度，每个活动板 4 上均横向开设有滑槽 41，且滑槽 41 的长度略小于活动板 4 的长度即可；第 1 固定板 2 的底面和第 2 固定板的底面均与刀柄壳 1 的底面平齐，且第 1 固定板 2 外边缘与刀柄壳 1 的第 1 侧面外边缘平齐，活动板 4 与第 1 固定板 2 的外侧面、第 1 侧面之间组成类似于三角形的形状；第 2 固定板 3 外边缘与刀柄壳 1 的第 2 侧面外边缘平齐，另一活动板 4 与第 2 固定板 3 的外侧面、第 2 侧面之间组成类似于三角形的形状；两个活动板 4 之间设有沿滑槽 41 上下滑动的刀片 5，刀片 5 的两端分别穿过两个活动板 4 上的滑槽 41，刀片 5 两端端部分别设有可拆卸的滑块 42，并且滑块 42 的宽度大于滑槽 41 的宽度，滑块 42 与活动板 4 之间留有 1 ~ 2 mm 的间隙。嫁接刀使用时，首先将刀片 5 沿滑槽 41 滑动至活动板 4 的顶端，然后将需要削剪的果枝穿过刀柄壳 1 的空腔，一直延伸至第 1 固定板 2 和第 2 固定板 3 远离刀柄壳 1 的一端，带芽的一侧从矩形开口 11 处暴露于刀柄壳 1 外部，不带芽的一侧对准刀片 5。削果枝时，一手按住滑块 42，将刀片 5 滑动，另一手握住刀柄壳 1 和果枝，保持果枝和整个嫁接刀的稳定，然后滑动刀片 5 即可，由于活动板 4 倾斜，从而滑槽 41 也倾斜了一定的角度，当刀片 5 沿滑槽 41 滑动时，将果枝削成斜面，避免了以手作为果枝底部支撑容易割伤手或者损伤幼芽的问题，且操作方便，适用性强。

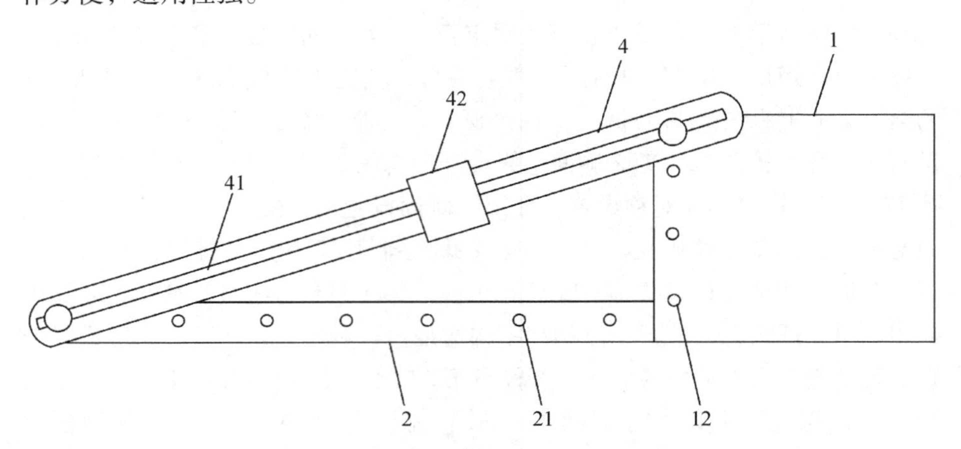

1—刀柄壳；12—第 1 螺纹排孔；2—第 1 固定板；
21—第 3 螺纹排孔；4—活动板；41—滑槽；42—滑块。

图 11–8　一种果树嫁接刀结构示意

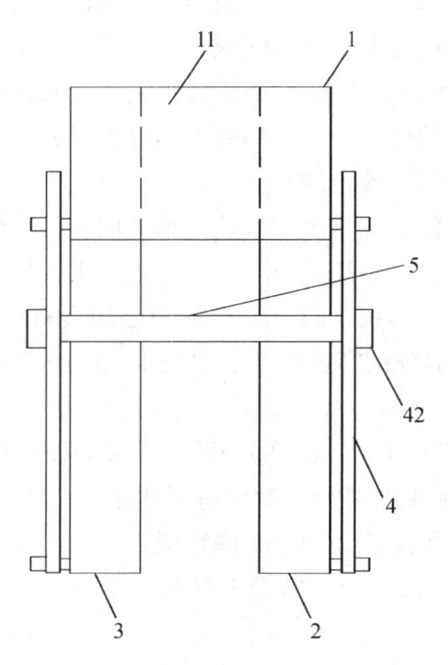

1—刀柄壳；11—矩形开口；2—第 1 固定板；3—第 2 固定板；4—活动板；42—滑块；5—刀片。

图 11–9　一种果树嫁接刀的俯视示意

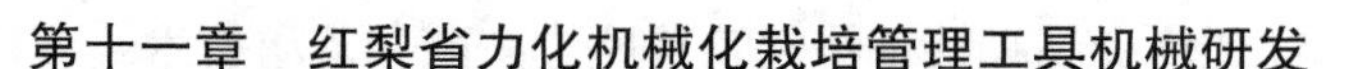

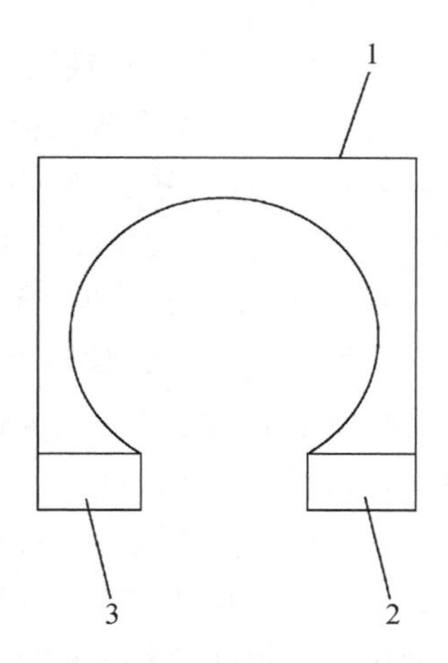

1—刀柄壳；2—第 1 固定板；3—第 2 固定板。

图 11–10　一种果树嫁接刀中刀柄壳与第 1 固定板和第 2 固定板的连接示意

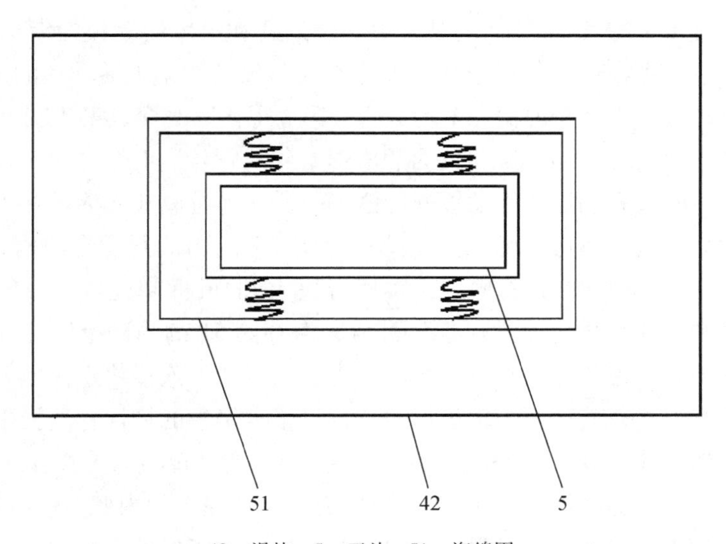

42—滑块；5—刀片；51—海绵圈。

图 11–11　一种果树嫁接刀中滑块与刀片的连接示意

为保证本实用新型嫁接刀具有较长的使用寿命，刀柄壳 1、第 1 固定板 2、第 2 固定板 3 和活动板 4 使用不锈钢材质；为节约成本，也可采用硬塑料材质。另外，可以将刀柄壳 1 选用具有一定弹力的材质，如钢片，或者有一定弹力的塑料，这样当果枝进入刀柄壳 1 后，手握紧刀柄壳 1，使刀柄壳

1 夹紧果枝即可，则能完全避免果枝与手的直接接触。

第 1 螺纹排孔 12、第 2 螺纹排孔、第 3 螺纹排孔 21 和第 4 螺纹排孔的形状和大小均相同，活动板 4 分别通过穿过滑槽 41 的螺栓螺接在第 1 螺纹排孔 12、第 3 螺纹排孔 21，或者第 2 螺纹排孔、第 4 螺纹排孔上，且每个螺栓的固定头部位于外侧，螺纹杆部位于内侧，旋紧螺栓则可固定活动板 4，螺栓固定头的外径大于滑槽 41 的宽度，防止刀片 5 在垂直于滑槽 41 的方向晃动，通过将不同的栓螺接于不同的单一螺纹孔内，以实现活动板 4 的角度调节及刀片 5 切割距离的调节，灵活性强。

螺纹杆的长度小于每个单一螺纹孔的深度，将与第 1 螺纹排孔 12、第 2 螺纹排孔、第 3 螺纹排孔 21、第 4 螺纹排孔连接的螺栓分别命名为第 1 螺纹杆、第 2 螺纹杆、第 3 螺纹杆和第 4 螺纹杆，位于第 1 螺纹排孔 12 一侧的活动板 4 命名为第 1 活动板，另一个活动板 4 命名为第 2 活动板，且第 1 螺栓、第 2 螺栓、第 3 螺栓和第 4 螺栓的形状和大小均相同，第 1 螺纹杆的内端同时穿过第 1 螺纹排孔 12 的某个单一螺纹孔和第 1 活动板的滑槽 41，第 3 螺栓同时穿过第 3 螺纹排孔 21 的某个单一螺纹孔和第 1 活动板的滑槽 41，将第 1 活动板 4 连接于刀柄壳 1 的一侧；第 2 螺栓同时穿过第 2 螺纹排孔 21 的某个单一螺纹孔和第 2 活动板的滑槽 41，第 4 螺栓同时穿过第 4 螺纹排孔的某个单一螺纹孔和第 2 活动板的滑槽 41，第 1 螺栓将第 2 活动板连接在刀柄壳 1 的另一侧。滑块 42 为塑料滑块，滑块 42 的内侧开设有凹槽，刀片 5 的端部插接于滑块 42 的凹槽内，实现滑块 42 的可拆卸连接，方便更换刀片；凹槽和刀片 5 之间设置有海绵圈 51，海绵圈 51 的内部镶嵌有弹簧，利用弹簧的弹力将刀片 5 紧紧夹接于凹槽内侧，以增加连接稳定性。刀片 5 的一侧为平滑刀片，另一侧为锯齿形刀片，可根据果枝的韧性，选择平滑刀片或者锯齿形刀片，具有较好的灵活性。滑块 42 的外侧设置有防滑波纹，人工操作的时候增加手指与滑块 42 的摩擦力。刀柄壳 1 的内壁上设有缓冲棉，防止削枝过程中刀柄壳 1 对果枝的损伤。另外，由于果枝的粗细不同，可通过增加或减少缓冲棉的数量来调节果枝与刀柄壳 1 的贴合程度，以方便快速削枝。

（四）优点

本实用新型果树嫁接刀，在刀柄壳、第 1 固定板、第 2 固定板的支撑作用下，将果枝削成斜面时，避免了以手作为果枝底部支撑容易割伤手或者损

伤幼芽的问题，且操作方便，适用性强；其刀片可更换，而不需要更换整个嫁接刀，节约了耗材成本；通过设置第1螺纹排孔、第2螺纹排孔、第3螺纹排孔和第4螺纹排孔，可以调节刀片切割的角度和距离，灵活性强。

三、果树授粉器

（一）研发背景

根据植物授粉方式的不同，可分为自然授粉和人工辅助授粉。人工辅助授粉是指用人工方法把植物花粉传送到雌蕊柱头上以提高坐果率的技术措施。在果树生产上，对自花不结实、雌雄同株异花及雌雄异株的果树，在缺乏授粉树或花期气候恶劣，影响正常自然授粉的情况下，也常需进行人工授粉。大部分果树的花粉粒大而黏重，靠风力传播的距离有限，并且花期很短。因此，如果花期遇上寒流、阴雨天、沙尘暴、干热风等不利于昆虫活动的恶劣天气，进行人工授粉是增加果园产量的唯一途径。但是，现有的果树授粉器在使用过程中，对授粉量和授粉次数控制不准确，浪费大部分的花粉，同时，现有的授粉器大都需要人工操作，这样不可避免地增加了成本。

（二）研发目的及设计内容

1. 研发目的

一种果树授粉器，可解决现有的授粉器在使用过程中，对授粉量控制不准确，浪费大部分花粉，同时需要大量人工操作的问题。

2. 设计内容

一种果树授粉器，包括液压升降座，其上螺纹连接有固定座，固定座通过旋转关节与臂1连接，臂1通过旋转关节与臂2连接，臂2通过旋转关节与臂3连接；在臂2上设有活塞杆，活塞杆一端连接有活塞缸，活塞缸通过管道与设置在臂2上的料箱的进气口连接，料箱还包括粉仓、进料管、转阀和出料管，从上到下依次分布在料箱内，转阀与进气口相通，出料管通过管道连接有授粉头，授粉头固定在臂3上，授粉头包括筒1和筒2，筒1上开有多个大孔，筒2上开有多个小孔，筒2嵌套在筒1内；活塞杆的另一端通过气管与设置在液压升降座上的气缸连接，气缸与设置在液压升降座上的控制器连接，控制器与设置在液压升降座内的蓄电池连接。在液压升降座的底面安装有滚轮，滚轮带有自锁结构。臂 1 为可伸缩性臂杆。气管通过卡扣固定在臂 1 上。

（三）实施操作

如图 11–12 至图 11–14 所示。一种果树授粉器，包括液压升降座 1，液压升降座 1 上螺纹连接有固定座 2，固定座 2 通过旋转关节与臂 13 连接，臂 13 通过旋转关节与臂 24 连接，臂 24 通过旋转关节与臂 35 连接；臂 24 上设有活塞杆 8，活塞杆 8 的一端连接有活塞缸 9，活塞缸 9 通过管道与设置在臂 24 上的料箱的进气口 14 连接，料箱还包括粉仓 10、进料管 11、转阀 12 和出料管 13，从上到下依次分布在料箱内，转阀 12 与进气口 14 相通，出料管 13 通过管道连接有授粉头 15，授粉头 15 固定在臂 35 上，授粉头 15 包括筒 1 15 –1 和筒 2 15 –2，筒 1 15 –1 上开有多个大孔 15 –11，筒 2 15 –2 上开有多个小孔 15 –12，筒 2 15 –2 嵌套在筒 1 15 –1 内；活塞杆 8 的另一端通过气管 7 与设置在液压升降座 1 上的气缸 6 连接，气缸 6 与设置在液压升降座 1 上的控制器 16 连接，控制器 16 与设置在液压升降座 1 内的蓄电池连接。授粉器通过控制器控制气缸，进一步使活塞缸推动活塞杆，从而使转

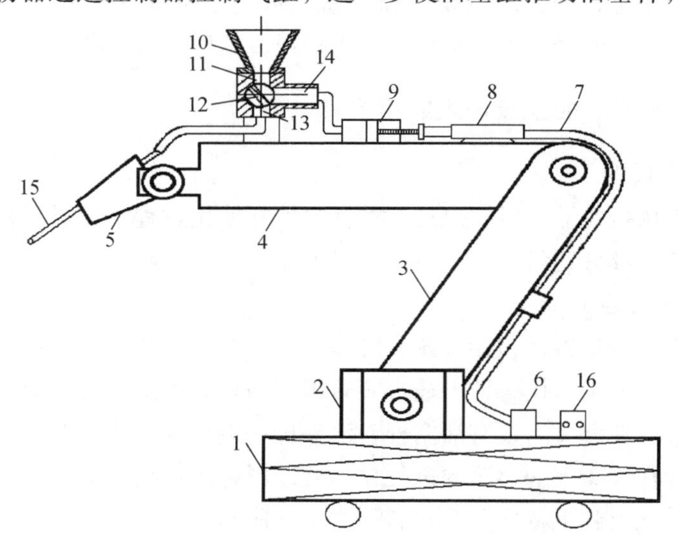

1—液压升降座；2—固定座；3—臂 1；4—臂 2；5—臂 3；6—气缸；7—气管；8—活塞杆；9—活塞缸；10—粉仓；11—进料口；12—转阀；13—出料口；14—进气口；15—授粉头；16—控制器。

图 11–12　一种果树授粉器结构示意

阀运动，进而可以使粉仓中的粉料输送到授粉头中，达到授粉的效果。转动授粉头，可以调节授粉孔大小，有效地控制授粉量。同时，还设有液压升降座，通过调节液压升降座的高度，实现对不同高度的果树进行授粉。液压升降座 1 的底面安装有滚轮，滚轮带有自锁结构。臂 13 为可伸缩性臂杆。气管 7 通过卡扣固定在臂 13 上。

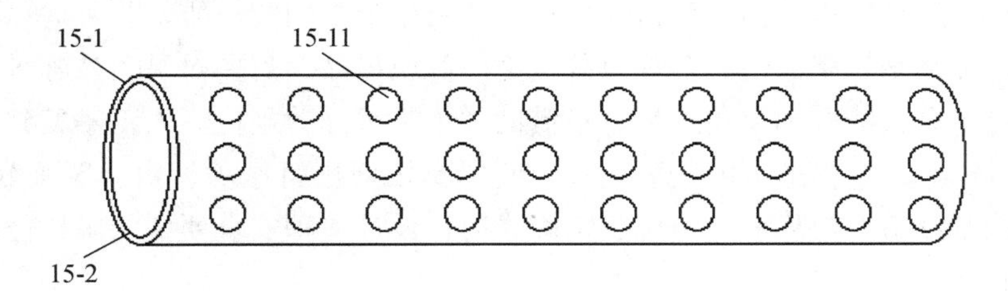

15 - 1—筒 1；15 - 2—筒 2；15 - 11—大孔。

图 11–13　授粉头示意

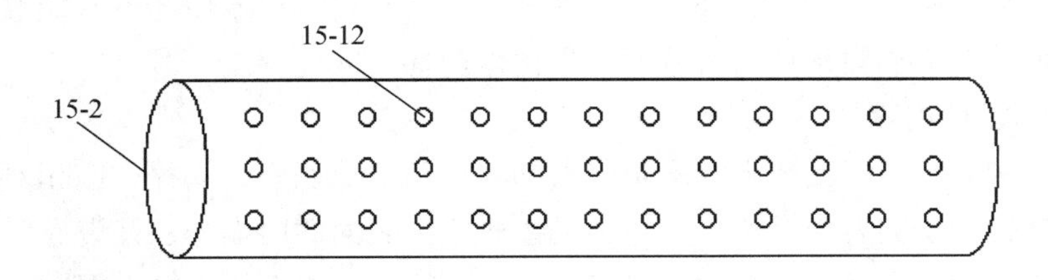

15 - 12—小孔；15 - 2—筒 2。

图 11–14　筒 2 示意

（四）优点

本实用新型果树授粉器，通过设置转阀，可以使粉仓中的粉料按一定量进入授粉头中，从而实现对花粉授粉量的控制。授粉头两级套筒的设置，可以方便地调节授粉孔的大小，进一步更好地控制授粉量的多少，节约了大部分花粉，降低成本，提高授粉成功率，减轻操作人员的工作压力。同时，该授粉器还设有液压升降座，通过调节液压升降座的高度，可以对不同高度的果树进行授粉，提高授粉的效率。

四、果树可移动式自动升降修剪梯

（一）背景技术

在果树种植中，为调节营养生长与生殖生长之间的矛盾，改善通风透光条件，提高坐果率，达到合理负载，生产优质果品，需要对果树枝叶进行修剪。对于高大的乔木果树红梨，不借助梯子很难修剪到位。人工攀爬到果树上进行修剪，容易造成安全事故；而使用高枝剪进行修剪，由于距离较远，很难控制修剪的效果。为定位、精确修剪，设计一种安全便捷的果树修剪梯很有必要。

（二）研发目的及设计内容

1. 研发目的

一种果树可移动式自动升降修剪梯，可解决目前技术中还没有能够安全便捷地辅助人们对果树进行修剪的果树修剪梯的问题。

2. 设计内容

一种果树可移动式自动升降修剪梯，包括支撑底座，支撑底座相对的两侧通过转轴安装有 4 个第 2 滚轮，支撑底座上表面的两端分别开设有第 1 圆槽和第 2 圆槽；第 1 圆槽内沿竖直方向设置有第 1 电动机，第 1 电动机的输出端通过法兰固定连接有第 1 转动托辊；第 2 圆槽内沿竖直方向设置有第 2 电动机；第 2 电动机的输出端通过法兰固定连接有第 2 转动托辊；支撑底座的上表面开设有两条沿支撑底座长度方向设置的直线顺槽；支撑底座上设置有第 1 支撑板；第 1 支撑板的底面上安装有 4 个第 1 滚轮；4 个第 1 滚轮分别位于对应的直线顺槽内；第 1 支撑板的 4 个拐角处分别固定有竖支撑柱；竖支撑柱的上端固定有第 3 支撑板；第 3 支撑板的上表面固定有第 2 太阳能电池板；第 2 太阳能电池板相对的两侧分别铰接有第 1 太阳能电池板和第 3 太阳能电池板；第 1 转动托辊通过钢丝绳与第 1 支撑板固定连接；第 2 转动托辊通过钢丝绳与第 1 支撑板固定连接；第 1 支撑板上表面的中间位置处固定有沿竖直方向设置的电动推杆；电动推杆的伸缩杆端部固定有第 2 支撑板；支撑底座上设置有蓄电池，第 1 太阳能电池板、第 2 太阳能电池板和第 3 太阳能电池板分别与蓄电池电性连接；第 2 支撑板上设置有第 1 控制开

关、第 2 控制开关和第 3 控制开关；电动推杆通过第 1 控制开关与蓄电池电性连接；第 2 电动机通过第 2 控制开关与蓄电池电性连接；第 1 电动机通过第 3 控制开关与蓄电池电性连接。第 1 太阳能电池板和第 3 太阳能电池板分别通过折页与第 2 太阳能电池板铰接。第 1 圆槽的直径大于第 1 电机的直径；第 2 圆槽的直径大于第 2 电机的直径。第 2 滚轮的外圈设置有橡胶轮胎。

（三）实施操作

如图 11–15 所示。一种果树可移动式自动升降修剪梯，包括支撑底座 1，支撑底座 1 相对的两侧通过转轴安装有 4 个第 2 滚轮 6；支撑底座 1 上表面的两端分别开设有第 1 圆槽 8 和第 2 圆槽 14；第 1 圆槽 8 内沿竖直方向设置有第 1 电动机 7；第 1 电动机 7 的输出端通过法兰固定连接有第 1 转动托辊 9；第 2 圆槽 14 内沿竖直方向设置有第 2 电动机 5；第 2 电动机 5 的输出端通过法兰固定连接有第 2 转动托辊 13；支撑底座 1 的上表面开设有两条沿支撑底座 1 长度方向设置的直线顺槽 11；支撑底座 1 上设置有第 1 支撑板 3；第 1 支撑板 3 的底面上安装有 4 个第 1 滚轮 4；4 个第 1 滚轮 4 分别位于对应的直线顺槽 11 内；第 1 支撑板 3 的 4 个拐角处分别固定有竖支撑柱 16；竖支撑柱 16 的上端固定有第 3 支撑板 17；第 3 支撑板 17 的上表面固定有第 2 太阳能电池板 19；第 2 太阳能电池板 19 相对的两侧分别铰接有第 1 太阳能电池板 18 和第 3 太阳能电池板 20；第 1 转动托辊 9 通过钢丝绳 10 与第 1 支撑板 3 固定连接；第 2 转动托辊 13 通过钢丝绳 10 与第 1 支撑板 3 固定连接；第 1 支撑板 3 上表面的中间位置处固定有沿竖直方向设置的电动推杆 2；电动推杆 2 的伸缩杆端部固定有第 2 支撑板 15；支撑底座 1 上设置有蓄电池 12；第 1 太阳能电池板 18、第 2 太阳能电池板 19 和第 3 太阳能电池板 20 分别与蓄电池 12 电性连接；第 2 支撑板 1 上设置有第 1 控制开关、第 2 控制开关和第 3 控制开关；电动推杆 2 通过第 1 控制开关与蓄电池 12 电性连接；第 2 电动机 5 通过第 2 控制开关与蓄电池 12 电性连接；第 1 电动机 7 通过第 3 控制开关与蓄电池 12 电性连接。第 1 太阳能电池板 18 和第 3 太阳能电池板 20 分别通过折页与第 2 太阳能电池板 19 铰接。第 1 圆槽 8 的直径大于第 1 电动机 7 的直径；第 2 圆槽 14 的直径大于第 2 电动机 5 的直径。第 2 滚轮 6 的外圈设置有橡胶轮胎。

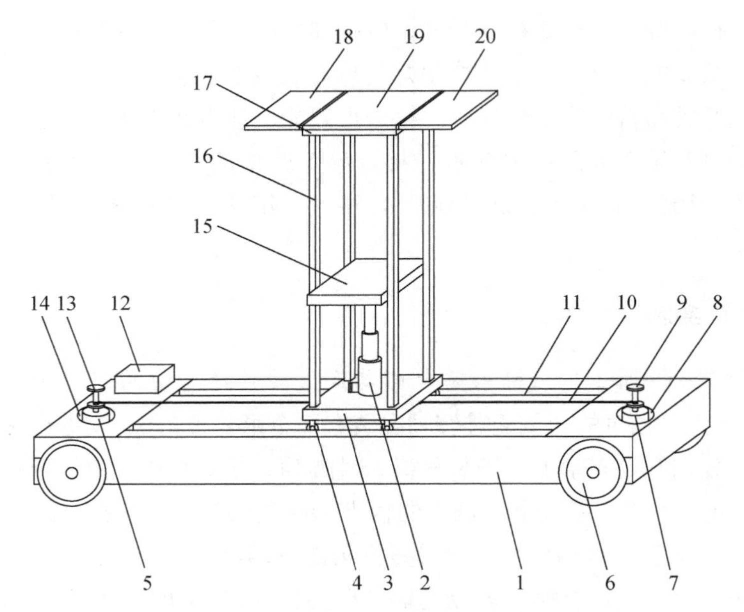

1—支撑底座；2—电动推杆；3—第 1 支撑板；4—第 1 滚轮；5—第 2 电动机；6—第 2 滚轮；
7—第 1 电动机；8—第 1 圆槽；9—第 1 转动托辊；10—钢丝绳；11—直线顺槽；
12—蓄电池；13—第 2 转动托辊；14—第 1 圆槽；15—第 2 支撑板；
16—竖支撑柱；17—第 3 支撑板；18—第 1 太阳能电池板；
19—第 2 太阳能电池板；20—第 3 太阳能电池板。

图 11–15　果树可移动式自动升降修剪梯结构示意

（四）工作原理及优点

该果树可移动式自动升降修剪梯，当需要对较高的果树进行修剪时，使用者只需站到第 2 支撑板 15 上，根据所需要的高度，通过第 1 控制开关启动电动推杆 2 将其升高到相应的位置，使得果树修剪梯能够便捷地调节高度，当竖直方向上的果树枝叶已修剪好时，根据需要通过第 2 控制开关或第 3 控制开关启动相应的第 2 电动机 5 或第 1 电动机 7，在第 2 电动机 5 或第 1 电动机 7 的牵引下，使得第 1 支撑板 3、竖支撑柱 16 及第 3 支撑板 17 组成的结构可以向左或向右移动，从而便捷地对两侧的果树枝叶进行修剪；站人的第 2 支撑板 15 设置在 4 个竖支撑柱 16 的中间位置处，可以起到对人的保护作用，提高安全效果；通过设置的第 1 太阳能电池板 18、第 2 太阳能电池板 19 和第 3 太阳能电池板 20，可以提供清洁的电能，存储在蓄电池 12

中，以供电动推杆2、第2电动机5及第1电动机7使用，使得该设备节能环保。并且，其中的第1太阳能电池板18和第3太阳能电池板20分别与第2太阳能电池板19铰接，当不使用果树修剪梯时，可以将其推到太阳下，打开第1太阳能电池板18和第3太阳能电池板20对蓄电池12进行充电，当使用果树修剪梯时，合闭第1太阳能电池板18和第3太阳能电池板20，这样的设计可有效地保护太阳能电池板，提高使用寿命。

五、新型果树除草机

（一）背景技术

果园杂草是制约果树优质丰产栽培的一个重要因素。梨园杂草达到一定高度会和果树争吸营养，影响果树正常生长。传统的化学除草虽省力高效，但农药残留量大，污染环境，不符合无公害果品生产发展的要求。采用人工除草，虽可避免这些不利影响，但劳动强度大，投入人力成本高，不适于果树规模化栽培。省力机械化已成为果树栽培管理发展的趋势，因此，研制开发简易、省力式除草机已成为果树栽培中迫切需要解决的一大技术难题。现有的果树除草机大都只有除草功能，满足不了使用需要，而且在使用时会浪费大量的能源。

（二）研发目的及设计内容

1. 研发目的

研发的一种新型果树除草机，目的是解决现有的除草机功能单一，只具有除草的功能，满足不了使用需要，同时在使用时会浪费大量能源的问题。

2. 设计内容

一种新型果树除草机，包括底座，在底座的底部左右两侧均通过支腿安装有移动轮，底座的顶部从左到右依次安装有推杆、抽风机、粉碎箱、除草机构、蓄电池和太阳能发电装置，推杆的顶部安装有把手，推杆的前表面顶部安装有控制装置，抽风机的右侧与粉碎箱的左侧底部连通，左侧支腿的左侧安装有安装板，安装板的顶部安装有驱动马达，驱动马达的表面动力输出端和左侧移动轮前表面均安装有皮带盘，两组皮带盘之间通过皮带连接，抽风机的底部安装有导料管，且导料管的底部贯穿底座，粉碎箱的左侧中央位置安装有电机，电机的右侧动力输出端安装有转轴，转轴的右侧贯穿粉碎箱的左侧延伸至粉碎箱的内腔右侧，转轴位于粉碎箱内腔的一端外壁均匀安装有破碎杆，破碎杆的外壁均匀设置有破碎刀片，粉碎箱的右侧中央位置安装有吸料管，吸料管的底部贯穿底座，底座的底部安装有液压缸，液压缸的底部动力输出端安装有旋耕结构，且旋耕机构位于导料管的左侧，太阳能发电装置与蓄电池电性连接，蓄电池与控制装置电性连接，控制装置分别与抽风机、除草机构、驱动马达、电机、液压缸和旋耕机构电性连接。把手的外壁套接有橡胶套，且橡胶套的外壁开有防滑螺纹。破碎刀片焊接在破碎杆的表面。

（三）实施操作

如图 11-16 所示，一种新型果树除草机，包括底座 1，底座 1 的底部左右两侧均通过支腿 8 安装有移动轮 7，底座 1 的顶部从左到右依次安装有推杆 20、抽风机 2、粉碎箱 3、除草机构 4、蓄电池 5 和太阳能发电装置 6，推杆 20 的顶部安装有把手 21，推杆 20 的前表面顶部安装有控制装置 22，抽风机 2 的右侧与粉碎箱 3 的左侧底部连通，左侧支腿 8 的左侧安装有安装板 9，安装板 9 的顶部安装有驱动马达 10，驱动马达 10 的表面动力输出端和左侧滚轮 7 的前表面均安装有皮带盘 11，两组皮带盘 11 之间通过皮带连接，抽风机 2 的底部安装有导料管 12，且导料管 12 的底部贯穿底座 1，粉碎箱 3 的左侧中央位置安装有电机 13，电机 13 的右侧动力输出端安装有转

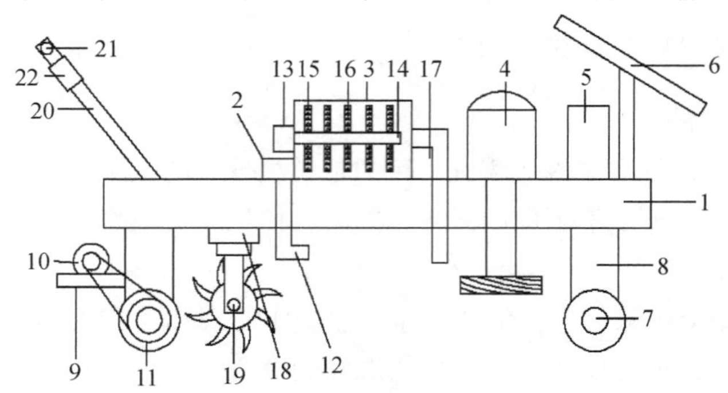

1—底座；2—抽风机；3—粉碎箱；4—除草机构；5—蓄电池；6—太阳能发电装置；
7—移动轮；8—支腿；9—安装板；10—驱动马达；11—皮带盘；12—导料管；
13—电机；14—转轴；15—破碎杆；16—破碎刀片；17—吸料管；
18—液压缸；19—旋耕机构；20—推杆；21—把手；22—控制装置。

图 11-16　新型果树除草机结构示意

轴 14，转轴 14 的右侧贯穿粉碎箱 3 的左侧延伸至粉碎箱 3 的内腔右侧，转轴 14 位于粉碎箱 3 内腔的一端外壁均匀安装有破碎杆 15，破碎杆 15 的外壁均匀设置有破碎刀片 16，破碎箱 3 的右侧中央位置安装有吸料管 17，吸料管 17 的底部贯穿底座 1，底座 1 的底部安装有液压缸 18，液压缸 18 的底部动力输出端安装有旋耕机构 19，且旋耕机构 19 位于导料管 12 的左侧，太阳能发电装置 6 与蓄电池 5 电性连接，蓄电池 5 与控制装置 22 电性连接，控制装置 22 分别与抽风机 2、除草机构 4、驱动马达 10、电机 13、液压缸 18 和旋耕机构 19 电性连接。其中，把手 21 的外壁套接有橡胶套，且橡胶套的外壁开有防滑螺纹，在使用时，提高了使用者的手部舒适度，破碎刀片 16 焊接在破碎杆 15 的表面，提高了破碎刀片 16 的结构稳定性。

（四）工作原理及优点

通过太阳能发电装置 6 给蓄电池 5 充电。使用时，通过控制装置 22 开启抽风机 2、除草机构 4、驱动马达 10 和电机 13，除草机构 4 进行除草，抽风机 2 通过吸料管 17 将除后的杂草吸入粉碎箱 3 内，电机 13 带动转轴 14 和破碎杆 15 转动，通过破碎刀片 16 对杂草进行粉碎，粉碎后的杂草经过导料管 12 排出。在进行割草的同时，通过控制装置 22 开启液压缸 18 和旋耕机构 19，进行土壤的旋耕，旋耕土壤深度控制在 10～15 cm，压住打碎的杂草，杂草与少量土壤混合经风吹日晒雨淋，堆沤后又可作为有机肥料施用，可提高土壤有机质含量。

与现有技术相比，该实用新型的有益效果是：提出的一种新型果树除草机，基于绿色、生态、环保的研发思路，利用太阳能发电装置为整个装置提供能源，设置了旋耕机构，可疏松土壤，杂草覆盖在果园土壤表面，可起到保墒作用，通过粉碎装置的粉碎、自动控制的处理和自然界的作用，转变果树可吸收利用的有机肥料，对改良土壤、提高其肥力有着良好的作用。此外，该实用新型简便、快速、省力、高效、节能环保。

六、新型果树施肥机

（一）背景技术

随着农村经济的不断发展，各种果园的种植面积也在不断扩大。果园施肥是一项必不可少的作业程序，在果树生产中起到关键作用，施肥质量直接影响果树养分的吸收状况。合理施肥能使果树获得良好的生长条件，同时可以节约肥料，降低成本。目前，人们在果园为果树施肥有的采用用铁锹挖坑施肥的方式，效率非常低下，有的虽采用机械施肥，但施肥的深度往往达不到要求，既花费了财力，又不能完全起到施肥的效果。同时，虽有果园用施肥机进行施肥，但是只完成了工作量的一半，犁沟、施肥、埋土时还需要人工操作，工作效率很低，劳动强度也很大。

（二）研发目的及设计内容

1. 研发目的

一种新型果树施肥机的研发目的：针对现有的果树施肥机不能进行犁沟、施肥、埋土一体化而造成的工作效率低及劳动强度大的问题，提供一种新型果树施肥机，以解决上述存在的问题，实现果园栽培管理的省力、高效、机械化。

2. 设计内容

一种新型果树施肥机，包括行走机构、挖坑机构及施肥机构；行走机构包括底板，分别位于底板前、后两侧的 1 个导向轮和 2 个行走轮，以及与底板后端铰接的手推杆，2 个行走轮分别位于底板两侧且通过第 1 转轴连接；挖坑机构设置于底板的前端，挖坑机构包括电机、第 2 转轴及破土犁，电机设置于底板的顶部前侧，底板的底部前侧设置有连接件，连接件与第 2 转轴连接，第 2 转轴两端通过皮带与电机的输出轴连接，第 2 转轴上并排设置有多个圆盘状的破土犁，破土犁的外端设置有尖齿状的犁头；施肥机构设置于底板中部，施肥机构包括设置于底板顶部的放料箱和贯穿底板的下料管，放料箱顶部设置有进料斗，下料管上部水平设置有贯穿的第 3 转轴，第 3 转轴上位于下料管内部设置有螺旋叶片，第 3 转轴与第 1 转轴通过皮带连接。其中，导向轮和行走轮均与底板通过伸缩连接件连接，导向轮为万向轮，导向轮上设置有防滑齿，行走轮上安装有制动装置。其中，下料管上部设置有施肥开关。手推杆上部设置有把手，把手表面设置有带防滑花纹的橡胶保护套。底板底部后侧设置有封土板。

（三）实施操作

如图 11-17 和图 11-18 所示，一种新型果树施肥机，包括行走机构 1、

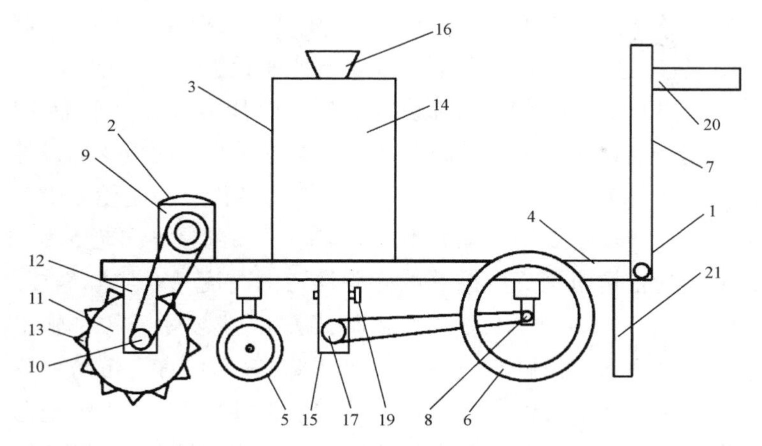

1—行走机构；2—挖坑机构；3—施肥机构；4—底板；5—导向轮；6—行走轮；
7—手推杆；8—第 1 转轴；9—电机；10—第 2 转轴；11—破土犁；12—连接件；
13—犁头；14—放料箱；15—下料管；16—进料斗；17—第 3 转轴；
19—施肥开关；20—把手；21—封土板。

图 11–17　一种新型果树施肥机的结构示意

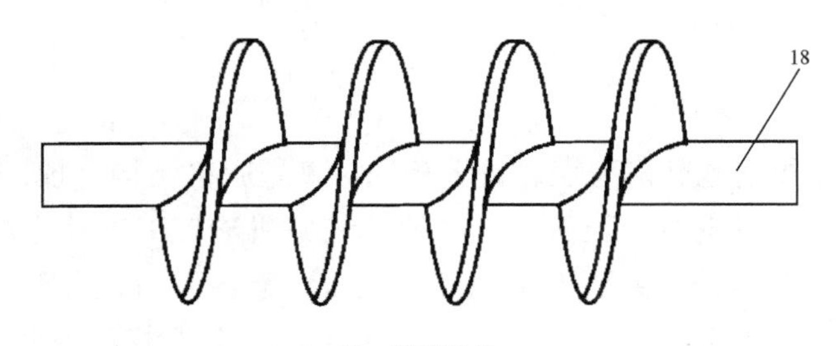

18—螺旋叶片。

图 11–18　一种新型果树施肥机螺旋叶片的结构示意

挖坑结构 2 及施肥机构 3，挖坑机构 2 用于施肥沟道的挖掘，施肥机构 3 用于施肥。行走机构 1 包括底板 4，分别位于底板 4 底部前、后两侧的 1 个导向轮 5 和 2 个行走轮 6，以及与底板 4 后端铰接的手推杆 7，2 个行走轮 6 分别位于底板 4 两侧且通过第 1 转轴 8 连接，导向轮 5 用于控制方向，行走轮 6 用于行走。挖坑机构 2 设置于底板 4 的前端，底板 4 的底部前侧设置有连接件 12，连接件 12 与第 2 转轴 10 连接，第 2 转轴 10 两端通过皮带与电机 9 的输出轴连接，第 2 转轴 10 上并排设置有多个圆盘状的破土犁 11，破土犁 11 的外端设置有尖齿状的犁头 13；施肥机构 3 设置于底板 4 中部，施肥机构3包括设置于底板4顶部的放料箱14和贯穿底板4的下料管15，放料箱14顶部设置有进料斗16，下料管15上部水平设置有贯穿的第3转轴17，第3转轴17上位于下料管15内部设置有螺旋叶片18，第3转轴17与第1转轴8通过皮带连接。其中，导向轮5和行走轮6均与底板4通过伸缩连接件连接，导向轮5为万向轮，导向轮上设置有防滑齿，行走轮6上安装有制动装置。伸缩连接件主要用于根据不同的施肥要求调整导向轮5和行走轮6的高度，从而使挖坑机构2所挖掘的施肥沟道的高度符合实际需要。其中，下料管15上部设置有施肥开关19，施肥开关19主要用于控制施肥的开始和结束。手推杆7上部设置有把手20，把手20表面设置有带防滑花纹的橡胶保护套。底板4底部后侧设置有封土板21，封土板21用于将挖掘的施肥沟道进行自动掩埋。实施时，首先将所要施加的果树肥料通过进料斗16加入放料箱14中，然后将该施肥机推到合适位置，根据不同的施肥要求调整导向轮5和行走轮6的高度，从而使挖坑机构2所挖掘的施肥沟道的高度符合实际需要，打开电机9，带动破土犁11进行施肥沟道的挖掘。同时，打开施肥开关19，进行施肥。施肥过程中，封土板21将挖掘的管道进行自动掩埋，推动施肥机进行施肥。

（四）优点

一种新型果树施肥机与现有技术相比，该施肥机结构合理，操作简单，将挖坑、施肥、平土所需设置结合，使该施肥机能够1次性完成挖坑、施肥、平土3项工作，不需要人工挖坑和填土，节约人力，实现了一机多功能、高效率。本施肥机设计通过电机带动挖坑机构进行挖坑，且通过伸缩杆连接件底板和导向轮、行走轮，能够根据不同的肥料进行不同深度施肥沟道的挖掘；用多个螺旋叶片的设置，有效避免了由于肥料的黏度太高而导致的下料管堵塞情况。通过封土板将沟道自动掩埋，节省了人力。

七、梨树拉枝器

（一）背景技术

拉枝是梨树生产管理中的重要环节，主要用于改善树体的光照条件，抑制营养生长，促进生殖生长，减少树体的营养消耗，调节营养生长和生殖生

长的平衡，促进花芽形成，是保证梨树优质、丰产、稳产的重要措施。拉枝的方法对梨树花芽形成影响较大，传统的方法是使用绳子一端系在需要修正的树枝上，另一端系在树干上或用橛子固定在地上，这样操作费时费力，并且效果较差。现有的梨树拉枝器容易与梨树发生脱节，特别是拉枝器使用一段时间后，树枝逐渐生长，弹力增大，两者很容易脱节，无法达到拉枝效果。目前使用的拉枝器下端一般是通过拉绳或者盛物袋盛装重物固定，较不稳定，并且操作烦琐。

（二）研发目的及设计内容

1. 研发目的

设计一种梨树拉枝器，目的是解决梨树拉枝器固定不稳，容易与树枝脱节的问题。

2. 设计内容

一种梨树拉枝器，包括卡环Ⅰ、卡环Ⅱ、螺栓Ⅰ和拉杆，卡环Ⅰ和卡环Ⅱ整体均为半圆形，卡环Ⅰ一端和卡环Ⅱ一端上下叠放且通过枢轴铰接，卡环Ⅰ表面沿圆弧方向均匀设有多个螺纹孔Ⅰ，卡环Ⅱ表面设有多个与螺纹孔Ⅰ对应的螺纹孔Ⅱ，螺纹孔Ⅰ和对应的螺纹孔Ⅱ通过螺栓Ⅰ固定连接，卡环Ⅰ和卡环Ⅱ侧缘沿圆弧方向均焊接有多个挂耳，挂耳设有通孔；拉杆包括套管和伸缩杆，套管一端与挂钩固定连接，另一端套装有伸缩杆，伸缩杆一端套装于套管内并通过螺栓Ⅱ锁定，伸缩杆另一端延伸至套管外部且固定连接有拉枝钩；拉杆和挂耳通过挂钩和通孔的勾连可拆卸连接。伸缩杆为圆柱状，伸缩杆外表面周向均匀设置有多个环形的凹槽，凹槽宽度与螺栓Ⅱ的直径相适配。螺栓Ⅱ的长度大于套管壁厚度。拉杆数量与挂耳数量相等。卡环Ⅰ和卡环Ⅱ内侧均设有凹槽，凹槽内设有橡胶保护套。

（三）实施操作

如图 11-19 至图 11-20 所示。一种梨树拉枝器，包括卡环Ⅰ1、卡环Ⅱ2、螺栓Ⅰ4 和拉杆 5，卡环Ⅰ1 和卡环Ⅱ2 整体均为半圆形，卡环Ⅰ1 一端和卡环Ⅱ2 一端上下叠放且通过枢轴 3 铰接，卡环Ⅰ1 表面沿圆弧方向均匀设有多个螺纹孔Ⅰ11，卡环Ⅱ2 表面设有多个与螺纹孔Ⅰ11 对应的螺纹孔Ⅱ21，螺纹孔Ⅰ11 和对应的螺纹孔Ⅱ21 通过螺栓Ⅰ4 固定连接，方便根据不同梨树树干尺寸要求，调整卡环Ⅰ1 和卡环Ⅱ2 另一端交叉位置，使其适用

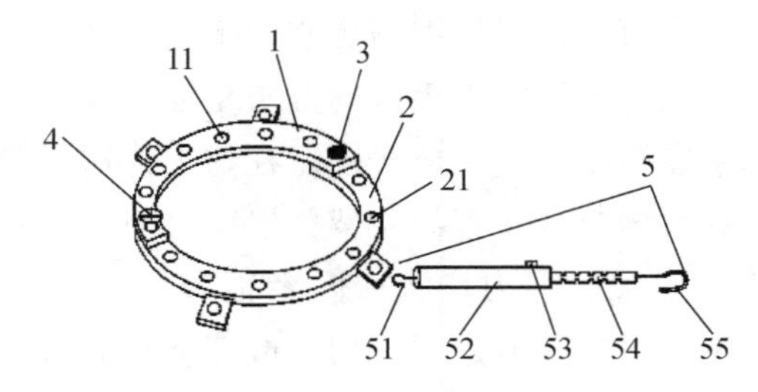

1—卡环Ⅰ；11—螺纹孔Ⅰ；2—卡环Ⅱ；21—螺纹孔Ⅱ；3—枢轴；4—螺栓Ⅰ；5—拉杆；51—挂钩；52—套管；53—螺栓Ⅱ；54—伸缩杆；55—拉枝钩。

图 11–19　梨树拉枝器的结构示意

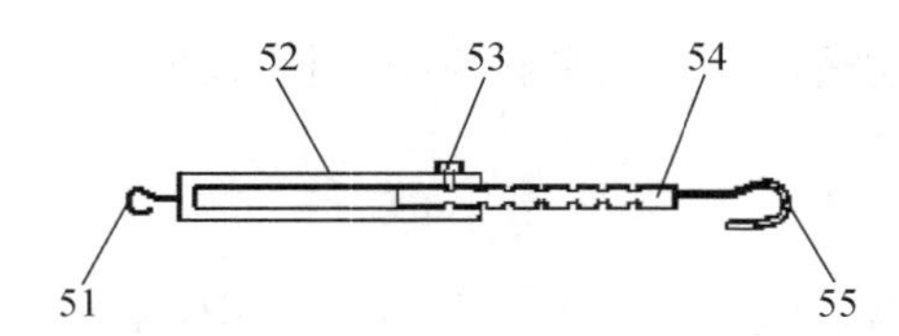

51—挂钩；52—套管；53—螺栓Ⅱ；54—伸缩杆；55—拉枝钩。

图 11–20　图 11–19 中拉枝的剖视示意

于不同尺寸梨树的拉枝，卡环Ⅰ1 和卡环Ⅱ2 侧缘沿圆弧方向均焊接有多个挂耳，挂耳设有通孔；拉杆 5 包括套管 52 和伸缩杆 54，套管 52 为一端密封的中空管，套管 52 密封端焊接有挂钩 51，挂钩 51 勾挂在通孔内，使拉杆 5 与挂耳可拆卸连接，套管 52 开口一端套装有伸缩杆 54，套管 52 开口一端管壁设有螺纹孔Ⅲ，螺纹孔Ⅲ上螺接有螺栓Ⅱ53，伸缩杆 54 一端套装于套管 52 内并通过螺栓Ⅱ53 锁定，伸缩杆 54 另一端延伸至套管 52 外部且焊接有拉枝钩 55。为了方便固定伸缩杆 54，伸缩杆 54 为圆柱状，伸缩杆 54 外表面周向均匀设置有多个环形的凹槽，凹槽宽度与螺栓Ⅱ53 的直径相匹配。为了使伸缩杆 54 更加牢固，螺栓Ⅱ53 的长度大于套管 52 管壁厚度，以便螺栓Ⅱ53 能插入凹槽中。为了更高效地拉枝，拉杆 5 数量与挂钩数量相等。为了防止卡环Ⅰ1 和卡环Ⅱ2 固定在树干外侧对树干造成伤害，卡环Ⅰ1 和卡环Ⅱ2 内侧均设有凹槽，凹槽内设有橡胶保护套。使用时，将卡环Ⅰ1 和卡环Ⅱ2 套在梨树树干上，根据梨树树干圆周尺和螺纹孔寸，调整卡环Ⅰ1 和卡环Ⅱ2 的交叉位置，并用螺栓Ⅰ4 依次穿过螺纹孔Ⅰ11 和螺纹孔Ⅱ21 固定，利用拉枝钩 55 勾住需要拉枝的梨树枝，调整伸缩杆 54 至合适长度，并

通过螺栓Ⅱ53 锁定，将挂钩 51 插入挂耳中的通孔，使拉杆 5 固定在卡环Ⅰ1 或卡环Ⅱ2 上，从而实现拉枝目的。

（四）优点

该拉枝器采用 2 个卡环勾成环形封闭结构，卡环Ⅰ和卡环Ⅱ上均设有螺纹孔，可以根据不同梨树树干圆周尺寸要求，调整卡环Ⅰ和卡环Ⅱ交叉位置，并通过螺栓固定。拉杆采用可伸缩结构，方便调整拉枝位置及拉枝程度，并通过 2 个卡环固定在树干上，有利于拉枝的稳定性。卡环上设有多个拉耳，方便多个拉杆同时使用，提高了拉枝效率及拉枝效果。

八、一种果树高枝修剪装置

（一）背景技术

高枝剪作为一种有效的果树枝叶修剪工具，一直被果农广泛使用。现有的果树修剪工具在修剪枝条时会落下大量被修剪下的树枝，这些树枝直接铺在地面上，会给对树木有害的微生物和害虫提供大量繁殖的条件，造成有害微生物和害虫数量增多，不利于树木的健康生长。同时，现有的工具在修剪果树枝条后并不能有效地对枝条进行收集，增加了清理的难度。

（二）研发目的及设计内容

1. 研发目的

本高枝修剪装置研发的目的是克服现有技术中的修剪掉枝条存放问题，以减少果树病虫害的发生。

2. 设计内容

本实用新型提供了一种果树高枝修剪装置，包括储存箱和修剪机构；修剪机构设置在储存箱的上方，修剪机构包括电动伸缩杆和电动剪刀，电动伸缩杆的伸缩端末安装有第 1 伺服电机，第 1 伺服电机与电动剪刀电连接；储存箱的一侧安装有推车手柄，储存箱上部具有开口，储存箱内部靠近推车手柄的一侧设有置放箱，置放箱的高度小于所述储存箱，储存箱内部设有倾斜挡板，倾斜挡板的一端设置在所述置放箱上，另一端设置在储存箱的箱体内壁顶端，置放箱内设有蓄电池和第 2 伺服电机，电动伸缩杆设置在置放箱的一侧，且电动伸缩杆与第2伺服电机电连接，第1伺服电机、第2伺服电机均连接有电线，蓄电池与第1伺服电机、第2伺服电机通过电线电连接，推车手柄上设有控制器，控制器上设有控制面板，蓄电池与控制器、控制面板电连接，控制面板上设有电源开关按钮、电动剪刀开启按钮、电动伸缩杆升降按钮和电量显示屏。推车手柄上设有防滑套，防滑套材质为硅胶或者橡胶。储存箱的底部安装有万向轮。电动伸缩杆能伸缩的高度为4 m。

（三）实施操作

如图11-21至图11-23所示，一种果树高枝修剪装置，包括储存箱1和修剪机构；修剪机构设置在储存箱1的上方，修剪机构包括电动伸缩杆2和电动剪刀3，电动伸缩杆2的伸缩端末安装有第1伺服电机4，第1伺服电机4与电动剪刀3电连接；储存箱1的一侧安装有推车手柄5，储存箱1上部具有开口，储存箱1内部靠近推车手柄5的一侧设有置放箱，置放箱的高度小于储存箱1，储存箱1内部设有倾斜挡板6，倾斜挡板6的一端设置在置放箱上，另一端设置在储存箱1的箱体内壁顶端，置放箱内设有蓄电池7和第2伺服电机8，电动伸缩杆2设置在置放箱的一侧，且电动伸缩杆2与第2伺服电机8电连接，第1伺服电机4、第2伺服电机8均连接有电线，蓄电池7与第1伺服电机4、第2伺服电机8通过电线电连接，推车手柄5上设有控制器，控制器上设有控制面板9，蓄电池7与控制器、控制面板9

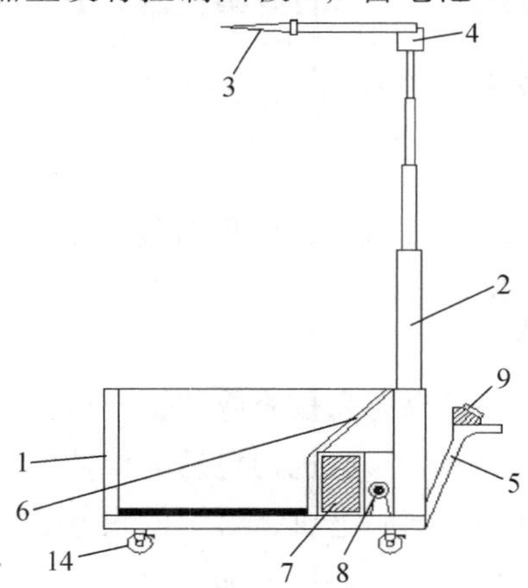

1—储存箱；2—电动伸缩杆；3—电动剪刀；4—第1伺服电机；5—推车手柄；
6—倾斜挡板；7—蓄电池；8—第2伺服电机；9—控制面板；14—万向轮。

图11-21　一种果树高枝修剪装置的结构示意

电连接，控制面板 9 上设有电源开关按钮 10、电动剪刀开启按钮 11、电动伸缩杆升降按钮 12 和电量显示屏 13。推车手柄 5 上设有防滑套，防滑套材质为硅胶或者橡胶。储存箱 1 的底部安装有万向轮，便于推动储存箱 1。电动伸缩杆 2 能伸缩的高度为 4 m，能对较高处的枝叶进行修剪。

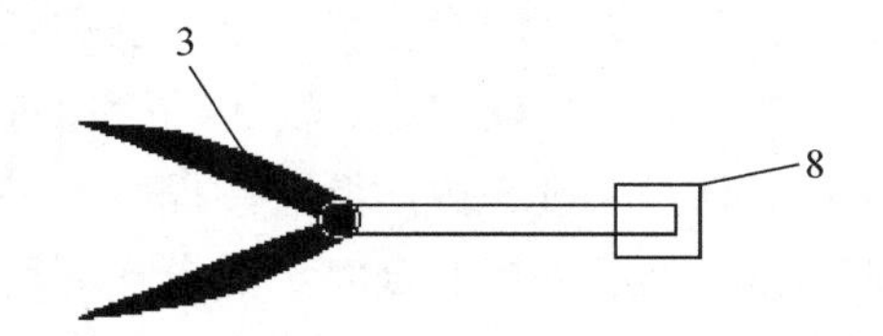

3—电动剪刀；8—第 2 伺服电机。

图 11–22　图 11–21 中电动剪刀的俯视示意

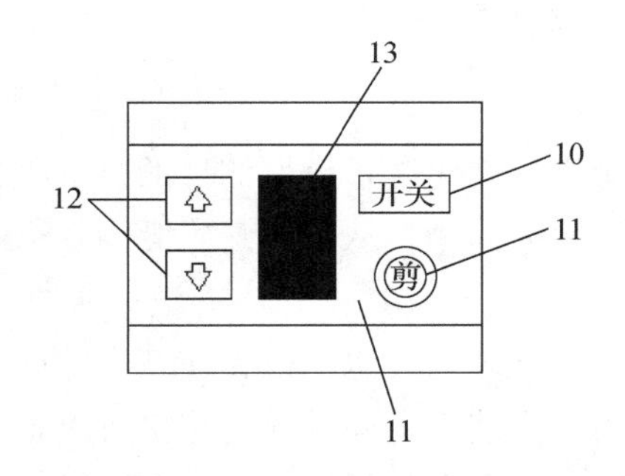

10—电源开关按钮；11—电动剪刀开启按钮；12—电动伸缩杆升降按钮；13—电量显示屏。

图 11–23　图 11–21 中控制面板的结构示意

（四）优点

该果树高枝修剪装置使用方便，将电动剪刀与电动伸缩杆结合在一起使用，可省力，能够实现对不同高度果树枝叶的修剪。同时，在修剪完树枝和树叶后能将其一并收集处理，减少了后期清理的问题，提高了使用效率，使得装置更加实用便捷。

九、果树的肥水一体化装置

（一）背景技术

肥水一体化技术是指将灌溉与施肥融为一体的一种新技术，借助压力系统，将可溶性固体或液体肥料按土壤养分含量和果树的需肥规律和特点，配兑成的肥液与灌溉水一起通过管道系统供水、供肥，均匀准确地输送至果树根部区域。通过可控管道系统供水、供肥，使水肥相融后，通过管道和滴头形成滴灌，均匀、定时、定量地浸润果树根系发育生长区域，使主要根系土壤始终保持疏松和适宜的含水量。同时，根据果树的需肥特点，土壤环境和养分含量状况，以及果树不同生长期需水、需肥的规律进行不同生育期的需求设计，把水分、养分定时、定量、按比例直接提供给果树。现有的果树肥水一体化装置在对肥料和灌溉水进行混合时，混合不够均匀，且部分肥料颗粒较大，容易堵塞滴灌用的喷头，影响滴灌效果。为此，王尚堃等提出一种用于果树的肥水一体化装置，以解决果树施肥浇水中存在的上述问题。

（二）研发目的及设计内容

1. 研发目的

一种用于果树的肥水一体化装置研发的目的是解决现有技术中肥水搅拌不充分且含有大颗粒肥料的问题，从而提高施肥的效果和效率。

2. 设计内容

用于果树的肥水一体化装置，包括设置在其本体内的箱体，箱体的外侧壁上固定连接有安装板，安装板上同轴固定连接有电机，箱体内设有用于对肥料进行粉碎的粉碎机构，电机与粉碎机构之间通过传动机构传动连接，粉碎机构的下方设有用于对肥料和水进行搅拌的搅拌机构，电机与搅拌机构之间通过驱动机构传动连接，箱体的上端固定连接有进料斗，箱体的侧壁下方固定连接有出料管道，出料管道上设有阀门，箱体的前后侧壁上均固定连接有进水管道。粉碎机构包括两根水平设置的粉碎轴，两根粉碎轴的周身侧壁上均固定连接有多根粉碎刀片，粉碎刀片交错设置，两根粉碎轴的一端均转动贯穿箱体并通过齿轮组传动连接。齿轮组包括相互啮合的两个齿轮，两个齿轮分别与两根粉碎轴同轴固定连接。传动机构包括第 1 皮带轮和第 2 皮带轮，第 1 皮带轮与电机的驱动轴同轴固定连接，其中一根粉碎轴的一端转动贯穿箱体并与第 2 皮带轮同轴固定连接，第 1 皮带轮与第 2 皮带轮之间通过皮带传动连接。搅拌机构包括与箱体内侧壁固定连接的横板，横板下端与箱体内底部转动连接有搅拌轴，搅拌轴外固定连接有多个搅拌叶。驱动机构包括设置在横板内的空腔，电机的驱动轴转动贯穿箱体和横板并延伸至空腔内，电机的驱动轴位于空腔内的一端同轴固定连接有第 1 斜齿轮，搅拌轴的

上端转动贯穿横板并延伸至空腔内，搅拌轴的上端同轴固定连接有第 2 斜齿轮，第 2 斜齿轮与第 1 斜齿轮啮合连接。

（三）实施操作

如图 11–24 至图 11–27 所示，一种用于果树的肥水一体化装置包括设置在其本体内的箱体 1，箱体 1 的外侧壁上固定连接有安装板 2，安装板 2 上同轴固定连接有电机 3，箱体 1 内设有用于对肥料进行粉碎的粉碎机构 4，粉碎机构 4 包括 2 根水平设置的粉碎轴 12，2 根粉碎轴 12 的周身侧壁上均固定连接有多根粉碎刀片 13，粉碎刀片 13 交错设置，2 根粉碎轴 12 的一端均转动贯穿箱体 1 并通过齿轮组 14 传动连接，齿轮组 14 包括相互啮合的 2 个齿轮 15。2 个齿轮 15 分别与 2 根粉碎轴 12 同轴固定连接，电机与粉碎机构 4 之间通过传动机构 5 传动连接，传动机构 5 包括第 1 皮带轮 16 和第 2 皮带轮 17，第 1 皮带轮 16 与电机 3 的驱动轴同轴固定连接，其中一根粉碎轴 12 的一端转动贯穿箱体 1 并与第 2 皮带轮 17 同轴固定连接，第 1 皮带轮 16 与第 2 皮带轮 17 之间通过皮带传动连接，粉碎机构 4 的下方设有用于对肥料和水进行搅拌的搅拌机构 6。搅拌机构 6 包括与箱体 1 内侧壁固定连接

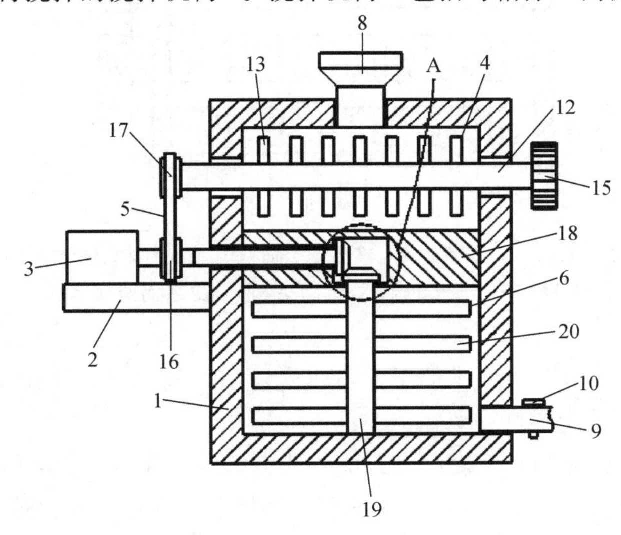

1—箱体；2—安装板；3—电机；4—粉碎机构；5—传动机构；6—搅拌机构；8—进料斗；9—出料管道；10—阀门；12—粉碎轴；13—粉碎刀片；15—齿轮；16—第 1 皮带轮；17—第 2 皮带轮；18—横板；19—搅拌轴；20—搅拌叶。

图 11–24　果树的肥水一体化装置正面结构透视示意

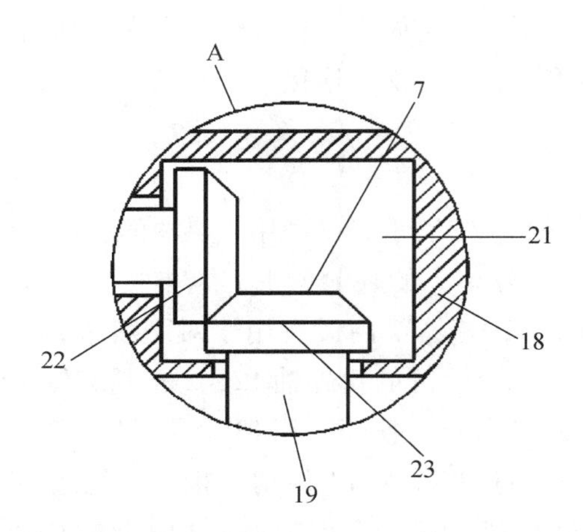

7—驱动机构；18—横板；19—搅拌轴；21—空腔；22—第 1 斜齿轮；23—第 2 斜齿轮。

图 11-25　图 11-24 中 A 处的放大示意

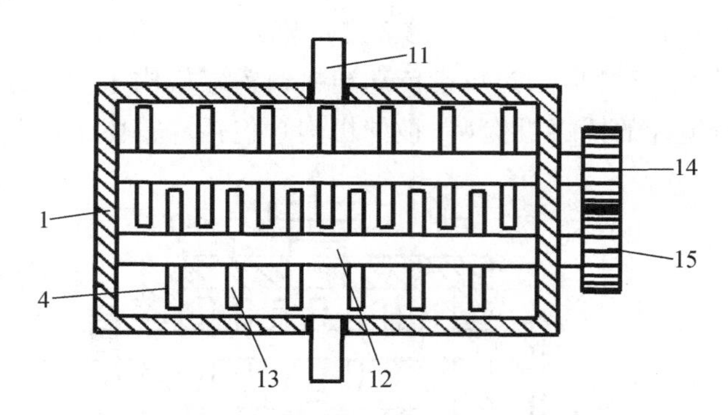

1—箱体；4—粉碎机构；11—进水管道；12—粉碎轴；13—粉碎刀片；14—齿轮组；15—齿轮。

图 11-26　果树的肥水一体化装置俯视结构透视示意

的横板 18，横板 18 下端与箱体 1 内底部转动连接有搅拌轴 19，搅拌轴 19 外固定连接有多个搅拌叶 20。

电机 3 与搅拌机构 6 之间通过驱动机构 7 传动连接，驱动机构 7 包括设置在横板 18 内的空腔 21，电机 3 的驱动轴转动贯穿箱体 1 和横板 18 并延伸至空腔 21 内，电机 3 的驱动轴位于空腔 21 内的一端同轴固定连接有第 1 斜齿轮 22，搅拌轴 19 的上端转动贯穿横板 18 并延伸至空腔 21 内，搅拌轴 19 的上端同轴固定连接有第 2 斜齿轮 23，第 2 斜齿轮 23 与第 1 斜齿轮 22 啮合连接，箱体 1 的上端固定连接有进料斗 8，箱体 1 的侧壁下方固定连接有出

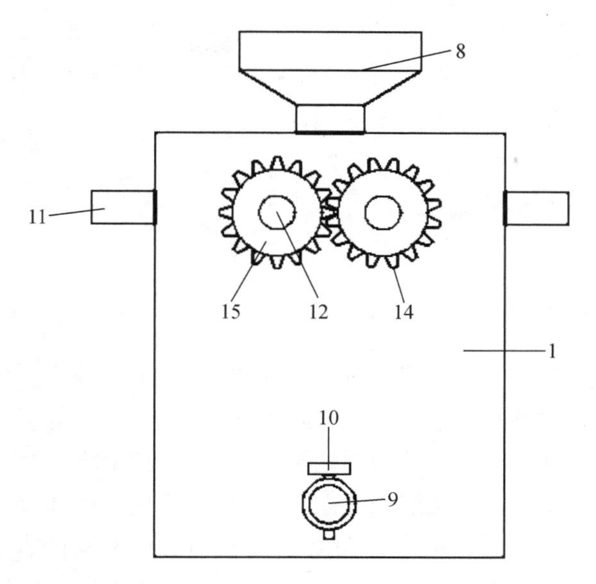

1—箱体；8—进料斗；9—出料管道；10—阀门；11—进水管道；
12—粉碎轴；14—齿轮组；15—齿轮。

图 11–27　果树的肥水一体化装置侧面结构示意

料管道 9，出料管道 9 上设有阀门 10，箱体 1 的前后侧壁上均固定连接有进水管道 11。

具体使用时，将肥料由进料斗 8 导入箱体 1 内，并将灌溉水由 2 个进水管道 11 导入箱体 1 内，开启电机 3，电机 3 的驱动轴带动第 1 皮带轮 16 和第 1 斜齿轮 22 转动，第 1 皮带轮 16 通过皮带带动第 2 皮带轮 17 转动，第 2 皮带轮 17 带动其中一根粉碎轴 12 转动，其中一根粉碎轴 12 带动其中一个齿轮 15 转动，其中一个齿轮 15 带动另一个齿轮 15 转动，另一个齿轮 15 带动另一根粉碎轴 12 转动，2 根粉碎轴 12 带动多根粉碎刀片 13 转动，从而对粉料进行充分粉碎；与此同时，第 1 斜齿轮 22 带动第 2 斜齿轮 23 转动，第 2 斜齿轮 23 带动搅拌轴 19 转动，搅拌轴 19 带动多根搅拌叶 20 转动，多根搅拌叶 20 对灌溉水和肥料进行充分混合搅拌。

（四）优点

该果树的肥水一体化装置通过设置粉碎机构，通过电机驱动轴带动 2 根粉碎轴转动，2 根粉碎轴带动多根粉碎刀片转动，从而对肥料进行充分粉碎，避免大颗粒肥料将滴灌用喷头堵塞；通过设置搅拌机构，通过电机驱动轴带动搅拌轴转动，搅拌轴带动多个搅拌叶转动，从而对肥料和灌溉水进行搅拌，使得肥料和灌溉水进行充分混合。

十、双剪口疏花疏果剪

（一）研发背景

疏花疏果是果树栽培管理中不可或缺的一个重要环节，是生产优质果品、提升栽培效益的必经途径。疏花疏果的方法有人工剪刀疏除、机械疏除、化学药剂疏除3种。化学药剂疏除尚在研究起步阶段，且使用受果园面积、品种、生长整齐度、花期一致性、气候条件等诸多因素的限制，很难在生产上大面积推广应用；也有人探索小型电动机械疏除的方法，但在精准性、无损伤等环节很不成熟，尚需改进，短时间内也很难推而广之。因此，目前果树疏花疏果主要靠人工用小剪刀疏除。现用的剪刀1次只能剪掉1朵花或者1个小果实，而多数果树的1个花簇由5～6朵单花组成，疏花疏果时只需要保留发育最好的边花、果，其余4～5朵都要疏除掉，因而1簇花需要4～5次剪除才能完成。人工疏除精准、无损伤、无诸多限制因素，但效率低下，进度缓慢，需要消耗大量的人工与时间，提高了果品生产成本，且由于疏除不及时，树体会多消耗许多养分、水分，影响果树生长发育。因此，生产上亟须研发一种能够快速疏花疏果的工具。

（二）研发目的及设计内容

1. 研发目的

本发明的目的是解决现有技术的不足，提供一种包括上位刀、中位刀及下位刀的双剪口疏花疏果剪，在疏花疏果作业时，将需要保留的花果柄被置于U形保护槽中，从而将需要反复4～5次的剪除作业优化为一次性完成，精准、快速、无损伤，可大大提高疏花疏果的效率。

2. 设计内容

一种双剪口疏花疏果剪，包括上位刀、中位刀及下位刀，上位刀、中位刀及下位刀通过铰接件依次铰接于一体，上位刀与下位刀为对称结构，上位刀包括第1刀刃、第1刀身及第1手柄，第1刀刃与第1刀身为一体成型结

构，第1手柄套设在第1刀身下部，下位刀包括第2刀刃、第2刀身及第2手柄，第2刀刃与第2刀身为一体成型结构，第2手柄套设在第2刀身下部，第1手柄与第2手柄均为杆状结构，第1手柄侧面上部沿横向设有2个第1手柄穿越孔，第2手柄侧面上部沿横向设有2个第2手柄穿越孔，中位刀上部设有U形保护槽，其下部设有条形滑块槽，滑块槽中穿设有滑块，滑块沿滑块槽滑动。在滑块上部环绕有扭力簧，扭力簧包括对称分布的第1旋绕臂与第2旋绕臂，第1旋绕臂与第2旋绕臂靠近滑块一端间隙固定于滑块上，第1旋绕臂背离滑块端部穿设于其中一个第1手柄穿越孔中，第2旋绕臂背离滑块端部穿设于其中一个第2手柄穿越孔中。中位刀上部两侧边沿对称设有第3刀刃与第4刀刃。述铰接件为铆钉。第1手柄与第2手柄外侧面均匀设置有若干防滑凸起。第1手柄与第2手柄均采用防滑材料制成。

（三）实施操作

如图11–28至图11–31所示，一种双剪口疏花疏果剪，包括上位刀1、中位刀2及下位刀3，上位刀1、中位刀2及下位刀3通过铰接件4依次铰接于一体，上位刀1与下位刀3为对称结构，上位刀1包括第1刀刃11、第1刀身12及第1手柄13，第1刀刃11与第1刀身12为一体成型结构，第1手柄13套设在第1刀身12下部，下位刀3包括第2刀刃31、第2刀身32及第2手柄33，第2刀刃31与第2刀身32为一体成型结构，第2手柄33套设在第2刀身32下部，第1手柄13与第2手柄33均为杆状结构，第1手柄13侧面上部沿横向设有2个第1手柄穿越孔14，第2手柄33侧面上部沿横向设有2个第2手柄穿越孔34，中位刀2上部设有U形保护槽21，其下部设有条形滑块槽22，滑块槽22中穿设有滑块23，滑块23沿滑块槽22滑动，在疏花疏果作业时，需保留的花果柄被置于U形保护槽21中，其余花果柄被分置于上位刀1、中位刀2及下位刀3形成的两个剪口之中，将需要反复4~5次的剪除作业优化为一次性完成。滑块23上部环绕有扭力簧24，扭力簧24包括对称分布的第1旋绕臂241与第2旋绕臂242，第1旋绕臂241与第2旋绕臂242靠近滑块23一端间隙固定于滑块23上，第1旋绕臂241背离滑块23端部穿设于其中一个第1手柄穿越孔14中，第2旋绕臂242背离滑块23端部穿设于其中一个第2手柄穿越孔34中，从而保证了两边剪刃闭合角度的一致性，使两边可以同角度同时完成剪切，设置2个第1手柄穿越孔14与2个第2手柄穿越孔34，便于进行第1旋绕臂241和第2

旋绕臂 242 的装配。中位刀 2 上部两侧边沿对称设有第 3 刀刃 25 与第 4 刀刃 26，从而与上位刀 1、中位刀 2 形成两个剪口。铰接件 4 为铆钉，从而将上位刀 1、中位刀 2 及下位刀 3 连接。第 1 手柄 13 与第 2 手柄 33 外侧面均匀设置有若干防滑凸起 131，防止操作时手柄滑动。第 1 手柄 13 与第 2 手柄 33 均采用防滑材料制成，也能防止操作时手柄滑动。

工作时，将要保留的果树边花果柄套入 U 形保护槽 21 中，环绕在边花果周围处于簇状分布的花果柄则会自然地夹在中位刀 2 两边的剪刃之中，握住剪刀手柄，绞合剪刀，滑块 23 沿滑块槽 22 向后滑动，刀刃闭合，处于两边剪刃中的需要疏除的花果柄就会被剪断而自然掉落，扭力簧 24 的对称结构及滑块槽 22 的滑动结构保证了两边剪刃闭合角度的一致性，使两边可以同角度同时完成剪切。

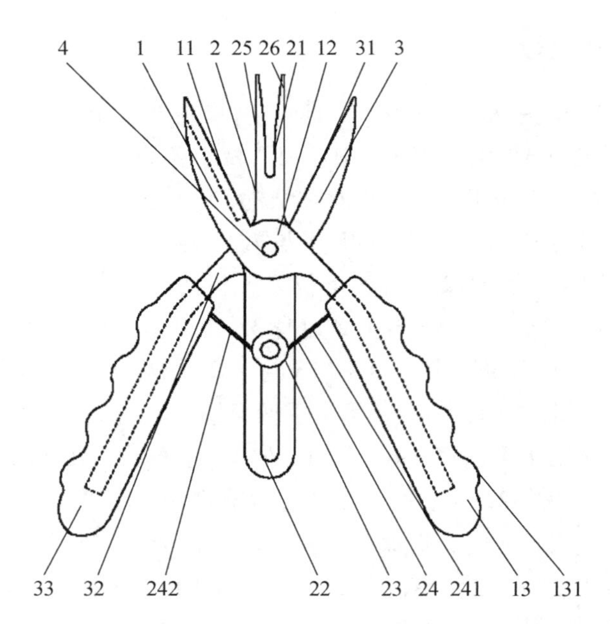

1—上位刀；11—第 1 刀刃；12—第 1 刀身；13—第 1 手柄；131—防滑凸起；2—中位刀；21—U 形保护槽；22—滑块槽；23—滑块；24—扭力簧；241—第 1 旋绕臂；242—第 2 旋绕臂；25—第 3 刀刃；26—第 4 刀刃；3—下位刀；31—第 2 刀刃；32—第 2 刀身；33—第 2 手柄；4—铰接件。

图 11-28　双剪口疏花疏果剪结构示意

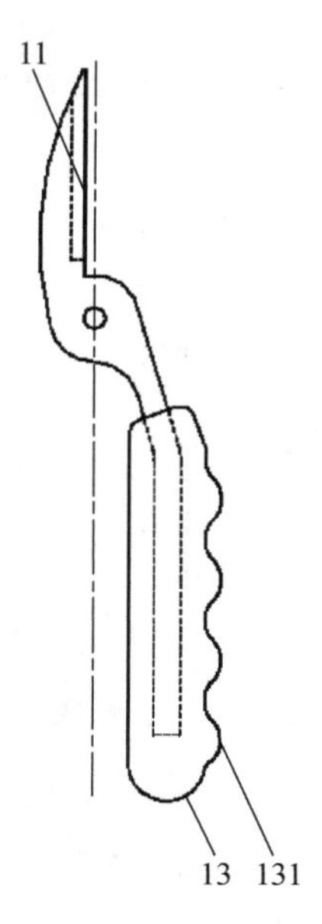

11—第 1 刀刃；13—第 1 手柄；131—防滑凸起。

图 11-29　双剪口疏花疏果剪上位刀主视示意

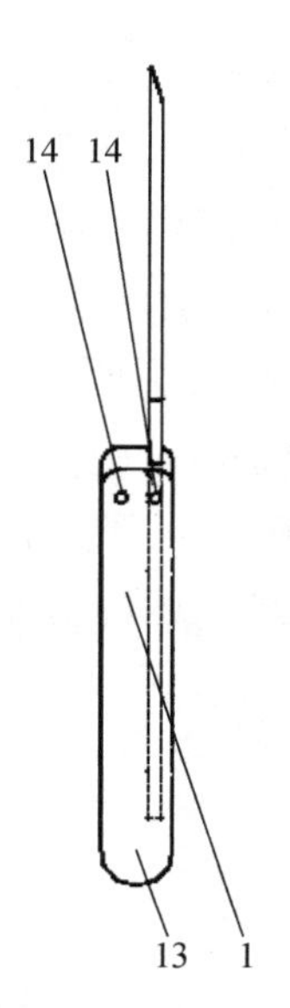

1—上位刀；13—第 1 手柄；14—第 1 手柄穿越孔。

图 11-30　双剪口疏花疏果剪上位刀侧视示意

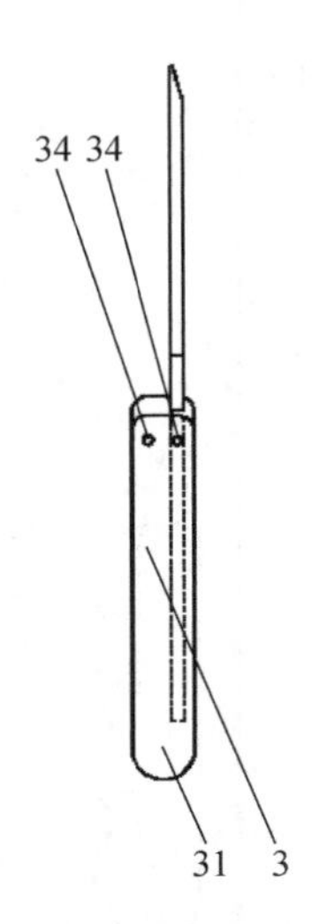

3—下位刀；31—第 2 刀刃；34—第 2 手柄穿越孔。

图 11-31　双剪口疏花疏果剪下位刀侧视示意

（四）优点

一种双剪口疏花疏果剪，包括上位刀、中位刀及下位刀，上位刀包括第 1 刀刃、第 1 刀身及第 1 手柄，第 1 刀刃与第 1 手柄位于穿过铰接件的轴线两侧，保证了刀刃闭合时不会超过 U 形保护槽的边线，从而不会对要保留的花果柄造成损伤。在疏花疏果作业时，需保留的花果柄被置于 U 形保护槽中，其余花果柄被分置于上位刀、中位刀及下位刀形成的两个剪口之中，将需要反复 4 ~ 5 次的剪除作业优化为一次性完成，精准、快速、无损伤，可大大提高疏花疏果的效率，节约人工费用，缩短疏花疏果周期，提高工作效率 3 ~4 倍，除了广泛用于梨外，还可用于苹果、橘子等的疏花疏果作业。

十一、可调节式采果器

（一）研发背景

在果树栽培中，果实主要是靠人双手采摘。采摘中存在的一个问题是，树上高处的果实较难采摘。一般是爬上树或用人字梯去采摘，显然这两种方

法都有不足。爬树方法只能针对大树，小树或大树的小枝条都没办法采到，且爬树采摘有一定的危险；用人字梯方法需随身携带，劳动量大，且人字梯的使用既不方便，又不灵活，人爬到人字梯上仍存在摔下来的危险。另外，用简易采果器采果会使水果直接下坠，容易造成果实本身损伤。

（二）研发目的及设计内容

1. 研发目的

可调节式采果器研发目的是解决果树果实采摘中存在的问题，减少采果对人体的危害，降低劳动强度，提高采果质量和效率，进而提高果实的品质。

2. 设计内容

一种可调节式采果器，包括伸缩杆、切割件和收集件，伸缩杆包括至少2个伸缩节，各伸缩节具有圆柱体结构，且各伸缩节内部中空，依次套接；相邻2个伸缩节中的其中一个沿轴向开设有滑槽，另一个上设置有滑轨，滑轨滑动设置于滑槽内；相邻2个伸缩节中的其中一个开设有卡口，另一个上设置有卡块，卡块通过弹性件与伸缩节连接，卡块活动设置于卡口内，收集件具有一开口，收集件与一伸缩节连接，切割件与其中一个伸缩节或收集件连接，切割件与开口对应设置。各伸缩节的截面直径相异，伸缩杆由各伸缩节按截面直径由大至小依次套接而成。伸缩节上的所述卡口数量为多个，且多个卡口沿伸缩节的轴向间隔设置，卡块活动设置于一卡口内。切割件为刀片、钩子，收集件为网兜、塑料桶和布袋，弹性件为弹片、弹簧。

（三）实施操作

如图11–32至图11–33所示。可调节式采果器包括伸缩杆100、切割件200和收集件300。伸缩杆100包括至少2个伸缩节，伸缩节具有圆柱体结构，且各伸缩节内部中空，依次套接；相邻2个伸缩节中的其中一个沿轴向开设有滑槽，另一个上设置有滑轨，滑轨滑动设置于滑槽内；相邻2个伸缩节中的一个开设有卡口，卡口贯穿该伸缩节的内侧表面和外侧表面，另一个上设置有卡块。卡块通过弹性件与伸缩节连接，卡块活动设置于卡口内，收集件300具有一开口，收集件300与一伸缩节连接。切割件200与其中一个伸缩节或收集件300连接。切割件200与其中1个伸缩节连接，切割件200与开口对应设置。切割件设置于开口内，使得切断果实的连接茎后，果实能

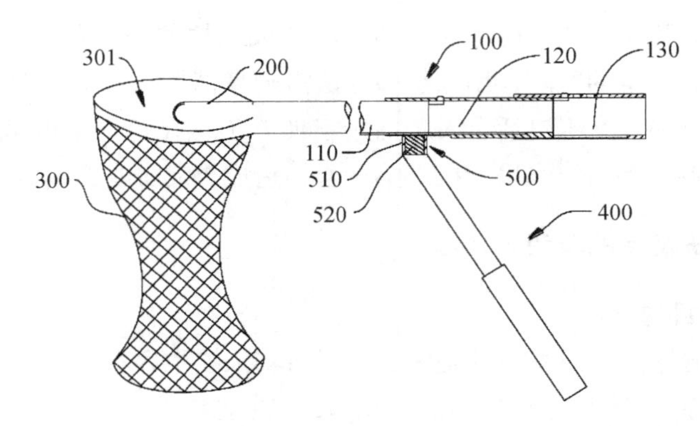

100—伸缩杆；110—第 1 伸缩节；120—第 2 伸缩节；130—第 3 伸缩节；200—切割件；
300—收集件；301—开口；400—辅助杆；500—万象管；510—软管；520—金属线。

图 11-32　可调节式采果器的局部剖视结构示意

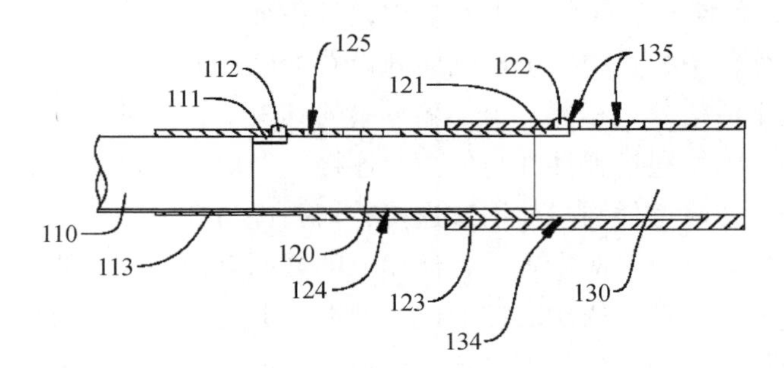

110—第 1 伸缩节；111—弹片；112—卡块；113—滑轨；120—第 2 伸缩节；
121—弹片；122—卡块；123—滑轨；124—滑槽；125—卡口；
130—第 3 伸缩节；134—滑槽；135—卡口。

图 11-33　伸缩杆的局部剖视结构示意

准确地落入收集件内部。相似的另一次采果中，切割件设置于开口内，即切割件与开口具有间隙，切割件的位置和开口的位置相对应，使得果实能准确地落入收集件内部。各伸缩节的截面直径相异，伸缩杆 100 由伸缩节按截面直径由大至小依次套接而成。具体实施中，收集件 300 与直径最小的伸缩节连接，且收集件 300 连接于直径最小的伸缩节的远离其他伸缩节的一端。如图 11-33 所示，伸缩杆 100 包括 3 个伸缩节，3 个伸缩节包括第 1 伸缩节 110、第 2 伸缩节 120 和第 3 伸缩节 130。第 1 伸缩节 110、第 2 伸缩节 120 和第 3 伸缩节 130 的截面直径依次增大。第 3 伸缩节 130 套设于第 2 伸缩节

120 上，第 2 伸缩节 120 套设于第 1 伸缩节 110 上。第 3 伸缩节 130 的内侧表面抵接于第 2 伸缩节 120 外侧表面，第 2 伸缩节 120 内侧表面抵接于第 1 伸缩节 110 外侧表面。

如图 11–33 所示，第 3 伸缩节 130 和第 2 伸缩节 120 的内侧表面沿轴向分别开设有滑槽，第 1 伸缩节 110 和第 2 伸缩节 120 的外侧沿轴向分别设置有滑轨，第 3 伸缩节 130 套设于第 2 伸缩节 120 上时，第 2 伸缩节 120 上的滑轨 123 沿第 3 伸缩节 130 上的滑槽 134 滑动，第 2 伸缩节 120 套设于第 1 伸缩节 110 上时，第 1 伸缩节 110 上的滑轨 113 沿第 2 伸缩节 120 上的滑槽 124 滑动。

如图 11–33 所示，在第 2 伸缩节 120 的外侧设置有卡块 122，卡块 122 通过弹片 121 与第 2 伸缩节 120 连接，弹片 121 的一端与第 2 伸缩节 120 连接，另一端与卡块 122 连接，在第 3 伸缩节 130 上开设有卡口 135，当第 2 伸缩节 120 相对于第 3 伸缩节 130 滑动至预设位置时，在弹片弹力的作用下，卡块活动设置于卡口内，以此使得第 2 伸缩节 120 和第 3 伸缩节 130 相对固定。

如图 11–33 所示，第 1 伸缩节 110 的外侧设置有卡块 112，卡块 112 通过弹片 111 与第 1 伸缩节 110 连接，弹片 111 的一端与第 1 伸缩节 110 连接，另一端与卡块 112 连接，在第 2 伸缩节 120 上开设有卡口 125，当第 1 伸缩节 110 相对于第 2 伸缩节 120 滑动至预设位置时，在弹片弹力的作用下，卡块活动设置于卡口 125 内，并以此使得第 1 伸缩节 110 和第 2 伸缩节 120 相对固定。在具体操作中，如图 11–32 所示，收集件 300 的外侧表面与第 1 伸缩节 110 远离第 2 伸缩节 120 的一端连接，且切割件 200 与第 1 伸缩节 110 远离第 2 伸缩节 120 的一端连接，切割件 200 与收集件 300 的开口 301 对应设置。

如伸缩杆包括 3 个伸缩节，3 个伸缩节包括第 4 伸缩节、第 5 伸缩节和第 6 伸缩节，即伸缩杆包括第 4 伸缩节、第 5 伸缩节和第 6 伸缩节，第 4 伸缩节和第 6 伸缩节的截面直径相等，第 5 伸缩节的截面直径小于第 4 伸缩节和第 6 伸缩节的截面直径。第 4 伸缩节套设于第 5 伸缩节的一端，第 6 伸缩节套设于第 5 伸缩节的另一端，第 4 伸缩节的内侧表面活动抵接于第 5 伸缩节的外侧表面，第 4 伸缩节的内侧和第 6 伸缩节的内侧上沿轴向分别设置有滑轨，第 5 伸缩节的外侧表面上开设有滑槽，第 4 伸缩节的滑轨和第 6 伸缩节的滑轨滑动设置于滑槽内，以使得第 4 伸缩节和第 6 伸缩节沿第 5 伸缩节的外侧表面相对滑动。在1次采果中，在第5伸缩节一端的外侧设置有第1卡块，第1卡块通过弹片与第5伸缩节连接，即弹片的一端与第5伸缩节连接，弹片的另一端与第1卡块连接，在第4伸缩节上开设有卡口，当第5伸缩节相对于第4伸缩节滑动至预设位置时，在弹片弹力的作用下，第1卡块活动设置于卡口内，并以此使得第5伸缩节和第4伸缩节相对固定。第5伸缩节另一端的外侧设置有第2卡块，第2卡块通过弹片与第5伸缩节连接，即弹片的另一端与第5伸缩节连接，弹片的另一端与第2卡块连接，在第6伸缩节上开设有卡口。当第5伸缩节相对于第6伸缩节滑动至预设位置时，在弹片弹力的作用下，第2卡块活动设置于卡口内，并以此使得第5伸缩节和第6伸缩节相对固定。在具体实施中，收集件的外侧表面与第4伸缩节远离第5伸缩节的一端连接，且切割件与第4收缩节远离第5伸缩节的一端连接，切割件与收集件的开口对应设置。

这两个采果过程并非用于限定伸缩杆具有的伸缩数量，实际上，伸缩杆能通过2、3、4、5个或者更多伸缩节构成，相邻2个伸缩节之间的连接结构能采用前述两个采果过程的实现方式。

通过若干伸缩节调节伸缩杆100的长度，能将可调节式采果器上切割件200和收集件300移动至所需的具体高度，对树上果实进行采摘，通过切割件200对果实的连接茎进行切割，使果实通过开口301落入收集件300内，通过滑轨沿滑槽滑动，使得在伸缩杆100的使用过程中，避免伸缩节的相对转动，从而有利于操控位于远端的切割件200和收集件300。另外，通过卡块设置于卡口内，在弹性件的弹力作用下能使相邻2个伸缩节之间起到固定作用，避免伸缩节相对滑动，提升伸缩杆100的稳定性，有利于对可调节式采果器进行操控。

具体地，卡块活动设置于卡口内时，卡块抵接于卡口的侧壁，以获得卡口侧壁的支撑，从而实现卡块设置于卡口内，2个伸缩节之间实现相应的固定效果。为进一步准确调节伸缩杆100的长度，在一个采果过程中，如图11-33所示，伸缩节上的卡口数量为多个，且多个卡口沿伸缩节的轴向间隔设置，卡块活动设置于一卡口内，即具有卡口的伸缩节上的卡口数量为多个，以使得相邻伸缩节上的卡块可选择地设置在1个卡口内，从而起到多级调节的作用，对伸缩杆100整体长度的调节会更为准确。切割件与收集件的内侧连接，且切割件位于开口处，如切割件与一伸缩件连接，且切割件与开口对应设置。

切割件 200 用于将果实与树枝之间的连接茎切断，如切割件 200 为刀片，通过刀片对连接茎进行切割，能使得果实从连接茎上取下。刀片的刀刃处具有锯齿结构，一些连接茎较结实的果实，通过 1 次切割难以取下，通过锯齿结构，能对连接茎进行来回切割，以切断果实的连接茎。如图 11–32 所示，如切割件 200 为钩子，一些连接茎较脆弱的果实，没必要使用刀片，可使用钩子勾断连接茎取下果实，钩子因不具有锋刃，对果实或采摘人员都更为安全。收集件 300 用于收集从树上取下的果实，图 11–32 所示，收集件为网兜、塑料桶或布袋。

图 11–32 所示，网兜的截面宽度由靠近开口 301 的一端至另一端先减小后增大，即网兜的截面宽度由网兜的开口至网兜的中部逐渐减小，由网兜的中部至网兜的底部逐渐增大，果实受重力的作用会从开口 301 进入，并落至网兜中部，随着网兜的截面宽度逐渐减小，果实沿网兜内侧缓缓下落，起到缓冲作用，避免果实损坏。当果实通过截面宽度最小处时，网兜的截面宽度逐渐增大，以增大网兜的内部空间，用于容纳多个果实。

为实现弹性件的功能，弹性件为弹片或弹簧。弹性件用于使得卡块活动设置于卡口内，并用于对卡块施力时使卡块克服弹力离开卡口，即用于实现卡块活动设置于卡口内，以使得相邻伸缩节之间能灵活地进行固定。

在采果过程中，相邻伸缩节中宽度较小的伸缩节上设置有卡块，弹性件的一端与伸缩节的外侧表面连接，弹性件的另一端与卡块连接，卡块活动设置于另一伸缩节的卡口内。

在 1 次采果过程中，还包括防滑套，防滑套活动设于端部的伸缩节上，防滑套的表面设置有若干条纹，条纹可增加手部和防滑套之间的摩擦力，使得握持伸缩杆 100 时更加稳定。防滑套为橡胶套，以增加摩擦系数。

图 11–32 所示调节式采果器还包括辅助杆 400。在 1 个采果过程中，辅助杆 400 的一端与伸缩节的外侧表面连接，辅助杆 400 与伸缩杆位于中部的伸缩节连接。辅助杆 400 由多个伸缩节依次套接而成，当在收集件中收集到多个果实时，收集件会因此而重量上升，但频繁地将果实取下来又会导致生产效率下降，所以，当可调节式采果器过重时，能通过持握辅助杆 400，令辅助杆 400 和伸缩杆呈一个夹角，通过辅助杆 400 提供 1 个与伸缩杆不同方向的支撑力。如伸缩杆可以相对转动于辅助杆 400，使伸缩杆移动至相应的角度，以满足采集要求，而辅助杆 400 则始终保持与水平面垂直，以通过持握使辅助杆 400 能提供与地心引力方向相反的支撑力，从而有效分担收集件

上的重力。另外，还可双人同时使用，一人通过伸缩杆来操作果实的采摘，另一人握持辅助杆400，使得采摘更加轻松。

在另一个采果过程中，如图11-32所示，辅助杆400的一端通过万象管500与伸缩节的外侧连接。具体地，万向管包括软管510和若干设置于软管510内的金属线520，金属线在常温下为固态金属线。具体地，金属线520的一端与辅助杆400连接，软管510的另一端与伸缩节连接。通过软管510包裹固定金属线520形成万向管500，该万向管500沿金属线520的轴向上拥有良好的支撑力，但在金属线520的截面方向上具有延展性，以此实现辅助杆400和伸缩杆之间的转动连接，且使辅助杆400拥有支撑作用。采用的金属线可为铜线、铁线或银线。

（四）优点

通过若干伸缩节调节伸缩杆的长度，能将采果器上的切割件和收集件移动至所需的高度，对树上的果实进行采摘。通过切割件对果实与树枝之间的连接茎进行切割，并使果实通过开口落入收集件内。通过滑轨沿滑槽滑动，使得在伸缩杆的使用过程中，避免伸缩节的相对转动，从而有利于操控位于远端的切割件和收集件。另外，通过卡块设置于卡口内，在弹性件的弹力作用下能使相邻两个伸缩节之间起到固定作用，避免伸缩节相对滑动，提升伸缩杆的稳定性，有利于对采果器进行操控。

十二、果树修剪工具

（一）背景技术

果树是指能生产人类食用的果实、种子及其衍生物的多年生植物，具有可观的经济效益，所以得到越来越多人的种植。但是，在果树培育与种植过程中，由于果树的树冠会随着树龄的增长而扩大，导致果树枝叶过多，势必造成果树枝叶密闭、树势早衰、大小年现象严重和果实产量与品质降低等后果，因此，为了调节果树枝叶的合理分布及降低树势早衰发生的概率，使用修枝剪对果树树冠进行及时修剪很有必要。现有技术中对果园中果树进行修剪时往往采用同一把修枝剪，这样修剪容易使得病果树植株的病菌通过修枝剪传播到未患病的果树上，进而导致满园果树患病的概率大大增加，更有甚

者会导致果园果实的绝产甚至死亡，而且在后期的果树治疗中也会花费大量的资金，因此，设计一种能够在果树修剪过程中及时对修枝剪进行消毒，在早期阻断病原的果树修剪工具有很大实用价值。

（二）研发目的及设计内容

1. 研发目的

本设计的目的是克服现有技术中存在的上述问题，使果树枝叶合理分布，降低树势早衰和果树患病的概率，进而提供一种果树修剪工具。

2. 设计内容

一种果树修剪工具，包括修剪装置及用于对修剪装置进行消毒的消毒装置，消毒装置通过软管与消毒液存储装置连通，且消毒装置与修剪装置均设在安装座的顶部，安装座的底部设有握持部。握持部内设有空腔，消毒液存储装置设在空腔内，且消毒液存储装置通过第 1 输液管与握持部上设有的出液口的一端连通，出液口的另一端连接有微型加液泵，微型加液泵通过软管与用于对修剪装置进行消毒的消毒装置连通，消毒液存储装置通过第 2 输液管与握持部上设有的进液口连通，进液口上设有密封盖。修剪装置包括修剪刀和直线电机，直线电机包括动子与定子，定子平行设在安装座顶部，动子通过连接头与修剪刀连接，消毒装置设在安装座顶部相对侧的外侧壁上，用于对修剪刀进行消毒，修剪刀的切割方向与直线电机的移动方向平行。消毒装置包括多个喷头和用于对修剪刀进行消毒的 U 形壳体，U 形壳体沿纵向设在安装座上，且 U 形壳体的纵向凹槽与修剪刀相匹配，U 形壳体的纵向凹槽的内壁上开设有多个液体出孔，各喷头均设在 U 形壳体内，与各液体出孔一一对应并连通，多个喷头均通过软管与微型加液泵连通。U 形壳体的纵向凹槽的内壁上还设有海绵层，海绵层用于对液体出孔中的液体进行吸附。消毒液存储装置由透明材料制成，连接杆上设有用于观察消毒液存储装置内消毒液体积的玻璃窗。U 形壳体上还开设有排液口。修剪刀的表面上涂覆有防腐蚀涂层。连接杆的外壁上设有防滑橡胶。连接杆的底部还设有用于放置锂电池的电池放置仓，直线电机通过第 1 控制开关与锂电池电连接，微型加液泵通过第 2 控制开关与锂电池电连接。

（三）实施操作

如图 11–34 至图 11–37 所示。一种果树修剪工具，包括修剪装置 3 及用

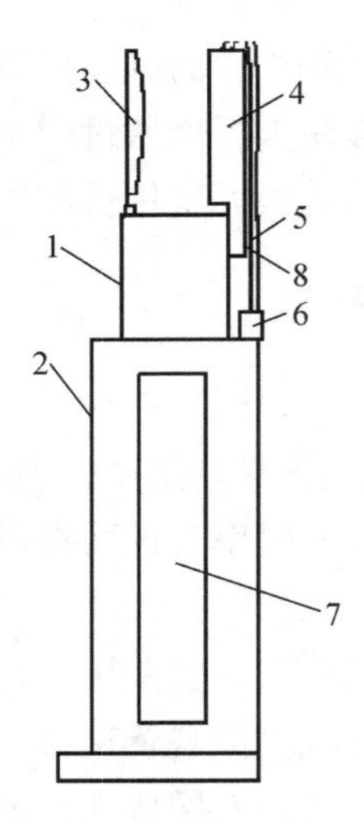

1—安装座；2—握持部；3—修剪装置；4—消毒装置；5—软管；
6—微型加液泵；7—玻璃窗；8—排液口。

图 11–34　果树修剪工具正视示意

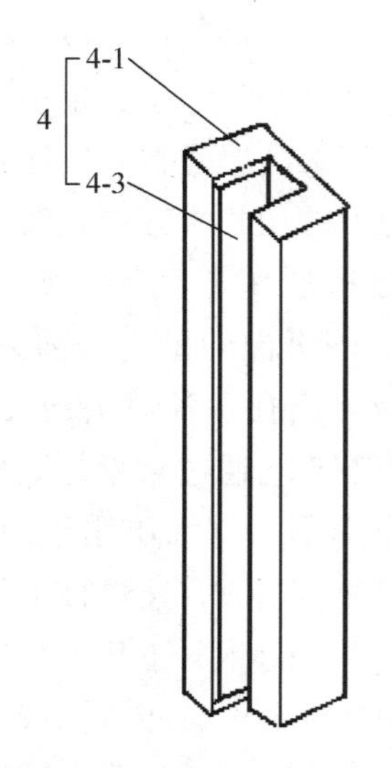

4—消毒装置；4－1—多个喷头；4－3—海绵层。

图 11–35　果树修剪工具消毒装置的结构示意

于对修剪装置 3 进行消毒的消毒装置 4，消毒装置 4 通过软管 5 与消毒液存储装置连通，且消毒装置 4 与修剪装置 3 均设在安装座 1 的顶部，安装座 1

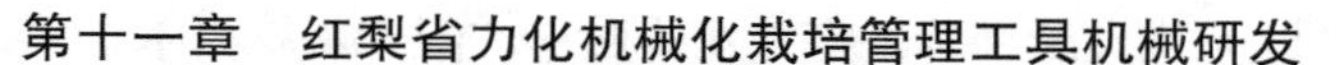

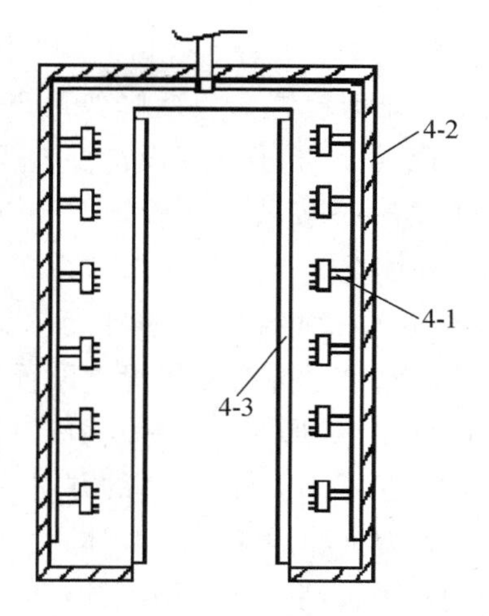

4－1—多个喷头；4－2—U 形壳体；4－3—海绵层。

图 11–36　消毒装置中多个喷头、U 形壳体及海绵层的位置关系

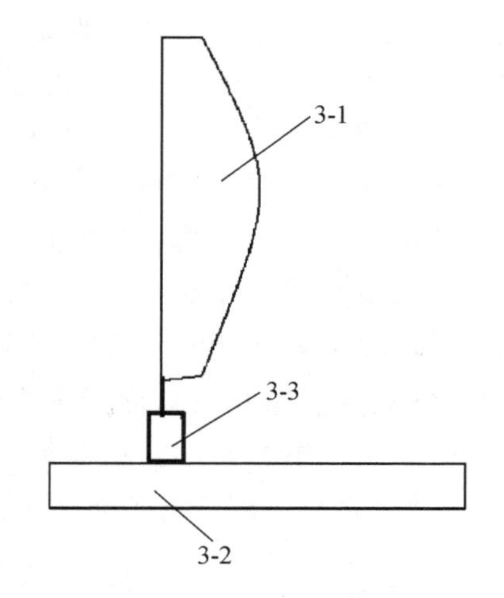

3－1—修剪刀；3－2—直线电机；3－3—安装头。

图 11–37　果树修剪工具中修剪刀与直线电机的连接关系

的底部设有握持部 2。其中，为了更加实用，避免软管 5 与修剪工具外部的消毒液存储装置连通时，软管 5 长度过长，影响果树枝条的修剪，握持部 2 内设有空腔，消毒液存储装置设在空腔内，且消毒液存储装置通过第 1 输液管与握持部 2 上设有的出液口的一端连通，出液口的另一端连接有微型加液泵 6，微型加液泵 6 通过软管 5 与用于对修剪装置 3 进行消毒的消毒装置 4

连通，消毒液存储装置通过第2输液管与握持部2上设有的进液口连通，进液口上设有密封盖。其中，修剪装置3包括修剪刀3-1和直线电机3-2，直线电机3-2包括动子与定子，定子平行设在安装座1顶部，动子沿水平方向沿定子往复运动，通过3-3安装头与修剪刀3-1连接，消毒装置4设在安装座1顶部相对侧的外侧壁上，用于对修剪刀3-1进行消毒，修剪刀3-1的切割方向与直线电机3-2的移动方向平行。其中，为了使得消毒装置4对修剪刀有更好的消毒效果，将消毒装置4设置成由多个喷头4-1和用于对修剪刀3-1进行消毒的U形壳体4-2构成，修剪刀3-1在动子的带动下沿定子水平方向向靠近U形壳体4-2的方向移动，然后修剪刀3-1移动到定子末端，使得其刀刃全部插入U形壳体4-2的纵向凹槽内，通过开启微型加液泵6的控制开关，消毒液由微型加液泵6（DQB410-SB）输送到软管5内，并通过三通与设在U形壳体4-2内的分液管连通，各分液管与多个喷头4-1连通，当修剪刀插入U形壳体4-2的纵向凹槽内时，开启与微型加液泵6相连的控制开关，各喷头均将消毒液由U形壳体4-2的纵向凹槽的内壁上设有的多个液体出孔喷出，用于对修剪刀3-1进行杀菌；U形壳体4-2沿纵向设在安装座1上，且U形壳体4-2的纵向凹槽与修剪刀3-1相匹配，U形壳体4-2的纵向凹槽的内壁上开设有多个液体出孔，多个喷头4-1均设在U形壳体4-2内，与各液体出孔一一对应并连通，多个喷头4-1均通过软管5与微型加液泵6连通。各喷头将消毒液喷出后，消毒液大量溢出，造成浪费，而且喷头的喷射面积有限，为了提高对修剪刀3-1的擦拭面积，同时降低大量消毒液在U形壳体处滞留对设备造成的腐蚀危害，U形壳体4-2的纵向凹槽的内壁上还设有海绵层4-3，海绵层4-3用于对液体出孔中的液体进行吸附。为了能够方便使用者及时了解液体存储装置内消毒液的体积，使得能够及时补充，提高生产效率，消毒液存储装置由透明材料制成，可以为透明塑料或者钢化玻璃；握持部2上设有用于观察消毒液存储装置内消毒液体积的玻璃窗7。为了及时排除U形壳体4-2内的多余消毒液，防止由于消毒液过多而危害设备寿命，U形壳体4-2上还开设有排液口8。为了避免修剪刀在消毒液的消毒作用下引起腐蚀、使用寿命降低的问题，修剪刀3-1的表面上涂覆有防腐蚀涂层。为了方便手部握持，提高手部的摩擦力，握持部2的外壁上设有防滑橡胶。为了方便修剪装置使用，修剪器上设置有锂电池的电池放置仓，其中锂电池可以是充电的或者干电池；握持部2的底部还设有用于放置锂电池的电池放置仓，直

线电机 3 –2 通过第 1 控制开关与锂电池电连接，微型加液泵 6 通过第 2 控制开关与锂电池电连接。在使用时，将果树枝条放置在修剪装置 3 的修剪刀 3 –1 与消毒装置 4 之间，修剪刀 3 –1 的刀刃朝向消毒装置 4 的纵向凹槽，开启与直线电机 3 –2 相连接的控制开关，修剪刀 3 –1 在动子的带动下沿定子做水平方向的往复运动，进而对放置在修剪刀 3 –1 与消毒装置 4 之间的果树枝条进行修剪，且修剪刀 3 –1 的刀刃移动到定子的末端能够插设到 U 形壳体 4 –2 的纵向凹槽内，然后开启微型加液泵 6 的控制开关，微型加液泵 6 开始工作，将设置在握持部 2 空腔中的消毒液存储装置内的消毒液由软管 5 输送至消毒装置 4 的 U 形壳体 4 –2 内，并由 U 形壳体 4 –2 内设有的多个喷头 4 –1 喷出，且多个喷头 4 –1 的喷出液由 U 形壳体 4 –2 纵向凹槽的出液口流出，用于对修剪刀 3 –1 进行消毒，为了增加消毒液与修剪刀 3 –1 的接触面积，在 U 形壳体 4 –2 的纵向凹槽上设有用于吸附由出液口排出的消毒液的海绵层 4 –3，通过玻璃窗 7 可方便查看消毒液存储装置内的消毒液体积，便于及时由握持部 2 上设有的进液口补充消毒液，U 形壳体 4 –2 内多余的消毒由排液口 8 排出。

（四）优点

一种果树修剪工具通过设置直线电机与修剪刀，能够实现对不同粗细程度的果树枝条进行修剪，节省了体力，提高了修剪效率，而且修剪刀在直线电机的带动下完成对果树枝条的修剪后，修剪刀移动到清洗装置内对修剪刀进行消毒，能够有效阻断患病果树上的病菌在修剪过程中的传播，降低了果树交叉感染的概率。

十三、果树药肥水一体化浇灌装置

（一）背景技术

在果园灌溉过程中，人们经常将果树所需要的农药或肥料人工倒入灌溉沟渠中，以使其随灌溉水流入果园土壤中，用以完成对果树的施药或施肥工作。该种施药、施肥方式操作简单、方便、劳动强度低，能够在果园灌溉的同时完成果树的施药、施肥工作，在果树生产中具有积极的推广意义。但是，这种施药、施肥方式存在药剂、肥料在田间分布不均，严重浪费的问题。在药剂分布不均时，存在农药残留和病虫害防治效果较差的问题；而肥料补给不均时，也会影响果树的生长与产量，不能满足果树生产的需要。同时，药水和肥料随灌溉水流入果园，不能与果树充分接触，使药肥水效果大大降低。

（二）研发目的及设计内容

1. 研发目的

本设计的目的是解决现有技术中存在的缺点，提出一种果树药肥水一体化浇灌装置，进而提高果树施用药肥水的效果。

2. 设计内容

一种果树药肥水一体化浇灌装置，包括储水箱和混料箱，储水箱的顶部箱壁开设有加水口，储水箱的外箱壁下端焊接有1根连接管，连接管远离储水箱的一端混料箱焊接，连接管将储水箱和混料箱连通，连接管上设有止回阀，混料箱上设有肥药水混料装置和灌溉喷洒装置。肥药水混料装置包括伺服电机，混料箱箱内设有1根转轴，转轴一端贯穿混料箱远离连接管一侧箱壁，混料箱远离连接管一侧箱壁上焊接有1块安装板，伺服电机的外壳焊接在安装板上，伺服电机的输出轴与转轴位于混料箱外部分同轴焊接，转轴位于混料箱内蛟龙叶片，混料箱上竖直焊接有2根输料管，2根输料管的上端分别焊接有药水箱和肥料箱，混料箱和药水箱与肥料箱连通，2根输料管均内设有流量调节结构。每个流量调节结构包括2块隔板，2块隔板与输料管的四周管壁水平焊接，2块隔板之间密封滑动连接有1个调节塞，调节塞一端贯穿输料管的管壁，2块隔板上均开设有多个竖直的第1通孔，调节塞上开设有多个竖直的第2通孔。灌溉喷洒装置包括水管，水管焊接在混料箱靠近伺服电机一侧的下端箱壁上，且与混料箱的内腔连通，水管上设有1个水泵，水管的下端焊接分流管，分流管的两端连接有雾化喷头。药水箱和肥料箱的顶部箱壁上均开设有装料口，伺服电机的型号为80ST－M03520。雾化喷头使用型号为KSFHS的不锈钢雾化喷嘴。

（三）实施操作

如图11–38至图11－40所示。一种果树药肥水一体化浇灌装置，包括储水箱1和混料箱2，储水箱1的顶部箱壁开设有加水口3，储水箱1的外箱壁下端焊接有一根连接管4，连接管4远离储水箱1的一端混料箱2焊接，

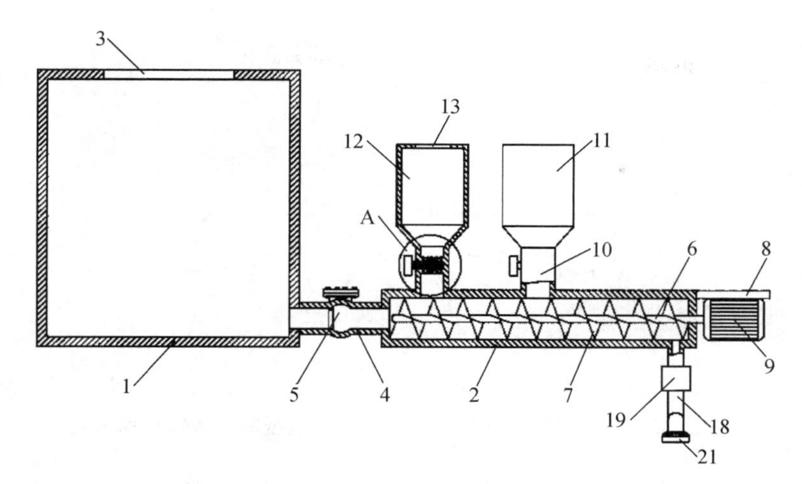

1—储水箱；2—混料箱；3—加水口；4—连接管；5—止回阀；6—转轴；7—蛟龙叶片；
8—安装板；9—伺服电机；10—输料管；11—药水箱；12—肥料箱；
13—装料口；18—水管；19—水泵；21—雾化喷头。

图 11–38　果树药肥水一体化浇灌装置的结构示意

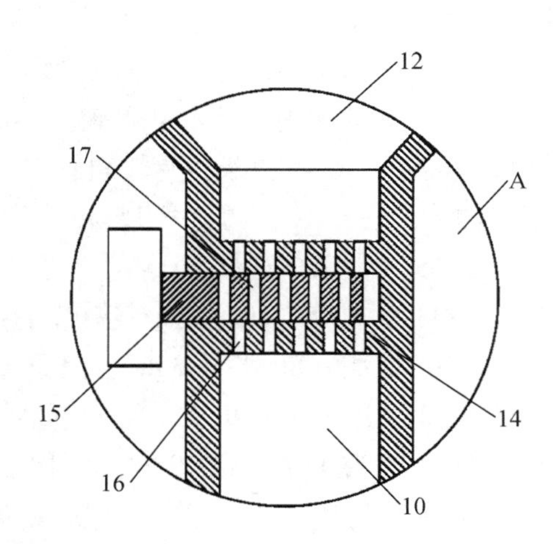

10—输料管；12—肥料箱；14—隔板；15—调节塞；16—第 1 通孔；17—第 2 通孔。

图 11–39　图 11–38 中 A 处的放大示意

连接管 4 将储水箱 1 和混料箱 2 连通，连接管 4 上设有止回阀 5，防止混料箱 2 内的药肥水倒流至储水箱 1 内，混料箱 2 上设有肥药水混料装置和灌溉喷洒装置。肥药水混料装置包括伺服电机 9，混料箱 2 箱内设有 1 根转轴 6，

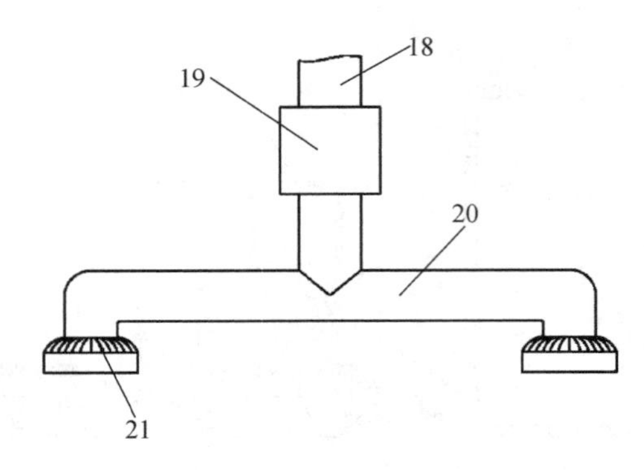

18—水管；19—水泵；20—分流管；21—雾化喷头。

图 11-40　果树药肥水一体化浇灌装置的灌溉喷洒装置结构示意

转轴 6 一端贯穿混料箱 2 远离连接管 4 一侧箱壁，混料箱 2 远离连接管 4 一侧箱壁上焊接有 1 块安装板 8，伺服电机 9 的外壳焊接在安装板 8 上，伺服电机 9 的输出轴与转轴 6 位于混料箱 2 外部分同轴焊接，转轴 6 位于混料箱 2 内蛟龙叶片 7，混料箱 2 上竖直焊接有 2 根输料管 10，2 根输料管 10 的上端分别焊接有药水箱 11 和肥料箱 12，混料箱 2 和药水箱 11 与肥料箱 12 连通，2 根输料管 10 均内设有流量调节结构，每个流量调节结构包括 2 块隔板 14，2 块隔板 14 与输料管 10 的四周管壁水平焊接，2 块隔板 14 之间密封滑动连接有 1 个调节塞 15，调节塞 15 一端贯穿输料管 10 的管壁，2 块隔板 14 上均开设有多个竖直的第 1 通孔 16，调节塞 15 上开设有多个竖直的第 2 通孔 17，通过滑动调节塞 15 来使第 1 通孔 16 与第 2 通孔 17 产生错位，以此来控制药剂和肥料的进料量，药水箱 11 和肥料箱 12 的顶部箱壁上均开设有装料口 13，伺服电机 9 的型号为 80ST-M03520。灌溉喷洒装置包括水管 18，水管 18 焊接在混料箱 2 靠近伺服电机 9 一侧的下端箱壁上，且与混料箱 2 的内腔连通，水管 18 上设有 1 个水泵 19，水管 18 的下端焊接分流管 20，分流管 20 的两端连接有雾化喷头 21，雾化喷头 21 使用型号为 KSFHS 的不锈钢雾化喷嘴，雾化效果更强，能使药肥水与果树充分接触。操作时，首先打开伺服电机 9 和水泵 19，储水箱 1 中的水经过连接管 4 进入混料箱 2 中，通过滑动调节塞 15 使第 1 通孔 16 与第 2 通孔 17 产生错位，以此来控制药水箱 11 和肥料箱 12 中的药剂和肥料进入混料箱 2 的量，可以调配不同浓度的药肥水，适用于不同种类的果树，药剂和肥料进入混料箱 2 与水混合，不断转动的蛟龙叶片 7 使混料箱 2 中的药剂、肥料和水充分搅拌，成为

浓度均匀的药肥水，在此之后，通过水泵 19 的加压，依次经过水管 18 和分流管 20，最终从雾化喷头 21 处喷洒出来，与行间的果树接触而完成灌溉。

（四）优点

果树药肥水一体化浇灌装置设有药水箱、肥料箱、混料箱、蛟龙叶片等装置，药水箱和肥料箱内的药剂和肥料通过输料管进入混料箱中与灌溉水混合，通过伺服电机带动蛟龙叶片的转动不断进行搅拌，使混料箱内的药肥水中药剂和肥料浓度均匀，避免了药肥水中药剂和肥料浓度分布不均而导致果树产量降低。通过滑动调节塞使第 1 通孔与第 2 通孔产生错位，以此来控制药水箱和肥料箱中药剂和肥料进入混料箱的量，调配不同浓度的药肥水，适用于不同种类的果树，提高了该装置的适用性。该装置设有灌溉喷洒装置，将充分搅拌混合的药肥水通过水泵的加压，经过水管和分流管从雾化喷头喷洒出来，使药肥水与果树充分接触，提高药肥水的利用率。同时，配合机械车在果树行间行驶，使药肥水能够均匀地喷洒在每一块果园的果树上，提高果树的产量。

思考题

1. 红梨省力化栽培工具有哪些？如何实施操作？
2. 红梨省力化栽培机械有哪些？如何实施操作？

参考文献

[1] 王尚堃，黄浅，李政力．红梨规模化优质丰产栽培技术［M］．北京：科学技术文献出版社，2020.

[2] 王尚堃，耿满，王坤宇．果树无公害优质丰产栽培新技术［M］．北京：科学技术文献出版社，2017.

[3] 尚晓峰．果树生产技术（北方本）［M］．重庆：重庆大学出版社，2014.

[4] 冯社章，赵善陶．果树生产技术（北方本）［M］．北京：化学工业出版社，2007.

[5] 马骏，蒋锦标．果树生产技术（北方本）［M］．北京：中国农业出版社，2005.

[6] 张国海，张传来．果树栽培学各论［M］．北京：中国农业出版社，2008.

[7] 贾敬贤．梨树高产栽培［M］．北京：金盾出版社，1992.

[8] 张玉星．果树栽培学各论［M］．3 版．北京：中国农业出版社，2003.

[9] 卢伟红，辛贺明．果树栽培技术（北方本　第二版）［M］．大连：大连理工大学出版社，2014.

[10] 薛华柏，王芳芳，杨健，等．红皮梨研究进展［J］．果树学报，2016，33（增刊）：24－33.

[11] 王尚堃，杨学奎，张传来．新西兰红梨研究进展［J］．中国农学通报，2013，29（1）：65－70.

[12] 张传来，刘遵春，苏成军，等．不同红梨果实中营养元素含量的光谱测定［J］．光谱学与光谱分析，2007，27（3）：595－597.

[13] 刘利民，孔德静，孙共明．新西兰红梨引种观察［J］．天津农林科技，2005（6）：26－28.

[14] 魏闻东，田鹏，夏莎玲．优质红梨新品种满天红的选育［J］．贵州农业科学，2009（9）：26－28.

[15] 魏闻东，田鹏，苏艳丽．优质红梨新品种美人酥的选育［J］．江苏农业科学，2010（1）：134－135.

[16] 魏闻东，田鹏，夏莎玲．晚熟红色梨优良品种：红酥脆［J］．落叶果树，2005（2）：26－27.

[17] 李秀根，闫志红，杨健．优质抗病晚熟红皮梨新品种：红香酥［J］．园艺学报，1999，26（5）：347.

[18] 王家珍，李俊才，蔡忠民，等. 红色梨新品种“红丰梨”的选育［J］. 果树学报，2020，37（12）：1980－1983.
[19] 李秀根，杨健，王龙，等. 红皮梨新品种“红宝石”的选育［J］. 果树学报，2016，33（12）：1588－1591.
[20] 冯月秀，徐凌飞，王琨，等. 中熟梨优良新品种：八月红［J］. 中国果树，1995（5）：1－2.
[21] 乐文全，张海娥，刘金利，等. 红梨新品种“香红”梨的选育［J］. 果树学报，2016，33（7）：891－894.
[22] 魏闻东，田鹏，苏艳丽，等. 优质红色梨新品种：“红香蜜”的选育［J］. 果树学报，2013，30（1）：173－174.
[23] 王斐，欧春青，张艳杰，等. 梨新品种“华艳”的选育［J］. 中国果树，2021（4）：67－68.
[24] 王尚堃，王坤宇，孙永杰，等. 红梨新品种“红贵妃”的选育［J］. 北方园艺，2021（21）：176－180.
[25] 王尚堃，李艺. “红贵妃”梨优质丰产高效栽培技术［J］. 北方园艺，2021（13）：170－173.
[26] 王尚堃，王资霖，孙永杰. 3个红梨新品种（系）果实内在品质评价［J］. 果树资源学报，2021，2（5）：9－14.
[27] 王尚堃，周喆，王冰洁，等. 红贵妃梨无公害标准化栽培技术［J］. 果树资源学报，2022，3（2）：41－44.
[28] 王尚堃，王冰洁，王坤宇，等. 红梨新品种红贵妃主要栽培性状［J］. 果树资源学报，2022，3（3）：88－90.
[29] 王尚堃，于醒，李旭辉. 红梨规模化优质丰产栽培技术［J］. 特种经济动植物，2019，22（7）：37－40.
[30] 王尚堃，黄浅，李政力，等. 根施不同高工效药剂防治红梨蚜虫药效对比试验［J］. 中国果树，2020（4）：63－67.
[31] 王尚堃，黄浅，李政力，等. 红梨不同品种规模化栽培对比试验［J］. 河南农业科学，2020，49（5）：118－125.
[32] 王尚堃，杜红阳，于醒. 梨品种红香酥省力化丰产栽培技术［J］. 中国果树，2014（1）：59－61.
[33] 王尚堃，杜红阳. 红香酥梨密植栽培试验效果分析［J］. 中国南方果树，2014，43（5）：117－120.
[34] 田路明，张莹，曹玉芬，等. 梨新品种“华香脆”的选育［J］. 中国果树，2021（7）：69－70，109.
[35] 王强，张茂君，卢明艳，等. 梨新品种“吉香”［J］. 园艺学报，2021，48（2）：

397 – 398.

[36] 张茂君，丁丽华，王强，等．梨抗寒新品种：寒红梨 [J]. 园艺学报，2004，31 (2)：274.

[37] 李俊才，王斌，高庆福，等．红色“南果梨”新品种：“南红梨”选育 [J]. 果树学报，2012，29 (3)：514 – 515，312.

[38] 蒋淑苓，欧春青，王斐，等．矮化红色梨新品种“中矮红梨” [J]. 园艺学报，2016，43 (7)：1419 – 1420.

[39] 张守仕，黄海帆，乔宝营，等．“玉露香梨”在郑州的引种表现及栽培技术 [J]. 烟台果树，2020 (1)：29 – 31.

[40] 刘建萍，阎春雨，程奇，等．早熟、优质、耐贮梨新品种新梨 7 号选育研究 [J]. 果树学报，2002，19 (1) 36 – 38.

[41] 王新建，刘小平，吴翠云，等．早熟优质梨新品种：新梨 7 号 [J]. 中国果树，2003 (3)：51 – 52.

[42] 林彩霞，位杰，蒋媛．抗寒红色优质梨新品种：新梨 9 号 [J]. 果农之友，2020 (9)：5 – 6.

[43] 位杰，蒋媛，林彩霞．梨新品种“新梨 10 号”选育 [J]. 果树学报，2017，34 (5)：639 – 642.

[44] 林彩霞，位杰，徐淑玲，等．梨新品种“新梨 11 号”的选育 [J]. 果树学报，2019，36 (9)：1244 – 1247.

[45] 李秀根，杨健．红皮梨优良品种：红太阳 [J]. 果农之友，2003 (7)：12.

[46] 徐凌飞．早酥红梨主要性状和栽培要点 [J]. 西北园艺，2009 (6)：48 – 49.

[47] 任秋萍，张复君，吕福堂，等．梨浓红色新品种奥冠红梨的选育 [J]. 中国果树，2007 (6)：12 – 13.

[48] 任秋萍，张复君，吕福堂，等．红色砂梨新品种“奥冠红”梨 [J]. 果农之友，2008 (6)：11.

[49] 姜淑苓，贾敬贤，马力．矮化红色优质梨新品种：香红蜜的选育 [C]. 全国第四届梨科研、生产与产业化学术研讨会论文集，2005.

[50] 王洪波．红梨新品种金珠沙梨的选育 [J]. 烟台果树，2014 (4)：23 – 24.

[51] 刘庆忠，赵红军，王茂生，等．红色耐贮观赏兼用西洋梨新品种：红安久 [J]. 落叶果树，2000，32 (2)：28.

[52] 乐文全，张海娥，刘金利，等．红梨新品种“香红梨”的选育 [J]. 果树学报，2016，33 (7)：891 – 894.

[53] 冉昆，王少敏，张勇，等．西洋梨红色新品种凯斯凯德的选育 [J]. 中国果树，2015 (4)：4 – 6.

[54] 曾广娟．粉酪梨特性及栽培要点 [J]. 河北果树，2005 (1)：20 – 21.

[55] 王志龙，王志刚．红星梨在陕西乾县的引种表现［J］．西北园艺，2015（2）：33－34.

[56] 王明章．中熟洋梨：红考密斯引种实验［J］．落叶果树，2000（2）：29－30.

[57] 王爱荷，王运香，陈言刚，等．早红考密斯梨在砀山地区的表现及栽培要点［J］．烟台果树，2004（4）：27.

[58] 赵峰．西洋梨新品种：鲜美、凯斯凯德［J］．农业知识，2003（2）：17－18.

[59] 李秀根，杨健，王龙．新西兰红梨在华北地区的表现及其生产中应注意的问题［J］．果农之友，2004（6）：6－7.

[60] 张传来，金新富，杨成海．美人酥梨优质丰产栽培技术［J］．经济林研究，2004，22（4）：95－97.

[61] 万四新，杜纪格，张传来，等．满天红梨优质丰产栽培技术［J］．河南林业科技，2005，25（3）：55－56.

[62] 张传来．红酥脆梨优质丰产栽培技术［J］．山东林业科技，2005（3）：61－62.

[63] 王尚堃．梨规模化栽培关键技术［J］．山西果树，2017（3）：43－45.

[64] 张传来，周瑞金，金新富，等．喷施氨基酸液肥对红梨果实主要营养成分的影响［J］．西北林学院学报，2010，25（6）：38－40.

[65] 周瑞金，张传来，金新富，等．氨基酸液肥对满天红梨品质及产量的影响［J］．江苏农业科学，2010（3）：203－204.

[66] 张传来，周瑞金，金新富．氨基酸液肥对红酥脆梨影响的试验研究［J］．中国园艺文摘，2009（12）：14－15.

[67] 张传来，刘遵春，金新富，等．不同激素处理对红酥脆梨采前落果的影响［J］．江苏农业科学，2006（4）：85－86.

[68] 张传来，张建华，刘遵春，等．几种植物生长调节剂对满天红梨采前落果的影响［J］．中国农学通报，2006，22（2）：298－300.

[69] 张传来，刘遵春，金新富，等．植物生长调节剂对美人酥梨采前落果的影响［J］．安徽农业科学，2006，34（1）：29，31.

[70] 张传来，刘遵春，晋新生，等．几种生长调节剂提高杏梅坐果率的研究［J］．特产研究，2006（3）：18－19，26.

[71] 孙蕊，史西月，郭记迎．影响满天红梨着色的因素及措施［J］．果农之友，2006（7）：23.

[72] 王尚堃，李留振，郭忠磊，等．一种提高果树坐果率的方法：CN107016618A［P］．2017－08－04.

[73] 李远想，王尚堃．梨再植病研究进展［J］．北方园艺，2019（4）：149－154.

[74] 王尚堃，李之丽，赵丽敏，等．一种果树嫁接刀：CN20622070U［P］．2017－06－09.

[75] 王尚堃，赵丽敏，李之丽，等．一种果树授粉器：CN206101208U [P]. 2017－06－19.

[76] 王尚堃，赵琳琳，朱宝成，等．一种果树可移动式自动升降修剪梯：CN206737807U [P]. 2017－06－19.

[77] 王尚堃，赵琳琳，李红霞，等．一种新型果树除草机：CN206851297U [P]. 2018－01－09.

[78] 李远想，王尚堃．一种新型果树除草机的设计 [J]. 时代农机，2018 (5)：201，203.

[79] 王尚堃，孙玲凌，高志明，等．一种新型果树施肥机：CN208285814U [P]. 2018－12－28.

[80] 王尚堃，孙玲凌，高志明，等．一种梨树拉枝器：CN208609527U [P]. 2019－03－19.

[81] 王尚堃，于醒，王资霖，等．一种果树修剪工具：CN212436496U [P]. 2021－02－02.

[82] 王尚堃，于醒，王资霖，李旭辉．一种果树药肥水一体化浇灌装置：CN211793452U [P]. 2020－10－30.

[83] 毋万来，张宇文，孟庆立，等．双剪口疏花疏果剪：CN109588136A [P]. 2019－05－09.

[84] 吴凡，李茂富，李脆玲，等．可调节式采果器：CN208609433 U [P]. 2016－03－19.